泛生物艺术书系

泛生物艺术工作室 PAN BIOART STUDIO

远程呈现与生物艺术

TELEPRESENCE AND BIO ART

[美]
爱德华多·卡茨
(Eduardo Kac) 著

魏颖 译

机械工业出版社
CHINA MACHINE PRESS

近三十年来，爱德华多·卡茨一直身处科技艺术的前沿，在早期创作了一系列线上艺术作品之后，他不断开拓新的艺术形式，并将远程通信和机器人技术应用于艺术领域。20世纪90年代，人们对远程呈现（又称远程机器人技术）的兴趣呈爆发式增长，这一领域至今仍是科技艺术的重要发展方向。此后卡茨逐渐涉足生物学和生物技术领域。

卡茨是"生物艺术"的定义者，"艺术家基因"的创造者，也是备受关注的荧光绿兔"阿尔巴"的创造者，而《远程呈现与生物艺术》正是记录生物艺术和卡茨美学的首部书籍。卡茨涉足了广泛的科技艺术主题，其中包括远程通信媒介、互动系统与互联网、远程信息技术与机器人技术，以及生物技术与艺术之间的关联。中文版由作者授权特增加了全新的四章，展现了卡茨近些年对生物艺术的探索，并讨论了"阿尔巴"在流行文化和学术领域中的巨大影响。

本书探讨了诸多与新技术和复杂性相关的主题，推荐艺术从业者和爱好者阅读。

Telepresence and Bio Art: Networking Humans, Rabbits, and Robots
by Eduardo Kac
Copyright © 2005 by Eduardo Kac
Simplified Chinese Translation Copyright © 2025 China Machine Press. This edition is authorized for sale throughout the world.
All rights reserved.
此版本可在全球销售。未经出版者书面许可，不得以任何方式抄袭、复制或节录本书中的任何部分。
北京市版权局著作权合同登记　图字：01-2022-4538号。

图书在版编目（CIP）数据

远程呈现与生物艺术 /（美）爱德华多·卡茨（Eduardo Kac）著；魏颖译. -- 北京：机械工业出版社，2025.9. --（泛生物艺术书系）. -- ISBN 978-7-111-78869-0

Ⅰ. Q；J0-05

中国国家版本馆CIP数据核字第20255P0Y62号

机械工业出版社（北京市百万庄大街22号　邮政编码100037）
策划编辑：马　晋　　　　　责任编辑：马　晋
责任校对：陈　越　张亚楠　责任印制：任维东
北京宝隆世纪印刷有限公司印刷
2025年9月第1版第1次印刷
170mm×230mm・16印张・2插页・372千字
标准书号：ISBN 978-7-111-78869-0
定价：128.00元

电话服务　　　　　　　　　网络服务
客服电话：010-88361066　　机　工　官　网：www.cmpbook.com
　　　　　010-88379833　　机　工　官　博：weibo.com/cmp1952
　　　　　010-68326294　　金　　书　　网：www.golden-book.com
封底无防伪标均为盗版　机工教育服务网：www.cmpedu.com

"泛生物艺术书系"序

时间进入千禧年的第三个十年，不断更新的技术——尤其是生物技术和人工智能技术，对于当下的现实与观念造成了巨大的冲击，而其他领域，如人文和艺术也纷纷回应，并开始在内部演化出新的范式来直面这种改变。

相比人工智能来说，生物技术对于社会、个人和自然的改变更为隐秘，并且对于个体和人类群体本身的影响也更加持久而本质，它和艺术的结合非常值得关注。因此，追溯这一领域的历史也显得尤为重要。"生物艺术"（Bio Art）由巴西裔美国艺术家爱德华多·卡茨于1997年提出[1]，在2004年出版的《远程呈现与生物艺术》一书的第三部分，卡茨详细地介绍了他的一系列开创性生物艺术作品。卡茨从艺术家的角度，为生物艺术给出定义："作为当代艺术的一种新方向，生物艺术常探索生命过程。"[2] 同时他也提到，相比其他艺术形式，"生物艺术不仅创造新的客体，更能创造新的主体"[3]。在2017年，他在《生物艺术宣言》中继续拓展定义。[4] 作为奠基者的卡茨对于生物艺术的发展具有巨大的贡献，但他的艺术家视角也将生物艺术的定义局限在某种范围中。由于其创作年代是欧美的生物革命热潮之时，因此仅仅将生物学视为一种技术，作品也具有人类中心主义的色彩。在二十年多年以后，思想界更加注重人与非人的平等关系，笔者在卡茨的基础上提出了"泛生物艺术"[5]一词，反映了生物和艺术结合时，在文化语境中的演进，它拥有早期生物艺术热潮所不具备的特征，包括反还原论朝向、反对唯技术论朝向、多元文化朝向、生物伦理的关注朝向等。

- 反还原论朝向。生命这一概念在早期生物艺术家之中经常被简化为DNA序列或者计算机中的人工生命，生命被视为某种机器，以便与信息理论产生更好的关联。但事实上，生命的丰富性大大超越基因的概念，生物信息学只是浩大的生命科学中的一角，生命无法被还原为编码的科学，而是"整体论"（Holism）的概念。

- 反对唯技术论朝向。新一代的生物艺术家拓宽初代生物艺术家仅仅将生物学中的技术元素应用于艺术创作，而忽略了生物科学作为一门科学本身拥有丰富和深刻的本质观念和哲学关联。更多的艺术家将运用生物学哲学等认识论层面的元素。

- 多元文化朝向。新一代的生物艺术突破以欧美为中心的地域和文化范围，突破一神论宗教视角下的"生命"概念，将东亚、南美、印度等地更为丰富的生命和自然等概念融入到艺术创作中。

---

[1] http://www.ekac.org/timcap.html
[2] Eduardo Kac, ed., *Signs of Life* (Cambridge, Mass: MIT Press, 2007), 18.
[3] 同上，19.
[4] http://www.ekac.org/manifesto_whatbioartis.html
[5] 该词最早见于2016年的访谈，2018年相关论文《朝向一种生物学与艺术的混合话语——生物艺术、泛生物艺术及教育实践》曾发表于在台北艺术大学举行的第四届科技艺术国际学术研讨会。

- 生物伦理的关注朝向。艺术家在创作和展示等环节更加重视生物伦理和生物安全问题，并撰写相关文章便于机构和观众理解。这一趋势将随着生物技术的日常化而愈加凸显。

由此，丛书的遴选也会关注以下范围的内容：

1. 生物艺术的开创性书籍和经典艺术家案例，以历史的角度去追溯和见证泛生物艺术发展的过程。

2. 关注新型生物技术如合成生物学、脑机接口等领域对于艺术的影响，具有最为前沿的视角和专业性。

3. 结合技术多样性（technodiversity）的语境，讨论全球多元文化语境而非单一文化语境或者欧洲中心主义语境中的泛生物艺术，并保持反思视角。丛书尤其将关心并探索在中国文化语境下所生发的相关讨论。

4. 丛书不局限于生物技术本身，也关注更为广泛的生态环境科学、心智科学与艺术的结合，将研究的范围拓宽到从微观到宏观、从人工到自然、从身体到心智等，涵盖对生命、身体、心灵、环境、物种、人与非人等关系的关注。

5. 泛生物艺术不仅欢迎有关生物技术和艺术的讨论，亦欢迎其他学科，包括哲学、人类学、文学、科学史、STS（科学、技术与社会）、建筑学、设计学，以及其他科学领域如人工智能、医学等跨界学科的参与。

泛生物艺术是较新的领域，其实践仍在大量的讨论和创作中继续成形，很多名词也有待翻译与界定。笔者希望能在热潮与喧嚣中做一些基础工作，也希望丛书能为当下新的技术与艺术结合的重要转型期之中，贡献一点力量。

魏颖
"泛生物艺术书系"召集人、研究者

前　言

《远程呈现与生物艺术》这本文集汇集了我发表的有关电子艺术和生物艺术的文章。本书是以沉浸于自我领域的艺术家视角所记录的旅程纪事。在发展远程呈现、生物信息技术、生物机器人和转基因艺术作品的过程中，我一直经由反思和写作来拓展作品。我还研究了媒体艺术中鲜为人知的面向并关注了其他当代艺术家的贡献。本书通过对电子艺术中最为相关的策略讨论，将我自己与其他艺术家的创作轨迹进行了交织。我致力于对通常在艺术中被称为"交流（传播）"的复杂现象进行实践和理论研究，并将这些主题结合在一起。

本书分为三个部分，但它们之间的界限并非是固化的。在每个部分中，文章按照最初出版或发表的时间顺序排列。

第一部分"远程通信、对话主义和互联网艺术"，涵盖了使用远程通信媒介、互动系统和互联网创作的作品。我对"远程通信媒介能够创造真正的对话式艺术"这一观点进行了辩护，将"对话式艺术"定义为基于主体间互动的艺术。我讨论了先锋远程通信作品的历史案例，并将它们与当代的互联网策略进行联系。我还把互联网置于更大的远程通信艺术史的语境中进行考察。

第二部分"远程呈现艺术与机器人学"，记录了我基于远程信息技术与机器人技术的结合而发展的远程呈现美学。我将"远程呈现艺术"定义为使参与者在远程环境中产生身临其境感。这部分还包含了对机器人艺术的起源和发展的研究。

第三部分"生物艺术"，探讨了电子艺术与生物技术之间的联系点。我在这部分阐释了我提出的几个概念：生物远程信息学、生物机器人学和转基因艺术。前两个概念分别标志着生物学与远程信息技术和机器人技术的融合。我还阐述了艺术中新生命形式的创造（和责任）问题，讨论了基于创造一个真实基因的系列作品，该基因对《圣经》中的一段经文进行了编码，随后经由互联网产生突变。《荧光绿兔》反思了创造出一种新的动物并将其融入社会的多重意义。《第八日》中的互联网装置展示了一种转基因生态，并为参与者提供了从内部体验它并影响它的机会。《第36步》所阐释的转基因作品，揭示了人类、被赋予生命特质的无生命物和编码数字信息的生物体之间的脆弱边界。《奇妙探索的秘密标本》由一系列有关"群落生境"的作品所组成，拓展了生态和进化问题。《谜之自然史》的核心是基因改造花卉"爱杜尼亚"，反思了不同物种间的生命连续性。《密文》呼唤人们参与到一套融合了艺术与诗歌、生命与技术、阅读/观看与感官参与的程序之中。

目 录

"泛生物艺术书系"序
前言

第一部分 远程通信、对话主义和互联网艺术

1　远程通信的美学（1992 年）　002
2　互联网与艺术的未来（1997 年）　044
3　超越屏幕：互动艺术（1998 年）　067
4　协商意义：电子艺术中的对话式想象（1999 年）　078

第二部分 远程呈现艺术与机器人学

5　朝向远程呈现艺术（1992 年）　094
6　远程呈现艺术（1993 年）　102
7　互联网上的远程呈现艺术：《伊甸园中的鸭嘴兽》和《稀有之鸟》（1996 年）　116
8　机器人艺术的起源与发展（1997 年）　125
9　火星直播（1997 年）　141
10　对话式远程呈现艺术与网络生态学（2000 年）　144

第三部分 生物艺术

11　生物远程信息学和生物机器人学的涌现：生物学、信息处理、网络和机器人学的融合（1997 年）　162
12　转基因艺术（1998 年）　177
13　创世纪（1999 年）　186
14　荧光绿兔（2000 年）　197
15　第八日（2001 年）　212
16　第 36 步（2002 年）　219
17　奇妙探索的秘密标本（2007 年）　223
18　谜之自然史（2009 年）　228
19　密文——DIY 转基因试剂盒（2009 年）　235
20　荧光绿兔 20 年（2020 年）　238

第一部分

远程通信、对话主义和互联网艺术

1 远程通信的美学（1992 年）

首见于《远程通信美学的各个面向》（Aspects of the Aesthetics of Telecommunications），载于《SIGGRAPH'92 视觉会议论文集》（*Siggraph'92 Visual Proceedings*），J. 格莱姆斯（J. Grimes）和 G. 洛里格（G. Lorig）编（纽约：计算机协会，1992 年）。

自 20 世纪始，尤其是 80 年代初以来，越来越多的艺术家在世界各地使用远程通信来进行协作性工作。他们的"作品"（我们或可称之为"事件"①）不像美术中所常见的那样，将创造图像和图形视为终极目标或最终产物。这些艺术家使用计算机、影像、调制解调器和其他设备，将视觉作为更大的、互动的双向交流语境中的一部分。艺术家创作图像和图形，并不仅仅为了将其进行点对点的传送，而是为了与其他艺术家和远方的参与者进行多向性的视觉对话。这种视觉对话预设了图像会在整个过程中发生改变和转化，正如语言在自然发生的"面对面"交谈中会被打断、补充、改变和重组。事件结束后，图像和图形不只是"结果"，而是参与者所发起的视觉对话过程的记录。

这种独特而持续的图像和图形实验，将交换和操作视觉材料作为主要的交流方式，并由此发展和拓宽了"视觉思维"的概念。由远程信息（telematic）②或远程通信（telecommunications）艺术家制造的艺术事件成为一种（艺术）运动，它通过电话、传真、个人计算机、调制解调器和慢扫描电视（SSTV，通过普通电话线来传输和接收视频静帧）等相对容易获得的互动媒介，激活并构建了一个平衡性网络。更为罕见的是，广播、电视直播、视频电话、卫星和其他不容易获得的通信手段也开始发挥作用。然而，仅仅确认这些"事件"中所使用的媒介是不够的。相反，我们必须摒弃将这些媒介排除于"合理的"艺术媒介之外的偏见，将其作为同等合理的艺术事业来研究。

本章部分回顾了这一领域的历史，并讨论了特别受到远程通信媒介启发或特意为远程通信媒介构思的艺术事件，试图展示从早期阶段（这一时期的电话和广播向作家和艺术家提供了新的时空范式）向第二阶段（个人用户能方便地使用包括计算机网络在内的新型远程通信媒介，艺术家开始创造各种事件，甚至是全球性的活动——在这些活动中，交流过程本身就成了作品）的过渡。

① 译者注：原文为 events，将根据语境译为事件、活动等。
② 译者注：Telematics 是远程通信（Telecommunications）与信息科学（Informatics）的合成词，本书统一译为远程信息技术或远程信息学，telematic 译为远程信息。

① 译者注：此处的"形式"一词指的是 1969 年瑞士策展人哈洛德·塞曼（Harald Szeemann）在伯尔尼美术馆策划了"当态度成为形式"（When Attitudes Become Form）的展览。这是一次具有里程碑意义的展览，反映了当代艺术的国际趋势：许多艺术家不再制作"物"，而是表演动作或创造情境。

从整体上看，远程通信艺术或许是艺术物（art object）审美体验角色弱化的极致，这种审美体验以杜尚为代表，之后被拥抱大众媒体的观念艺术家们推广至全球。如果物被完全消除，艺术家亦不在场，那么美学上的辩论就会超越作为形式①的行为和作为艺术的观念。它将处于网络成员之间的关系和互动之中。

艺术与远程通信

我们必须尝试理解新型交流形式的文化维度，它们出现在创新性的艺术作品中，并且这些作品不是作为单向度的信息而被体验或欣赏。电子媒介渗透进当代社会场景的复杂性之中，信息流成为现实的经纬，这就要求我们重新评估传统美学，并开辟新的发展路径。换句话说，探讨远程通信美学，就需要了解它是如何影响过以及影响着更为传统的艺术。同时我们也需要研究计算机与远程通信的结合，在多大程度上创造了一种新型艺术的语境。因此，被艺术家们使用得愈加频繁的新媒介，必须在远程通信和个人计算机（文字处理、图形程序、动画程序、传真/调制解调器、卫星、电话会议等）所带来的不可逆转的视觉和语言虚拟化的新型电子化过程，和从杜尚到观念艺术的艺术物的去物质化过程所产生的残留形式（语言、视频、电子显示屏、印刷技术、偶发艺术、邮件艺术等）的交叉点上得到确认。

这种新型的非物质艺术具有协作性和互动性，打破了文学和艺术传统上的单向性。其元素包含文字、声音、图像和基于力反馈装置（force-feedback devices）的虚拟触觉。这些元素并不是平衡的，它们是变化中的符号，例如手势、眼神接触，以及永远无法实现的意义的变形。交换之物不断被改变、再改变，被互换。我们必须从新艺术自身开始探索，即理解适合它的语境（信息社会）和理论（后结构主义、混沌理论、文化研究），这些语境和理论为新艺术对主体、客体、空间、时间、文化和人类交流等概念的质疑提供了依据。这种新艺术的活动场所既不是绘画这样具有稳定物质性的图像空间（pictorial space），也不是雕塑形式中的欧几里得空间（Euclidean space）；它是远程信息技术中的电子虚拟空间——在这里，符号漂浮不定，互动性摧毁了观众或藏家的沉思性观念，取而代之的是用户或参与者的体验性观念。远程通信美学实现了从"图像性再现"到"交流性体验"的必要转变。

在线留言板和电话会议是两种最有趣的交流形式，它们似乎摒弃了由香农（Shannon）和韦弗（Weaver）[1]提出，后由雅各布森（Jakobson）[2]强化的"发送者-接受者"（addresser-addressee）旧模式。用户可以使用网上留言板发布信息，让它漂流在电子空间之中，而不必将其发送给特定的接受者。随后，另一个用户或同时还有其他几个用户可以访问、回复、修改、评论这条信息，或将其纳入更大的或者新的语境——这个过程没有终点。作为主体的封闭信息则可能会消解和迷失在网络的符号漩涡之中。真实时间（real time）对于发布信息来说可能并不重要，对于电话会议则不然，三人或更多人在会议上的交流并不仅限于语音。³ 如果说线性模式允许发送者和接受者进行两极的转换，那么多向性互联模式则消解了曾经分隔发送者和接受者的边界。它构造了一个没有线性极点的空间，多边式讨论在其中取代了交替式独白；这个空间的节点指向多个方向，每个人在其中能够同时（而不是交替）成为发送者和接受者。这不是一个图像性空间或体积性空间，而是一个信息流动的不确定空间（aporetic space）①，一个摒弃了线性模式的拓扑僵化性的散布式超空间。与绘画的线性表面不同，它具有非线性系统的特性，例如在超媒介或在分形中发现的统计自相似性。艺术家或许可以自此处进行批判性介入，来重新定义远程信息学的框架和角色，并展示相互构成彼此的对抗性力量。我们曾称之为真相和真实的事物，在过去和当下的差异化操作中始终是互惠而动态的，它由我们曾称之为虚假和虚构的事物所构成。文化价值观也在被质疑，某种文化是否优于其他文化的结构从概念层面就被挑战，由此凸显了文化差异性。艺术家在使用新媒介时，也能展示新媒介在生成或保持稳定结构时所发挥的作用，这种结构形成了自我、形塑了传播，并最终创造了社会关系（包括与权威和权力关系）。

同样，艺术家和受众也在这种差异化操作中被建构。如果说批量生产的印刷书籍所产生的"作者"和"读者"两个概念将印刷信息的发行控制与权力联系在一起，那么远程信息网络的分布式操作将消解这两个概念，从而不会彻底建立起麦克卢汉（McLuhan）所梦想的整体、和谐、有声的地球村。如果说远程通信拉近了人们之间的距离，那么它也会使人们之间产生隔阂。如果说远程信息学使任何人在任何时候都能不受地域限制而获取信息，那么它也会使特定群体所生成的特定格式的数据被特定机构的人员获取。它拉近了人们的距离，同时也使人们互相疏远；它提出了问题，同时也肯定了问题框架中所隐含的某些价值观。如果这种操作和运动没有终点，我就必须去觉察其语境——但这种觉察也同样不能从构建其自身的运动中脱离开来。

线性传播模式②将艺术家尊为信息（绘画、雕塑、文本、摄影）的编码者，相反远程信息学则提出多向传播模式，艺术家在其中是语境的创造者和互动的促成者。如果在第一种情况下，信息仍具有物理意义和符号学上的完整性，仅开放到允许不同的阐释；那么在第二种情况下，符号开放性的特征就不仅仅是语义上的模糊了。第二种情况的开放性是努力去消解封闭的意义系统，并为之前的观众（现已转变为用户、参与者或网络成员）提供与艺术家相同的操作工具和代码，以便双方能就意义进行协商。这并不是恩岑斯伯格（Enzensberger）⁴ 提出的简单的两极倒置（inversion of poles），而是试图在一个动态、不稳定、复调性的符号化过程（signification process）③中进行认知和操作；在一个并非基于艺术家与观众的对立，而是基于他们共有的差异和认同的符号化过程中进行认知和操作。信息不是"作品"，而是更宏大的交流语境的一部分，信息可以被任何人更改并进行虚拟化操作。

① 译者注：跟苏格拉底有关的讨论知识的对话，都会通称为 The aporetic dialogue，即"没有结论的讨论"。此处翻译为不确定空间。
② 译者注：此处原文为 model of communication，可按语境译为传播模式、交流模式或沟通模式。
③ 译者注：在索绪尔那里，意指（signification）是指某个符号或符号系统与其所指涉现实的关系。此处从意思上译为"符号化"。

这里存在的一个问题是艺术家作为用户身份的解离（反之亦然）会剥夺艺术家作为发送者的特权，因为不再会有这样的信息或艺术作品。显然，大多数艺术家还没准备好或者说不愿放弃这种等级制度，因为它破坏了作为盈利行为的艺术实践，也破坏了与技能、工艺、个体性、艺术天才、灵感和个性等概念相关的社会差异性。归根结底，艺术家自认为应该被倾听，是一个有要紧的话要讲、有要紧的东西要传递给社会的重要人物。[5] 我们也可以发问，当艺术家们自视为事件的组织者、导演者或创造者——换句话说，自视为能够辐射意义的中心角色时，这些创建远程通信事件的艺术家们在多大程度上没有恢复他们似乎否定的等级制度。由此看来，当电视导演与数十人或数百人协同工作，却从不放弃对工作结果的责任时，制作远程通信项目的艺术家（语境创造者）布下网络却没有充分控制穿梭其中的符号流动。使用远程通信媒介的艺术家放弃了对"作品"的责任，来呈现那些恢复或试图恢复〔鲍德里亚（Baudrillard）认为的〕媒介责任的项目。[6]

我必须指出，在本章和有关该主题的其他文章[7]中，以及在探讨通信美学，特别是远程通信或远程信息美学的其他艺术家，包括罗伊·阿斯科特（Roy Ascott）[8]、布鲁斯·布雷兰（Bruce Breland）[9]、凯伦·奥鲁克（Karen O'Rourke）[10]、埃里克·吉德尼（Eric Gidney）[11] 和弗雷德·弗雷斯特（Fred Forest）[12] 的写作中，都可以看到艺术过程和议题之中这一清晰可见的变化。艺术家被赋予工具，能够反思诸如文化的相对主义、科学的不确定性、信息时代的政治经济学、文学的解构主义和知识的去中心化等当代议题；艺术家能够用其他社会领域在其活动、共享和分离时所使用的相同物质（硬件）和非物质（软件）方法来回应这些议题。如果说真实的墙（例如柏林墙）正在倒塌，那么隐喻的墙（例如远程信息空间、虚拟现实、远程呈现）亦是如此，我们不能简单地忽视或高估这些历史性和技术性的成就。艺术家之所以使用通信技术，并非纯然出于对新工具的热忱，反而对新工具带来的中介逻辑抱持一种批判和怀疑的态度。这就意味着我们不能忽视，以电子为通信媒介的无处不在的乌托邦，必然会排斥某些文化和国家；由于政治和经济原因，这些文化和国家不具备相同或兼容性的技术，因此无法参与任何全球性交流。[13]

让我们设想在不远的将来，杰伦·拉尼尔（Jaron Lanier）梦想的"后符号"（post-symbolic）交流[14] 将成为可能。该假设性的境况可能是解决语言障碍的可行方法，但它和其他经济隔离的情况一样——在大多数发展中国家，连获得基本的通话技术都很困难。倘若远程通信艺术不忽视晚期资本主义社会中的媒介和其他技术垄断所固有的矛盾，我仍愿意认为新的互动艺术实践可能产生更自由的交流形式，使符号交流的过程成为其体验的根本领域。

非具身化的声音

对整个 20 世纪远程通信媒介和新艺术形式并行发展的评估显示出一种有趣的转变：首先，人们看到的是新媒介对旧有形式的影响，例如广播对戏剧的影响；随后，人们可能发现了这些媒介更多的实验性用途；最终，艺术家们掌握了新的电子媒介，并探索了其互动性和交流性的潜力。从这个角度看，艺术家所使用的第一种电子化大众传播媒介是无线电广播（radio）①。

① 译者注：radio 在文中可能译为广播、无线电或者收音机，视语境而定。

在 20 世纪 20 年代末，无线电波的商业化初步兴起。无线电广播是一种新媒介，它通过听觉空间激发出无时空限制的精神图像，从而捕获听众的想象力。无线电广播是一种遥远的、未被察觉的、与光学图像无关的声音来源，它为听众开启了自身的心灵世界，将他们包裹在一个能同时提供社交体验以及私人体验的声学空间中。无线电广播也是第一种真正的电子化大众媒体，能够同时对数百万人进行远程传播，而同时期的报纸和电影等则只能面向本地观众。

1928 年，德国电影制作人瓦尔特·鲁特曼（Walter Ruttmann，1887—1941 年）受柏林广播系统之邀，创作了一部广播作品。鲁特曼在当时已经凭借抽象动画电影《作品 I》(Opus I)、《作品 II》(Opus II)、《作品 III》(Opus III) 和《作品 IV》(Opus IV) 获得了国际认可，这些作品开创了该类型电影的先河，将计算机动画提前了半个世纪。他的实验纪录片《柏林，大城市交响曲》(Berlin, Symphony of a Great City，1927 年) 在世界范围内广受赞誉，它与阿尔贝托·卡瓦尔坎蒂（Alberto Cavalcanti）的先驱作品《时光流逝》(Rien que les heures，1926 年) 一道，激励了整整一代电影制作人去创作"城市交响曲"类的电影。除了对电影制作的贡献之外，鲁特曼在广播电台中的创新作品也使无线电被纳入先锋派美学，并挑战了商业要求的节目标准化。

为了创作这一委任作品，鲁特曼获准使用了当时世界上最好的电影录音系统之一"Tri-Ergon"。鲁特曼来自电影世界，他决定创作一部没有图像，仅凭声音投射出心理图像来进行非连续叙事的电影——《周末》(Weekend)。他使用电影胶卷中的音轨，就像用画面记录图像一样。《周末》时长约 15 分钟，它所营造的听觉氛围描绘了在一天的工作后工人们离开城市回到乡村的场景。起初主要是锯子、汽车和火车发出的声音，鸟叫和孩子们说话的声音在随后出现得更为频繁。正如他在《柏林，大城市交响曲》中所做的那样，鲁特曼以实验性的方式剪辑了这部无画面的影片：拼接电影胶卷和其中的音轨，重复某些声音，重新组织声音的顺序和时长。他像剪辑电影一般剪辑声音。

《周末》作为一部声音蒙太奇作品，是为录音媒介和电台传播而构思的，它开辟了新的领域，并预示了"具象音乐"（Concrete Music）等运动以及约翰·凯奇（John Cage）和卡尔海因茨·施托克豪森（Karlheinz Stockhausen）等艺术家的美学。如果说鲁特曼将他的抽象电影定义为"光学音乐"（optical music），那么人们就会毫不犹豫地将《周末》描述为第一部为广播所创作的"声学电影"（acoustic film）。在德国民族社会主义（纳粹主义）兴起期间，一些其他德国先锋派成员离开德国，例如奥斯卡·费辛格（Oskar Fischinger），另一些留在德国但不与纳粹政权合作，例如汉娜·霍赫（Hannah Höch），鲁特曼却将自己的才华给了希特勒的宣传部长约瑟夫·戈培尔（Joseph Goebbels），并为其制作了《德国坦克》（Deutsche Panzer，1940 年）等影片。1935 年，他还参与了莱妮·里芬施塔尔（Leni Riefenstahl）的《意志的胜利》（Triumph of the Will）。1941 年，鲁特曼在俄国前线进行战争拍摄时受伤，死于柏林。

在整个 20 世纪 20 年代，无线电广播愈发流行，启发并吸引了来自不同背景的专业人士，包括艺术家、表演者和作家。德国剧作家贝托尔特·布莱希特（Bertolt Brecht，1898—1956 年）发现广播是延伸戏剧美学和扩大听众范围的手段。1928 年至 1929 年间，布莱希特创作了第一部教育剧（Lehrstücke）——《林德伯格的飞行》（Der Lindberghflug，图 1），该剧以 1927 年查尔斯·林德伯格（Charles Lindbergh）首次飞越大西洋为题材，并于 1929 年在德国巴登 – 巴登音乐节首演。林德伯格创造了历史，他驾驶自己设计的轻型小飞机"圣路易精神号"从纽约起飞，在不眠不休、少量进食的情况下，飞行了超过 33 个小时，之后在巴黎降落，震惊了全世界。1938 年，林德伯格接受了德国荣誉勋章，颁发者正是德国空军总司令、国会主席、普鲁士首相、希特勒指定的接班人赫尔曼·戈林（Hermann Goering）。当布莱希特意识到林德伯格对纳粹主义的同情后，他将剧名改为《飞越海洋》（Der Ozeanflug）。

图 1
贝托尔特·布莱希特，《林德伯格的飞行》，参与式广播剧，1929 年。布莱希特提议将广播从单向媒介转变为双向媒介，并将听众转变为制作人。（由贝托尔特·布莱希特档案提供）

在经济和政治危机肆虐的德国，布莱希特愈发同情社会主义思想，希望能找到解决之道。他的教育戏剧不是为了娱乐观众，而是为了教育观众，提高观众对所处社会和经济状况的认识。用布莱希特的话说，《林德伯格的飞行》是"指导之物"[15]。布莱希特认为，参与戏剧或广播是进行政治和道德学习的最佳方式。布莱希特试图将飞行员的壮举描绘成集体努力而非个人英雄主义的结果，这充分体现了他的马克思主义美学。布莱希特没有使用单个演员，而采用了合唱的形式来诠释飞行员的角色。为了与观众更为直接地交流，布莱希特在创作风格中摒弃了过多的装饰，转而使用更为真实的语言。合唱团以节制不浮夸的方式进行自我介绍：

> 我的名字叫查尔斯·林德伯格，
> 今年 25 岁，
> 我的祖母是瑞典人，
> 我是美国人。
> 我亲自挑选了我的飞机，
> 它的名字叫"圣路易精神号"，
> 由圣地亚哥的瑞安飞机厂
> 在 60 天内制造完成……[16]

布莱希特希望改变戏剧的社会角色和广播的结构，将其转变为一种教育工具，同时将广播从信息传播媒介转变为交流媒介。《林德伯格的飞行》最重要的贡献或许在于它提出让听众与设备之间产生互动，让听众有机会回复设备。布莱希特描述了这种互动性：

> 第一部分（元素之歌、合唱、水声和马达声等）是为了帮助练习，即介绍和打断练习——由仪器来完成最为合适。另一个教学部分（飞行员部分）是练习的文本：参与者听一部分，说另一部分。通过这种方式，参与者和仪器之间形成了一种合作关系，在这种关系中表达比准确性更重要。文本要机械地边说边唱；每行诗句的末尾必须断开；被听到的部分要机械地遵行。……
>
> 《林德伯格的飞行》不是为了被当下的广播所使用，而是要去改变广播。机械化手段日益集中，专业培训日益增多——这种趋势应该加快——这就呼唤听众进行某种抵抗，需要他作为制作人进行动员和重新起草……
>
> 平台的左侧是广播管弦乐队的设备和歌唱演员，右侧是听众，他面前放着乐谱，负责表演飞行者的部分，也就是教学部分。他朗读要讲的章节，不混淆自己的感情与文本中的感情，在每行结束时停顿一下；换句话说，他是在以练习的精神进行朗读。[17]

布莱希特的演示并没有实现真正的无线电广播的远程连接。相反，他的舞台表演暗示无线电可以有别于其单向标准。尽管在首演中演唱林德伯格一角的"听众"是约瑟夫·维特（Josef Witt），[18] 但布莱希特的本意其实是将其作为向男孩和女孩提供的教育活动。在剧场演出中，剧作家认为这些演出是"虚假的"，因为它们并没有按照原定计划在广播中实现，[19] 为了保留体验中集体性的一面，布莱希特认为"至少飞行员的部分必须由合唱队演唱，这样整体性精神才不至于被完全摧毁"。[20] 该剧曾多次上演，但只获得了一次广播制作，[21] 即 1930 年在柏林广播电台。1930 年 3 月 18 日，它在柏林广播电台播出后，又于 1930 年 5 月 7 日在英国广播公司进行了转播。[22]

布莱希特的戏剧显然不是简单地为当代形式的广播服务，而是为了改变广播，从而提供一种新的互动模式，让听众在其中成为参与者和制作者。听众应该抵制单向的信息流，因为它等同于国家不断向公民发送的单向劝说信息。听众不应被动地接受娱乐，而需回应国家并让自己的声音被听到。在布莱希特看来，《林德伯格的飞行》的演出是一次自由与纪律的演练，对他而言，只有服务于国家——一个革命性的国家——才能服务于个人。纳粹上台后，布莱希特的工作变得愈加困难。他于 1933 年离开德国，直到 1947 年才重返欧洲。

法西斯主义的崛起阻碍了布莱希特这样的左翼艺术家在欧洲的工作，但它也促进了与法西斯主义公开为伍的其他艺术家的工作，比如意大利未来主义。在 1909 年未来主义诞生之初，菲利波·马里内蒂（Filippo Marinetti）和其支持者们在宣扬技术军事化和战争的同时，就提倡超越传统形式并发明新形式。马里内蒂放弃了最初影响未来主义的无政府主义倾向，成为法西斯主义者，并与墨索里尼政权密切合作。1929 年，马里内蒂成为墨索里尼创建的意大利学院的成员。1939 年，他参加了法西斯政权所组织的委员会，负责审查不受欢迎的书籍（包括犹太作家的作品）。1935 年，他作为志愿者去往埃塞俄比亚参战，1942 年，他再次作为志愿者去往俄国前线。

1933 年 9 月至 10 月，未来主义者发出了对新艺术形式的最后呼声。由马里内蒂和皮诺·马斯纳塔（Pino Masnata）署名的《无线电宣言》（Manifesto della radio，或 La radia），同时发表在《人民日报》（Gazzetta del Popolo，都灵，9 月 22 日）和他们自己的期刊《未来主义》（Futurismo，罗马，10 月 1 日）——尽管在《未来主义》上只有马里内蒂的署名。[23] 该宣言是在马斯纳塔为广播歌剧《图姆图姆摇篮曲》（Tum Tum Lullaby）（或《旺达的心》，Wanda's Heart）撰写剧本的两年后起草的。

在宣言中，他们建议将无线电广播从艺术和文学传统中解放出来，让无线电艺术从戏剧和电影止步之处开始。显然，他们的"声音与沉默的艺术"计划源于路易吉·鲁索罗（Luigi Russolo）的"噪音艺术"，他们与鲁索罗一样试图拓宽艺术家在广播中所能使用的音源范围。马里内蒂和马斯纳塔提议接收、放大和转换生物和物质发出的振动。具体和抽象噪音的混合以及鲜花和钻石等无生命物体的"歌唱"进一步推动了提议。他们宣称，无线电艺术家（radiasta）将创造"自由的文字"（parole in libertà），将未来主义作家在诗歌视觉构成中所探索的绝对排版自由进行了语音转换。然而，即使无线电艺术家不播出"自由的文字"，他的广播也必须"采用已经在先锋小说和报纸中流传的 parolibero 风格（源自"自由的文字"），一种快速、迷人、同步和合成的典型风格"。

未来主义广播可以使用单个词语并重复不定式中的动词。它可以探索美食、体操和情调的"音乐"，也能同时使用声音、噪音、和声、音群和静音来构成渐强和渐弱的音阶，它可以让电台之间的干扰成为作品的一部分，也可以创造出"几何"结构的静音。最后，未来主义广播面向大众，消除了专业公众的概念和权威，因为专业公众总是具有"变形和诋毁的影响"。1933 年 11 月 24 日，福图纳托 · 德佩罗（Fortunato Depero）和马里内蒂通过米兰广播电台进行了第一次未来主义的传播。[24]

1941 年，马里内蒂出版了一本书名极长的未来主义戏剧选集——"合成未来主义戏剧（动态－无逻辑－自动－同步－幻想）令人惊奇的空中无线电音乐厅（无批评但有测量）"[25]，其中汇编了马斯纳塔的九部作品和五部广播作品（"无线电声音合成"）。

虽然马里内蒂是这些作品的署名作者，但似乎有理由相信它们是马斯纳塔所写的。诺埃米 · 布卢门克兹 – 奥尼穆斯（Noëmi Blumenkranz-Onimus）在《意大利未来主义诗歌》（La poésie Futuriste Italiene）[26] 一文中指出，马里内蒂去世后在米兰出版的自传《伟大的传统与未来的米兰》（La grande Milano tradizionale e futurista，1969 年，176 页）中明确指出，这些作品是马斯纳塔的。马里内蒂写道："马斯纳塔在家中为我们带来了题为《距离的戏剧》（Drama of distance）、《沉默的自言自语》（Silences talk among themselves）、《听到的风景》（a landscape heard）和《沉默的构建》（The construction of a silence）的广播作品。"

无论这些作品的实际作者是谁，它们都记载了真正发明无线电艺术的先驱的努力。正如之前的《周末》一样，它们预见了未来的实验音乐形式（如具象音乐），以及约翰 · 凯奇等创新作曲家的作品。

在整个 20 世纪 30 年代，无线电广播不仅在技术上变得更为可靠，而且可以进行调谐，听众能在多个节目中进行选择。如今无线电可以从相当远的距离接收短波、中波和长波。无论是用来娱乐，还是作为政治宣传工具，无线电广播都成了聚焦之处。收听广播在 20 世纪 30 年代已成为人们的普遍习惯，而此时的世界正处于另一场全球冲突的边缘。

1938 年 10 月 30 日，为了庆祝万圣节，新泽西州哥伦比亚广播公司的周日节目《水星广播剧场》（The Mercury Theater on the air）又展示了一部改编文学作品，由 23 岁的奥森·威尔斯（Orson Welles）执导。作家霍华德·科赫（Howard Koch）改编了奥森·威尔斯所选择的小说《世界大战》（*The War of The Worlds*，1898 年），作者是 H. G. 威尔斯（H. G. Wells，1866—1946 年）。科赫更新了故事内容，并将它的发生地挪到了一个不为人知但真实存在的地方——新泽西州的格罗弗岭（Grovers Mill）。这是一次合作改编，威尔斯和制片人约翰·豪斯曼（John Houseman）照例都积极参与了改编。选择格罗弗岭是一种偶然，但却很方便，因为它靠近普林斯顿天文台，科赫在那里安排了虚构的天文学权威皮尔森教授。更重要的是，科赫按照威尔斯的具体指示，通过穿插新闻简报来安排故事的结构，这样一来，音乐时不时会因为奇异事件和现场报道的新闻闪光灯而中断。[27]

经由奥森·威尔斯富有戏剧性的声音（图 2），听众们逐渐发现，最初在火星表面观察到的爆炸原来是降落在格罗弗岭的不明飞行物所造成的。接下来，畸形的火星入侵者开始使用"热射线"和"平行光束"攻击周围的一切，把人活活烧死，并摧毁汽车、房屋和城市。尽管节目多次声明这是虚构的，但新闻播报的形式还是让普通听众深感震惊。当皮尔森教授最后朗读日记并透露火星人已被陆地微生物打败时，一切为时已晚。

水星剧院的演员们用紧张的声音描绘了火星战争机器的着陆，致命射线所点燃的大火，以及目击者的惊慌失措。收听的公众反映出极大的痛苦和绝望。虽然没有人死亡，但有数人受伤或流产，人们不顾一切地抛下房屋，道路陷入巨大

图 2
奥森·威尔斯，《世界大战》，广播剧，1938 年。数百万美国人收听了这个广受欢迎的广播节目，发现火星人正在入侵地球。威尔斯的广播打破了事实与虚构之间的界限。© 档案照片 / 档案电影

的堵塞，警察和消防员被动员去应对无形的威胁。在纽约市，许多居民驾车逃离新泽西。来自东部的电话让美国西南部的电话线不堪重负。在新泽西州纽瓦克市，数百名医生和护士打电话到医院自愿提供服务。在华盛顿的康克里特镇，播放火星人控制全国电力系统的时刻正好发生了意外停电。在南方，人们前往当地教堂寻求避难。在宾夕法尼亚州，一位妇女因丈夫及时回家而免于自杀。愤怒的听众们对威尔斯和哥伦比亚广播公司提起诉讼，但未造成重大影响。威尔斯的合同上规定他不对节目播出的后果负责，哥伦比亚广播公司也不能接受严厉处罚，因为没有类似的过往案例可以用来评估该事件。

威尔斯的模拟火星入侵首次显示了无线电广播的真正威力。它展示了无线电广播的独特能力，即利用语言的气息和特效的可塑性音质来激发听众的想象力。它展示了无线电广播媒介的可靠技术如何建立其可信度，使其传播的新闻具有真实性。它探索了独特的时间节奏，将真实时间（广播持续了约一个小时）和戏剧化的时间（皮尔森教授在结尾告诉我们，整个事件发生在几天之内）混合在一起。剪辑之间的沉默（从音乐到新闻，反之亦然）并不像音乐停顿那样仅仅只是无声，它呈现给听众的是登陆现场的记者与演播室的连线工作人员的实际等待时间。更重要的是，成千上万的听众在转播过程中所感受到的恐慌是非常真实的。入侵是发生在广播媒介中的事件，而这一媒介已经成为听众生活的一部分——它如此透明而可靠——以至于人们并没有把这次传播看作再现或表演。这是鲍德里亚理论中的"超真实"，在这种体验中没有现实基础的符号是如此真实，它们变得比真实还要真实。[28] 威尔斯阐明了大众媒体的伪透明性，揭示媒介试图成为通向真相的透明窗口的机制，以及假装忽视其自身中介作用的方式，及其对集体无意识的影响。毫无疑问，威尔斯引发了具有审查倾向的立法者的愤怒。在模拟火星入侵事件之后，广播和电子媒介将无法回到从前。

电话图片、空间主义电视、观念电报

对于 20 世纪头几十年的前卫艺术家来说，电报、电话、汽车、飞机，当然还有收音机，都是现代生活的象征，技术可以在现代生活中扩展人类的感知和能力。然而，达达主义者偏离了人们对科学理性主义的普遍热情，并批判了技术的破坏力。1920 年，理查德·韦尔森贝克（Richard Huelsenbeck）在柏林编辑了《达达年鉴》(*The Dada Almanac*)，他们在上面发表了一个不敬的提议：画家现在可以通过电话下单画作，让橱柜制造商来制作。[29]《达达年鉴》中出现的这一想法既是双关语，也是挑衅。1921 年 1 月，匈牙利构成主义艺术家拉斯洛·莫霍利－纳吉（Laszlo Moholy-Nagy, 1895—1946 年）抵达柏林，但当时他不太可能读到或听说过这本书。可以肯定的是，这位即将成为包豪斯一员的艺术家相信智性与感性的动机在艺术创作中同样有效，并决定自证。多年后，这位艺术家写道：

1922年，我用电话向一家标牌厂订购了五幅瓷釉画。我拿着工厂的色卡，在图纸上勾勒出我的画作。在电话的另一端，工厂主管也拿着同样的纸张，分成了几个方格。他按照我口述的形状，记下了正确的位置（类似用电话下国际象棋）。其中一幅画有三种不同的尺寸，这样我就可以研究放大和缩小在色彩关系上所引发的微妙差异。[30]

1924年，他在柏林 Der Sturm 画廊举办了首次个展（图4），展出了上述的三张电话图片（图3），并将其构成主义观念向前推进了几步。首先，他必须确定各种形式在图像平面中的精确位置，并以图画纸上的微小方格作为网格，来构建绘画元素。这种像素化过程在某种意义上预示了数字艺术的方法。为了在电话中解释构图，莫霍利－纳吉必须将艺术品从物理性实体转换为对物体的描述，建立起一种符号等价关系。这一过程早于观念艺术在20世纪60年代所提出的关注点。接下来，莫霍利－纳吉传输图像数据，使传输过程成为整体经验的重要部分。这种传输方式将现代艺术家可以在主观上与作品保持距离的理念进行了戏剧化的展示，他或她可以从作品中抽离出来。它扩展了艺术物不必非得是艺术家手工或技艺的直接结果这一观念。莫霍利－纳吉决定找一家能够提供工业精细加工和科学级别精度的标牌厂，而非业余画家来实现他的想法。此外，最终作品的三重变化破坏了"原作"的概念，指向机械复制时代即将出现的新艺术形式。与莫奈的"连续绘画"不同，这三张相似的电话图片并不是一个系列。它们是没有原作的复制品。作品的另一个有趣之处在于，作为所有艺术作品基本要素的尺度变得相对和次要了。作品灵活易变，可以附身于不同的尺寸

图3
拉斯洛·莫霍利－纳吉，《电话图片 EM2》（*Telephone Picture EM2*），钢板上瓷釉，18¾ 英寸 ×11⅞ 英寸（47.5 厘米 ×30.1 厘米），1922 年。1922 年，莫霍利－纳吉用电话向一家标牌工厂的主管口述构图，主管记下了形状。该作品以三种不同的尺寸完成（纽约现代艺术博物馆，The Museum of Modern Art，MoMA）

中。毋庸置疑，尺度的相对性是数字艺术的典型特征，因为数字艺术作品存在于屏幕的虚拟空间中，既可以附身于小型印刷品之中，也可以展现在巨大的壁画之上。

尽管《电话图片》提出了许多有趣的想法，但它还是极富争议。当时与莫霍利－纳吉生活在一起的第一任妻子露西娅（Lucia）说，事实上他亲自订购了这些作品。她在讲述这段经历时回忆说，当瓷釉画被送达时，莫霍利－纳吉热情高涨，他感叹道："我可以用电话完成！"[31] 关于这一事件的第三份个人记录——据我所知只有三份——来自艺术家的第二任妻子西比尔·莫霍利－纳吉（Sibyl Moholy-Nagy）：

> 他必须向自己证明，构成主义概念的超个人主义以及客观性视觉价值的存在，与艺术家的灵感和具体的绘画作品无关。他将自己的画作口述给标牌厂的主管，用一张色卡和空白的图画纸来指定形式元素的位置和准确的色调。传递的草图有三种不同的尺寸，通过对密度和空间关系的修改，展示了结构的重要性及其不同的感性冲击。[32]

评论家经常忽视的一个问题是：莫霍利－纳吉是否真的使用了电话。这三幅作品实际上是由一家标牌厂的员工根据艺术家的口述绘制的，并由莫霍利－纳吉本人命名为《电话图片》，因此这个问题不能完全被忽略或被回答。例如，莫霍利－纳吉有可能用电话交付了部分草图并提供了补充说明。露西娅似乎清楚地记得这件事，但她的书中有几处记录错误，这让她对《电话图片》的断言被质疑。在没有其他证据证明的情况下，艺术家的说法应占上风。

图 4
拉斯洛·莫霍利－纳吉，《电话图片》，柏林 Der Sturm 画廊，1924 年。（由哈图拉·莫霍利－纳吉提供）

人们倾向于认为这些作品实际上是通过电话订购的，因为莫霍利－纳吉是新技术，尤其是远程通信技术的狂热爱好者。正是在 1922 年，RCA 公司建立了第一个跨大西洋的传真服务，在 6 分钟内将一张照片传真到大西洋彼岸。同样在 1922 年，德国研究员阿瑟·科恩（Arthur Korn）的传真系统用无线电将教皇庇护十一世（Pope Pius XI）的照片从罗马传送到了缅因州。照片就刊登在当天的《纽约世界报》（New York World）上。这是一个历史性突破，因为当时的新闻图片都是通过轮船漂洋过海的。在最初于 1925 年出版的《绘画、摄影、电影》（Painting, Photography, Film）[33] 一书中，莫霍利－纳吉所复制的两张"无线电报照片"和两幅被他称为"无线电报电影"范例的图片序列，均出自阿瑟·科恩之手。也是在《绘画、摄影、电影》一书中，莫霍利－纳吉很早就呼吁在远程通信时代出现新的艺术形式：

> 人类仍在互相残杀，他们还不明白自己是如何生活的，为什么要生活；政治家们没有注意到地球是一个实体，但电视却已被发明出来了："远方的预言家"——明天我们将能够窥视到同胞的内心，无处不在，却仍孤独……随着照相术的发展，复制以及精确的插图可以瞬间被完成，即使是哲学著作也将使用与当今美国杂志相同的方式——尽管是在更高的维度上。[34]

从电子艺术发展的角度来看，莫霍利－纳吉是 20 世纪上半叶先锋派中最重要的艺术家。他对电子艺术的贡献就像毕加索对新具象、杜尚对观念主义、康定斯基对非指涉的艺术（nonreferential art）的贡献一样重要。莫霍利－纳吉在作品、文章和书籍中极其清晰地阐明了新技术是当代艺术创作的媒介，他的作品为电子、媒介和数字艺术留下了杰出遗产。莫霍利－纳吉终其一生都坚信，远程通信媒介可以开辟出艺术性实验的新领域。1930 年，他历时八年完成了开创性的动态雕塑（kinetic sculpture）作品《光－空间调制器》（Light-Space Modulator）。在作品完成的同年，艺术家发表了讨论《光－空间调制器》的文章，并写道：

> 我们甚至可以预言，当无线电接收器拥有自己的照明设备并配有可调节的电滤色片，可从中心进行远程控制时，这种光的展示将由无线电进行转播，部分作为远程投影，部分作为真正的灯光表演。[35]

莫霍利－纳吉对艺术电视研究有着与时俱进的理解。1923 年，就在他加入包豪斯的同一年，在柏林工作的匈牙利人德奈什·冯·米哈伊（Dénes von Mihály）为他的光电仪器申请了专利，并出版了第一本关于电视的著作，书名为《电子电视》（Das elektrische Fernsehen und das Telehor）。在整个 20 世纪 20 年代到 30 年代初，这一新生技术经历了巨大的发展，并不时进行公开演示，如 1925 年约翰·洛吉·贝尔德（John Logie Baird）在伦敦塞尔弗里奇百货公司进行了具有里程碑意义的"首次电视公开演示"。1928 年，弗朗西斯·詹金斯（Francis Jenkins）开始在美国定期播放"广播电影"。观众可以购买或自制"Radiovisor"接收器，观看詹金斯用无线电传送的动画剪影。这一成功的创举——詹金斯将其命名为"家庭娱乐用的无线电哑剧电影"——催生了美国电视产业的萌芽。[36] 莫霍利－纳吉断定，这种发展将带来远距离传输动态图像（moving image）的实验艺术，而这种"由无线电转播"的图像流将与在本地物理环境中进行的"真实灯光秀"相结合。莫霍利－纳吉所设想的这种"虚拟和远程"与"物理和本地"的混合，预示着几十年后才开始实现的可能性。1952年，空间主义（Spatialist）艺术运动的创始人卢齐欧·封塔纳（Lucio Fontana）在米兰进行了一次开创性的电视直播（图5），这是录像艺术（video art）的真正开端。在这次直播中，他利用自己的穿孔画在空中创造出动态的光影图案。[37] 更具体地来说，莫霍利－纳吉的构想在20世纪60年代及之后开始被系统性研究，此时的新一代艺术家已经开始使用录像机、视频合成器、卫星、有线电视和视频装置。

莫霍利－纳吉提出，电视所催生的艺术必须摒弃对现实的再现，在其媒介独特可能性的基础上创造新的现实。莫霍利－纳吉意识到，电子技术将提供一种不受电影光学限制的实验性程序；他指出这种新艺术必须摒弃电影的传统，创造自己的可能性。因此，1930年他批评莱昂·特雷明（Leon Theremin）"仍用新的乙醚波仪器模仿旧的管弦乐"，而没有去促成一种新的音乐。为了给未来的艺术形式铺平道路，莫霍利－纳吉主张：

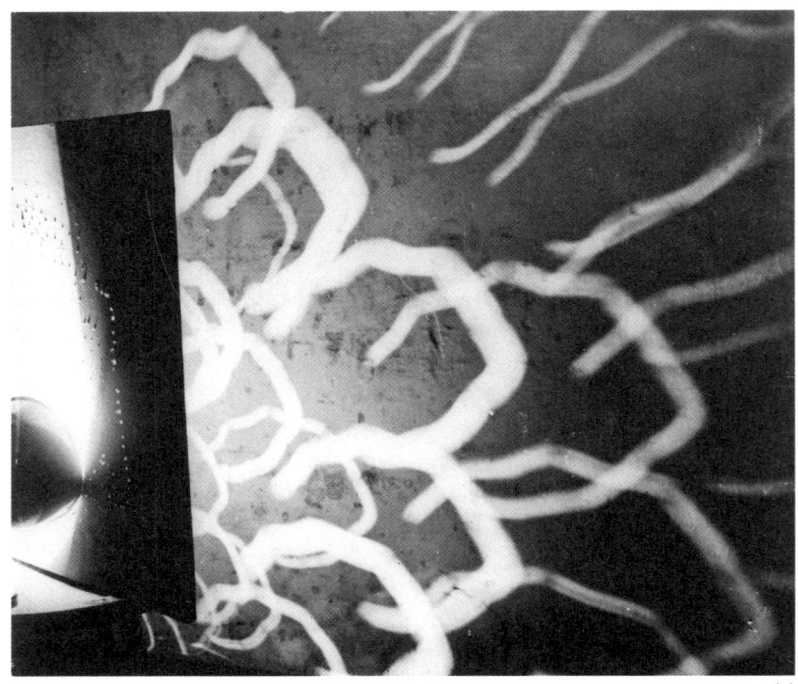

(a)

图 5
卢齐欧·封塔纳，空间主义电视直播，米兰，1952 年 5 月 17 日。在这次直播中，封塔纳利用光线和穿孔画（a）在空中创造出动态光影图案（b）（由卢齐欧·封塔纳基金会提供）

电影和其他相关的传播表现形式（无线电和电视及其各种可能性）的技术设备越完善，制订合理工作计划的责任就越大。……新的研究计划将会发现一种前所未有的表现形式和全新的艺术创作可能性。[38]

随着技术日益普及，莫霍利－纳吉的作品和思想对当代艺术的重要性将更加凸显。这位现代主义巨匠可与毕加索、康定斯基和杜尚比肩，他的作品深刻地改变了20世纪的艺术。

从莫霍利－纳吉的三幅电话图片中，我们发现了艺术家对电话交换机的观念化力量的认可。在整个20世纪60年代，电话——或者更准确地说，电话通话——成为一种常见的艺术媒介，尤其是在与激浪派（Fluxus）有关的艺术作品中。乔治·布莱希特（George Brecht）、肯·弗里德曼（Ken Friedman）、达维·戴特·霍姆普森（Davi Det Hompson）和本·沃蒂埃（Ben Vautier）等人创作了多部"事件乐谱"（event scores），这些乐谱将电话作为主要的能指媒介（signifying agent），由作者或其他人进行实际演奏。这些乐谱通常是一份简短的行动建议清单，由表演者解释和执行。在规定束缚的平凡性中，大多数活动仍显得激烈。有些超越了惊奇美学的范畴，创造了一种实际的对话性情境，使表演者和参与者能够进行现场交流。1961年，乔治·布莱希特创作的乐谱[39]兼具这两种可能性：

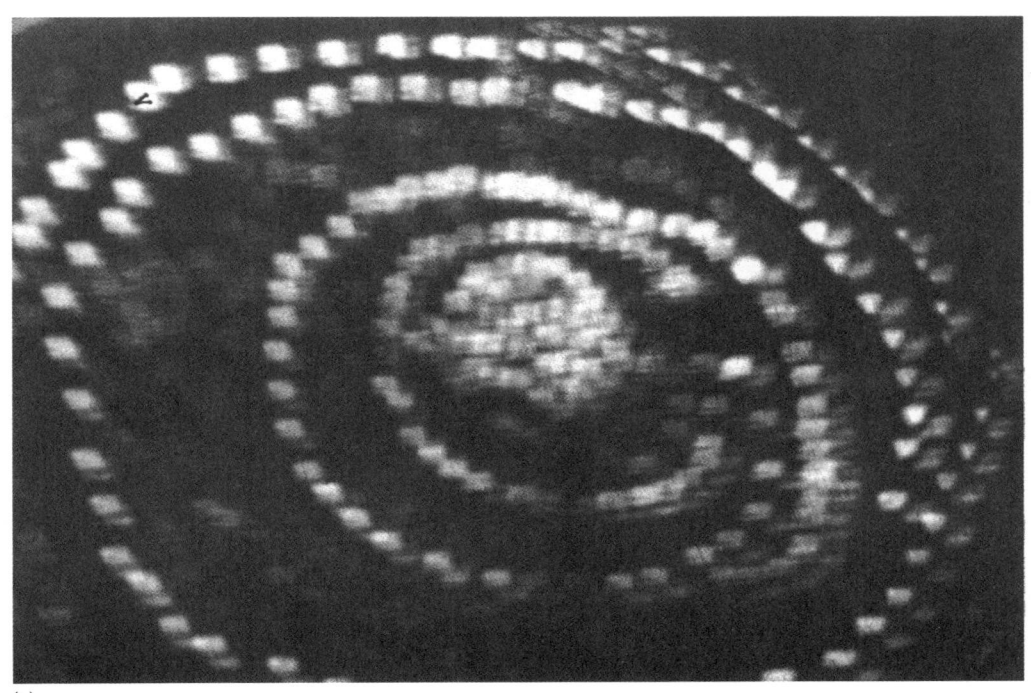

(b)

三种电话事件

> 当电话铃响起时,让它继续响,直到停止;
> 当电话铃响起时,拿起听筒,然后挂掉;
> 当电话铃响起时,接听电话。

在 1969 年 11 月 1 日至 12 月 14 日,芝加哥当代艺术博物馆(Museum of Contemporary Art Chicago)所举办的展览"电话艺术"(Art by Telephone),将莫霍利的开创性工作视为 20 世纪 60 年代观念艺术的先驱。36 位艺术家被要求向博物馆拨打电话,或接听博物馆的电话,向博物馆工作人员说明他们对展览的贡献。博物馆随后制作并展出了这些作品。艺术家和博物馆之间的电话录音被制作成画册。博物馆馆长扬·范德马尔克(Jan van der Marck)认为,还没有群展能检验远程控制创作的美学可能性:

> 将电话作为创作的辅助,并将其作为心与手之间的纽带,这种尝试前所未有。⁴⁰

"电话艺术"并不是一个远程通信艺术事件,它是以不同寻常的方式制作艺术作品的群展:先由电话描述,再由策展人实施。和莫霍利-纳吉一样,艺术家本人并不参与这一过程。马尔克认为,这是对十年来语言、表演和视觉艺术之间协同作用的扩展。观念艺术为远程通信艺术的出现设立了构架,它强调了杜尚所捍卫的"心灵事物"(cosa mentale),反对视网膜绘画的纯粹视觉效果。马尔克写道:

> 参与者希望摆脱这样一种阐释——艺术是特定的、手工制作的、珍贵的物。他们重视过程而非产品,重视体验而非占有。他们更关注时间和地点,而不是空间和形式。他们反对艺术中的幻觉、主观性、形式主义的处理方式和价值等级制度。⁴¹

许多艺术家对创造性地使用电话这一挑战仍有畏惧,这与该展览在远程通信美学发展中的先锋地位形成了反差。大多数参与者之前从未接触过通信或远程通信相关的工作,但值得注意的是,他们对这一独特机会的反应仍然受到艺术作品应该是有形物质——即使不是持久性物质——这一概念的束缚。大多数艺术家仍以普通的方式使用电话,为物品和装置的制作提供指导;只有少数艺术家敢于将实际的通信体验转化为作品本身。最明显的例外是伊恩·巴克斯特(Iain Baxter)、斯坦·范德比克(Stan VanDerBeek)、约瑟夫·科苏斯(Joseph Kosuth)、詹姆斯·李·拜尔斯(James Lee Byars)和罗伯特·霍特(Robert Huot)。

伊恩·巴克斯特创建了 N. E. Thing Company(NETCO),这是一个活跃于 1966 年至 1978 年的观念艺术团体,以企业方式注册,并以模仿性和批判性的企业方式运作。在温哥华,伊恩·巴克斯特如同运营真正的公司一样运营着 NETCO,这也使他能够接触到私人无法使用的远程通信设备。他从 1968 年开始接触远程通信媒介,当时他在家中安装了远程复印机(Telecopier)和电传机(Telex)设备(图 6)。"远程复印机"是传真机的早期名称。电传机则是 TELegraph

图 6

1968 年，伊恩·巴克斯特在温哥华的家中发送艺术电传。[温哥华卡特里奥纳·杰弗里斯（Catriona Jeffries）画廊提供]

EXchange 的缩写，即通过电报网络连接的远程打字机。早在 1968 年，巴克斯特就利用电传网络向网络成员发送无礼的"信息"，其成员全部是企业和公司，也有文化组织。办公室人员偶尔也会以俏皮的方式回应这些不期而至的电传。安装电传机后，巴克斯特可以 24 小时免费发送电报，因此他向网络成员"宣传"了 NETCO。巴克斯特经常以电报或电传的方式发送观念艺术命题和视觉诗歌，例如《TransVSI 第 12 号》（*TransVSI Number 12*，1970 年），这是一个由三个竖直块组成的长方形图案（宽 8 英寸，高 5 英寸），每个块分别由字母

S、K 和 Y 组成,并发送给 1970 年在 MoMA 举办的展览"信息"（Information,图 7）。NETCO 的所有作品都被接收,并立即被挂到 MoMA 的墙上。在展览"电话艺术"中,巴克斯特向博物馆传真了世界各地的人、物和事件的图片,这些图片都获得了 NETCO 的"认可印章"。

在展览的同一时段,斯坦·范德比克已经制作了舞台多媒体作品和开创性的计算机动画。1966 年,他在纽约的石角镇（Stony Point）自家附近完成了"穹顶影院"（Movie-Drome）。在这个穹顶形的环境中,观众躺在地上,他们上方的各种表面投射有各种静止或移动的图像。在展览"电话艺术"中,他设计了一个闭路版本,让观众在展厅的一端向传真机发送艺术家的拼贴画,让它们在另一端重新出现。

约瑟夫·科苏斯利用这次展览的语境来继续其"通过大众媒体传播数据"的项目,正如扬·范德马尔克在展览记录目录中所写的那样。科苏斯当时正在筹

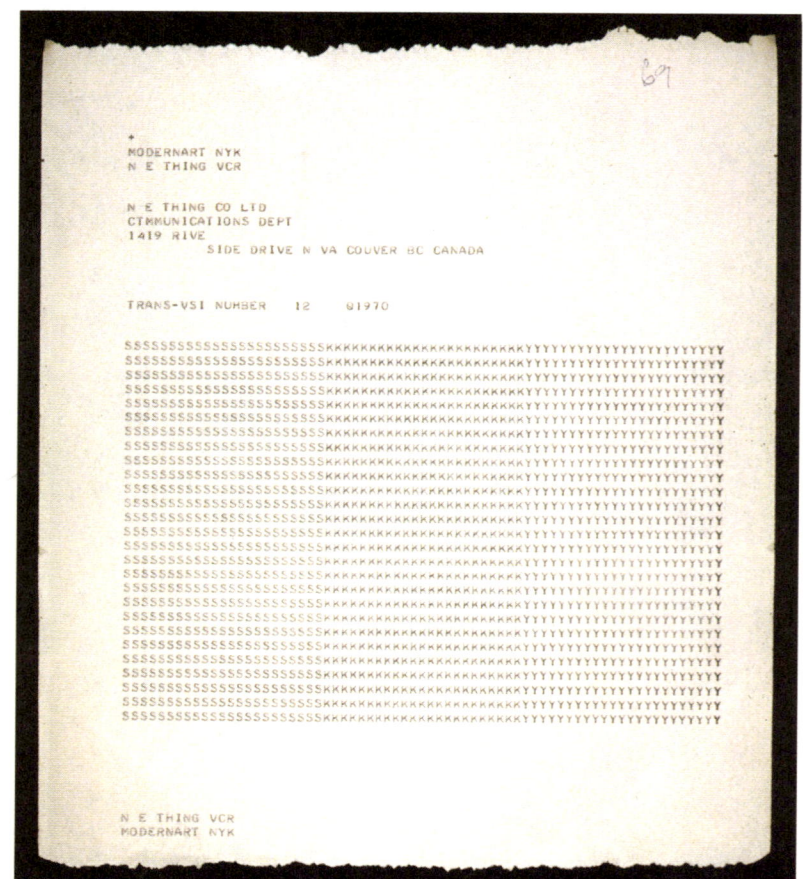

图 7
伊恩·巴克斯特,《TransVSI 第 12 号》,电传,5 英寸 × 8 英寸,1970 年。这幅电传艺术作品分为三个垂直板块,每个板块分别由字母 S、K 和 Y 组成,并于 1972 年在纽约现代艺术博物馆举办的展览"信息"中展出。（温哥华卡特里奥纳·杰弗里斯画廊提供）

备一个展览，该展览将在全球 15 个城市举办，要求博物馆或美术馆在当地报纸上刊登广告。芝加哥为该项目提供的是在 11 月 1 日的《芝加哥每日新闻》(*Chicago Daily News*) 全景版上刊登一则广告。在展览空间里，参观者只能看到标明参与该项目的城市标签。

只有詹姆斯·李·拜尔斯和罗伯特·霍特使用电话创造出了交流的体验。拜尔斯的作品本身与展览的理念相悖，但在字面上却是一致的，因为这位艺术家计划于 11 月 13 日现身博物馆，与法国作家阿兰·罗伯－格里耶（Alain Robbe-Grillet，图 8）进行简短的无声通话。拜尔斯告知博物馆，这将是他们的第一次

图 8
詹姆斯·李·拜尔斯，"电话艺术"，芝加哥当代艺术博物馆，1969 年。1969 年 11 月 13 日，拜尔斯（在博物馆）与身在法国的法国作家阿兰·罗伯－格里耶进行了一次简短的无声通话

见面。"于我而言,这是第一次见面的戏剧化场面",艺术家说。霍特的互动性提案也许更加戏剧化,甚至更加字面化。博物馆参观者都能参与其中,并在偶然性和匿名性中进行不期而遇的初次见面。他选择了美国的 26 座城市,每座城市都以不同的字母开头,并在每座城市选择了 26 个名叫亚瑟的人。每个亚瑟的姓氏都与该城市首字母相同[例如,巴尔的摩的亚瑟·培根(Arthur Bacon)]。博物馆展示了一份包含所有城市和名字的名单,并邀请参观者打电话询问"艺术"。这件作品是"艺术"与参观者之间意想不到的对话,其发展完全取决于参观者。无论是否作为展览名称的双关语,霍特的作品都将艺术家塑造为主动情境而非被动体验的创造者。它摒弃了图像性的表现形式,放弃了对作品的控制,并利用到电话的实时性和互动性。这件作品旨在激发人与人关系,并由此预见了未来二十年的许多远程通信作品。

如果说巴克斯特是 20 世纪 60 年代在观念艺术的语境下最早将电报作为艺术媒介的人之一,那么必须指出的是,最早有记录的艺术家电报之一是 1919 年的理查德·胡尔森贝克(Richard Huelsenbeck)、约翰内斯·巴德尔(Johannes Baader)和乔治·格罗兹(George Grosz)从柏林发往米兰的一封达达主义电报。这封电报的收信人是意大利作家兼军人加布里埃尔·邓南遮(Gabriele D'Annunzio),发信人则是意大利报纸《晚邮报》(*Corriere della sera*)。邓南遮在志愿者(包括未来主义活动家)的陪同下,入侵并吞并了菲乌梅市(今克罗地亚里耶卡市),电报是对此次出人意料的独立军事行动的回应。邓南遮的非法占领和独裁政府一直持续到 1921 年 1 月,遭到了意大利和欧洲其他国家的反对。《达达年鉴》转载了这份电报,内容如下:"如果盟国提出抗议,请致电柏林达达俱乐部。征服伟大的达达主义行动,并将采取一切手段确保其得到承认。达达主义世界地图'达达科'(Dadaco)已经承认菲乌梅市为意大利城市。"

另一份达达电报是杜尚于 1921 年发出的。那一年,特里斯坦·扎拉(Tristan Tzara)正在巴黎蒙田画廊组织"达达沙龙"。他请让·克罗蒂(Jean Crotti)和妻子苏珊娜·杜尚(Suzanne Duchamp)联系苏珊娜在纽约的哥哥,为展览征集一件作品。杜尚婉拒后,扎拉让克罗蒂给杜尚发了一封电报,紧急请求他参加展览。杜尚给扎拉回了一封电报,上面有两个字并加了他的签名,写着"PODE BAL-DUCHAMP"[42]。这封电报是"peau de balle"(字面意思是"球皮")的谐音,意思是"什么也没有"或"一点也没有",或者用法语说,"给你球"。无论如何,对电报各种可能的解读都意味着杜尚的不接受。扎拉没有在展览中展示电报本身——这本是达达的终极姿态,而是在为杜尚预留的空间里挂上了空白的说明牌。

电报逐渐进入当代艺术实践,从 20 世纪 60 年代末到 80 年代中期,人们对电报的兴趣与日俱增。1962 年,罗伯特·劳森伯格(Robert Rauschenberg)为巴黎画商伊里斯·克莱尔(Iris Clert)的肖像展发了一封电报,在其中写道:

"按我说，这就是伊里斯·克莱尔的肖像。"[43]1970年，日本艺术家河原温（On Kawara）开始了"我还活着"系列电报。从1970年到1977年，他经常给艺术界人士发送电报，并写上"我还活着"。1973年开始，保罗·布鲁斯基（Paulo Bruscky）在巴西将电报作为艺术作品发送。布鲁斯基因其在静电复印术（xerography）、传真和邮件艺术（mail art）方面的工作而闻名，并于1981年获得了古根海姆奖。1973年，在他与丹尼尔·圣地亚哥（Daniel Santiago）合作发送给在巴西库里提巴市举办的第三十届巴拉那艺术沙龙（Salão Paranaense de Arte）的电报（图9）中，布鲁斯基描述了三个展览方案："第一个方案：将所有展览用的箱子堆放在角落。标题：艺术是随心所欲。第二个方案：在房间的天花板上悬挂鸡毛掸子，距离地面一米。在附近放置一个装有水的水桶、一把扫帚、一块抹布和其他用于清洁博物馆的材料。标题：干净的美术馆就是先进的美术馆。第三个方案：在离墙壁两米远的椅子上放置钉子、锤子、订书机和一卷胶带。用于布置展览的材料。标题：请勿触摸；这是展品。"毫无疑问，电报本身（及其传送）必须被视为一件艺术作品。此外，电报中的文字也阐释了布鲁斯基的介入和批判策略。第一份和第三份方案对官方艺术沙龙中的常见类型例如绘画和雕塑提出了挑战，而第二份方案则对军事独裁政权

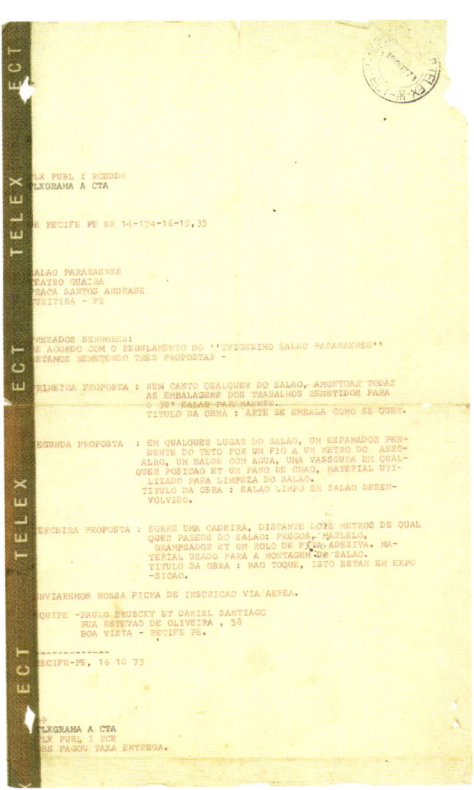

图9
保罗·布鲁斯基（与丹尼尔·圣地亚哥合作），电报作为艺术作品寄往巴西库里提巴市的第三十届巴拉那艺术沙龙，1973年。（由保罗·布鲁斯基提供）

1 远程通信的美学（1992年） 023

的公共卫生运动进行了直接而尖锐的批判，其口号是"干净的人就是先进的人"（Povo limpo é povo desenvolvido）。1983 年，在巴西纳塔尔市的北里奥格兰德联邦大学艺术与文化中心（Núcleo de Arte e Cultura da UFRN/Universidade Federal do Rio Grande do Norte）举办的展览上，布鲁斯克发出了另一份电报："与我的时间相关的艺术。我很忙。"同样在 1983 年，盖伊·布勒斯（Guy Bleus）在比利时的哈瑟尔特省立博物馆（Provincial Museum，in Hasselt）举办了一次电报展，保罗·布鲁斯基、尤金尼奥·卡韦利尼（Eugenio Dittborn）、卡尔·安德烈（Carl Andre）、莱斯·莱文（Les Levine）、丹尼尔·格雷厄姆（Daniel Graham）、阿奇尔·卡维里尼（Achille Cavellini）以及我本人等都参加了这次展览。数字网络的兴起，已经让当时电报的使用开始减少，这次展览可以说是电报作为艺术媒介的一个终结。

从视觉电话学到媒体艺术[①]

尽管电话或者更确切地说是电话的对话性结构，具有社会、政治和文化影响，但人们对电话的批判性关注却很少。历史、技术和定量社会学研究对电话更深层次的问题揭示甚少，而实际上后者与语言学、符号学、哲学和艺术联系紧密。阿维塔尔·罗内尔（Avital Ronell）为我们带来了一通前所未有又备受欢迎的哲学长途电话。罗内尔的话语在口语和书面写作之间、在被隐喻的电话交换台的连接和重置中反复，她的书 "" 提供了新的哲学见解，在马丁·海德格尔（Martin Heidegger）、西格蒙德·弗洛伊德（Sigmund Freud）、雅克·德里达（Jacques Derrida），当然还有亚历山大·格雷厄姆·贝尔（Alexander Graham Bell）之间架起了多方线路。罗内尔的姿态（尽管是在另一个层面上）与 20 世纪 70 年代末以来在电话中发现了无与伦比的实验来源的艺术家们的姿态很相似。为什么是电话？

> 在某些方面，它（电话）是触及任何形而上确定性领域中最简洁的方式。它颠覆了自我与他者、主体与事物的身份，取消了现场的原初性；它破坏了书籍的权威，不断威胁着文学的存在。它不确定自己的身份，到底是物、事物、设备、言后强度（**perlocutionary intensity**）[②]还是艺术作品（电话技术的雏形就证明了它作为艺术作品的地位）；它使自己成为末日警报的工具，电话的切断力使我们能够建立类似母体超我（**maternal superego**）之物。[45]

在电话技术诞生之初，人们认为电话之所以具有艺术价值，是因为它的远距离传声能力类似于我们所熟知的无线电广播。安东尼奥·穆奇（Antonio Meucci）、贝尔和其他先驱们希望，可以用电话收听歌剧、新闻、音乐会和戏剧。在贝尔最早的演讲和演出中，媒介的双向性仍是技术难题；在那时，托马斯·沃森（Thomas Watson）会通过电话弹奏风琴和唱歌来娱乐观众，并展示新设备的可能性。几十年后，电话上的交易业务成倍增长，但是对于能否在温

[①] 译者注：按照本书的用词应翻译为媒介艺术，但在中文的语境中已经约定俗成地译为"媒体艺术"。

[②] 译者注：在语言学中，言后行为（perlocutionary act）是通过某些话所实施的行为，或讲某些话所导致的行为，它是话语所产生的后果或所引起的变化，它是通过讲某些话所完成的行为。可以以此类推"言后强度"的意思。

馨的家庭氛围中使用电话，大家反应不一。约翰·布鲁克斯（John Brooks）提到[46]，威尔斯在《自传实验》（Experiment in Autobiography，1934 年）中抱怨电话侵犯隐私。威尔斯希望，

> 有一种单向电话，当我们需要新闻时就可以提出要求，而当我们不在接收和消化新闻的状态时，也不会被强迫接收新闻。[47]

威尔斯所描绘的全新闻广播电台的未来形象，和麦克卢汉所提到的这种产物，随后将引发电视对无线电广播的影响。更重要的是，威尔斯对罗内尔所说的"末日警报"的入侵做出反应，对电话的"切断力"做出反应，这种"切断力"令人不安但又如此吸引人。威尔斯强调电话会在他不想听时也提供新闻，他敦促人们关注电话的投射性特征，即不断要求对方随时准备，向对方发射言语——而且仅仅是言语。这种要求发生在语言领域，它所得到的得体回答同时也是一个疑问："喂（yes）？"更常见的是一种恭维和要求的混合体："你好（hello）？"

普通电话技术的独特之处或许在于，其通路中只流通口语。正如罗伯特·霍珀（Robert Hopper）所言，[48] 电话将声音与所有其他感官分离开来，将交流中的声音元素从面部和手势的自然一致性抽离出来，由此强调了符号的线性关系（linearity）。电话将听觉从其与视觉和触觉的相互关系中剥离出来，将对话者从言语共同体中隔离开来，从而将交流过程抽象化，强化了西方的语音中心主义（phonocentrism），[49] 现在则转化为一种广泛外延的电话中心主义。正是为了颠覆这种语音中心主义，进而去除意义、知识和经验的等级制和中心化，罗内尔等理论家和远程通信艺术家们才奔走疾呼。在 20 世纪，德里达所提到的语音中心主义可以追溯至索绪尔，而霍珀发现索绪尔与电话紧密相关。霍珀用索绪尔所生活的巴黎正值电话蓬勃发展这一证据来支持他的论点。他还提醒我们，电话是由一位聋人语言教师（贝尔）发明的，并且索绪尔的说话回路与电话交流极为相似。[50] 在电话技术这一近乎科学的语音隔离，以及讲者缺席的情况下，语音（speech）大声说出了自己的线性结构，并将自己献给理论（和艺术）研究。

电话作为一个实体，排除了声音直接性以外的所有事物，凸显了其柏拉图式的形而上框架。然而，当我们将目光投向远程信息体验的几个细节时，就会对电话的结构产生新的认识，从而有助于解构该框架。新的电话语法最相关的方面或许是它在技术上对图形元素的吸收。从技术上来说，人们不仅可以通过电话交谈，还可以通过电话写作（聊天、电子邮件、手机短信）；通过电话打印（传真、远程打印），或通过电话制作和录制声音及视频（答录机、SSTV、可视电话）。正如我们所看到的，也许光纤也能在未来成为我们进入远程赛博空间的途径。电话正在成为德里达所说的"扩大化和激进化"写作的卓越媒介，但与人们的假设相反，电话越是沉默，它在我们生活中的作用就越显得核心。显然，电话正缓慢而持续地减少对口语的依赖，但它作为审美体验而置身于当代生活中的文化内涵，仍有待得到进一步阐释。

如果艺术家都能像麦克卢汉所说的那样，[51] 因善于察觉变化而与技术进行独特的接触，那么他们将促进超越普通认知的新体验领域的探索。20 世纪 60 年代，在全世界范围内发生了朝向远程通信艺术的彻底偏离，艺术家们将行动置于灵晕（aura）之上，将过程置于产物之上。上述的"电话艺术"展览就是这样一个打破传统的例子，还有其他同样重要的案例。1966 年至 1968 年间，爱德华多·科斯塔（Eduardo Costa）、玛尔塔·米努金（Marta Minujín）和罗伯托·雅各比（Roberto Jacoby）等阿根廷艺术家在布宜诺斯艾利斯创作了通信和大众媒体类的作品，这与"艺术物的非物质化"国际运动[52]同步（即使未能超前）。在 1966 年的合作作品《同时性中的同时性》（*Simultaneidad en simultaneidad*）中，米努金提议通过整合电话、广播、电视和电报等媒介来瓦解时间。[53] 1966 年，爱德华多·科斯塔、罗伯托·雅各比和劳尔·埃斯卡里（Raúl Escari）还发表了媒体艺术（Un arte de los medios de comunicación）宣言。[54] 在这份宣言中，他们提议，

> 媒介的终极特征为：物的去现实化。如此一来，艺术作品的传播时刻就比其产生时刻更为重要。

1966 年，他们所创作的作品《媒体艺术的第一件作品》（*Primera obra de un arte de los medios de comunicación*）是向媒体发布（并在媒体上发表）并未发生事件的准确文本信息和视觉信息（新闻稿、照片），但不告知媒体这些是假信息（图 10）。他们获得了成功，有一家报纸和六家杂志按照假新闻稿发表了文章和图片。社会学家埃利塞奥·贝隆（Eliseo Verón）在当时撰文指出，这件作品创造了"运作于虚空之中的通信媒介之非同寻常的形象"，他认为"在未

图 10
爱德华多·科斯塔、罗伯托·雅各比和劳尔·埃斯卡里，《媒体艺术的第一件作品》，1966 年。这件作品包括向媒体发布（并发表）关于一个并未发生事件的准确文本信息和视觉信息（新闻稿、照片）。（爱德华多·科斯塔提供）

来后工业社会的艺术将更类似于科斯塔、埃斯卡里和雅各比的体验,而不是毕加索的画作:这是一种我们可能无法想象的物体艺术,其材料是社会性的而非物理性的,其形式是由传播结构的系统转换所构成"。[55]

同样是在 1966 年,爱德华多·科斯塔开始创作"时尚小说"(Fashion Fiction)系列,并断断续续持续到 80 年代末。[56]1968 年,《时尚小说 I》在纽约的《时尚》(Vogue)杂志上首发(图 11),随后又于 1969 年在墨西哥城的《卡巴列罗》(Caballero)杂志上发表。科斯塔为这件作品所制作的独一无二的物品,被当作批量生产的时尚配饰进行拍摄和发表。这些物品包括金手指、金脚趾、金发丝

图 11
爱德华多·科斯塔,《时尚小说 I》,发表于 1968 年纽约《时尚》杂志(350 万册)。(爱德华多·科斯塔提供)

1 远程通信的美学(1992 年)   027

和金耳朵。这些道具由模特佩戴并由专业摄影师拍摄，画面精美，充满诱惑力，让读者以为在世界各地都能买到。然而，这些物品及其照片是艺术家研究大众媒体如何创造——而非复制——现实的载体。

1968 年，雅各比在布宜诺斯艾利斯的迪特拉研究所展出了装置作品《信息》（Mensage），延续了媒体艺术的概念。这件作品由三种元素组成：一张非裔美国男子手持"我是个人"标语牌的照片[57]，一台从法国新闻社不断传送当日新闻的电传打字机[58]，以及一张雅各比撰写的海报，他用文字写道，"社会生活中的所有现象都已转化为大众媒体"（图 12）。通过展示三种不同的政治信息，艺术家揭示了传播媒介所流通的概念和故事的物质现实。他还指出，艺术家可以使用传统媒介进行创作，也可以使用"意识形态内容、社会传播结构"[59]进行创作。

这些开创性的作品在 20 世纪 80 年代和 90 年代的远程通信艺术中得到了共鸣。少数艺术家被真正的艺术探索精神所激励，摆脱成见，在网络这个"无"的空间之中，在数字处理与远程通信的交汇之处创造事件。

图 12
罗伯托·雅各比，《信息》，布宜诺斯艾利斯迪特拉研究所，1968 年。（罗伯托·雅各比提供）

网络和远程信息学

罗伊·阿斯科特的《终端艺术》(Terminal Art，图 13) 是最早的全球性远程信息项目之一，于 1980 年在雅克·瓦利 (Jacque Vallee) 的 Infomedia Notepad 计算机会议系统中实现。阿斯科特如此描述当时的经历：

> 我创建了第一个自己的国际网络项目，将便携式终端邮寄给加利福尼亚、纽约和威尔士的一群艺术家，让他们在自己的工作室中参与集体性创意。其中一位名叫唐·伯吉 (Don Burgy) 的艺术家选择把终端带到他要去的所有地方并登录……媒介的可能性开始展现。[60]

图 13
罗伊·阿斯科特，《终端艺术》，连接加利福尼亚、纽约和威尔士的国际性远程信息项目，1980 年。艺术家们在自己的工作室里集体生成创意。(罗伊·阿斯科特提供)

1　远程通信的美学（1992 年）

阿斯科特的下一件远程信息作品是《文之褶》（La Plissure du Texte），他是在 1983 年弗兰克·波普尔（Frank Popper）在巴黎现代艺术博物馆策划的展览"电之女神"（Electra）①中，完成了这件作品（图 14）。作品的标题暗指罗兰·巴特的著作《文之悦》（Le plaisir du texte）。阿斯科特的项目是一个非同步性的童话故事，由世界各地的多名参与者通过 I. P. Sharp 时间共享系统创作：参与者用从童话故事剧目中选择的角色或身份的视角来创作作品，并使用便携式终端登录发布这些作品。随后按照远程参与者们收到信息的顺序汇集在一起。尽管存在不同的版本，但这些信息共同构成了一本实验性书籍，值得作为当时

① 译者注：Electra 是希腊神话中的女神，其含义是"发光的"或"闪耀的"。这个名字来源于"电"的希腊词根"elektron"。在神话故事中，Electra 象征着能量和光明。而展览的副标题为 Electricity and Electronics in the Art of the XXth Century，表明展览与电力的关系。综上，译为"电之女神"。

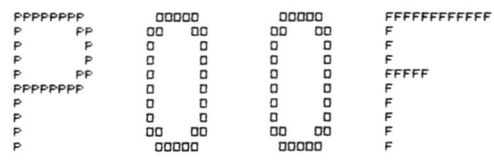

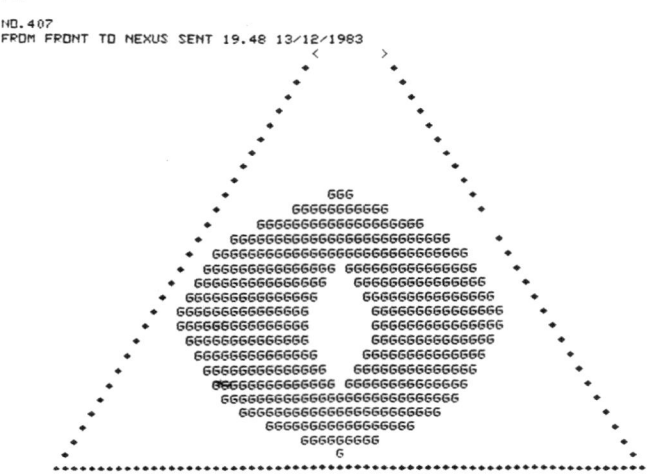

图 14
罗伊·阿斯科特，《文之褶》，国际性远程信息项目，巴黎现代艺术博物馆，1983 年。该作品是一个非同步的童话故事，由世界各地的在线参与者共同创作。交流的细节。（罗伊·阿斯科特提供）

的重要文献出版。[61] 阿斯科特在《电之女神》画册上发表声明，声称：

> 远程通信和计算机系统的融合所创造的电子空间，为艺术家带来了全新的可能性。在这个互动空间中，参与者的方位无关紧要。信息系统不是简单的"发送－接收"；意义是在系统参与者之间的协商中产生的，由于计算机的中介作用，这些参与者可以非同时性地访问这个新的信息空间——即不受时间或空间的限制，访问、输入和检索的时间也不必是线性的。[62]

罗伊·阿斯科特还与汤姆·谢尔曼（Tom Sherman）和唐·弗雷斯塔（Don Foresta）一起，在第四十二届威尼斯双年展（1986年）上组织了 Ubiqua 远程通信实验室，该实验室允许多种媒介的参与，包括文本（I. P. Sharp 网络）、SSTV 和传真。[63] 在参与 Ubiqua 的众多国际团体中，有一个位于匹兹堡的达克斯（Dax, Digital Art Exchange, 数字艺术交流）小组，该小组最初由布鲁斯·布雷兰于 1982 年组建，他现住在华盛顿州的贝林厄姆。达克斯小组的首批活动之一是参加《24小时中的世界》（*The World in 24 Hours*，1982年，图 15），该网络由罗伯特·阿德里安（Robert Adrian）为奥地利林茨电子艺术节（Ars Electronica）组织，将维也纳、法兰克福、阿姆斯特丹、巴斯、韦尔夫利特、匹兹堡、多伦多、旧金山、温哥华、檀香山、东京、悉尼、伊斯坦布尔和雅典的艺术家和艺术团体联系在一起。艺术家们通过 SSTV、传真、计算机邮箱（电子邮件）或电话声音参与其中。三年后，达克斯小组通过作品《终极接触》（*The Ultimate Contact*）扩展了全球互动的概念。《终极接触》是与环绕地球轨道飞行的"挑战者"号航天飞机合作，通过调频广播制作的 SSTV 作品。1990年，他们与非洲艺术家合作举办了一次远程通信活动。同年 7 月，他们与匹兹堡和塞内加尔达喀尔的艺术家共同创作了 SSTV 作品《达克斯－达喀尔协议》（*Dax-Dakar d'Accord*），作为塞内加尔非洲移民社群五年纪念活动——戈雷－阿尔马迪斯纪念馆（Goree-Almadies Memorial）的一部分。[64] 达喀尔的参与者包括布鲁斯·布雷兰、马特·沃比肯（Matt Wrbican）、布鲁斯·泰勒（Bruce Taylor）、莫尔·盖耶（Mor Gueye，玻璃画）、塞里涅·萨利乌·姆巴克（Serigne Saliou Mbacke，沙画）、大使团队（Les Ambassadeurs，舞蹈和音乐）、非洲芭蕾舞团（舞蹈和音乐）以及表演《戈雷之歌》（*Goree Song*）的方塔·姆巴克·库亚特（Fanta Mbacke Kouyate），其中所提到的达喀尔港戈雷岛，在长达四百年的时间里一直是贩卖黑奴的集散地和上船点。

自 20 世纪 80 年代早期或中期以来，在巴西——或许应该说在巴西本土与海外——马里奥·拉米罗（Mario Ramiro）、卡洛斯·法东（Carlos Fadon）、奥塔维奥·多纳西（Otávio Donasci）和吉尔贝托·普拉多（Gilbertto Prado，法国艺术团体 Reseaux 成员）等艺术家一直从事远程通信创作。这四位艺术家都在圣保罗生活和工作。他们偶尔会一起工作，所创造的项目涵盖了国内外的交流。

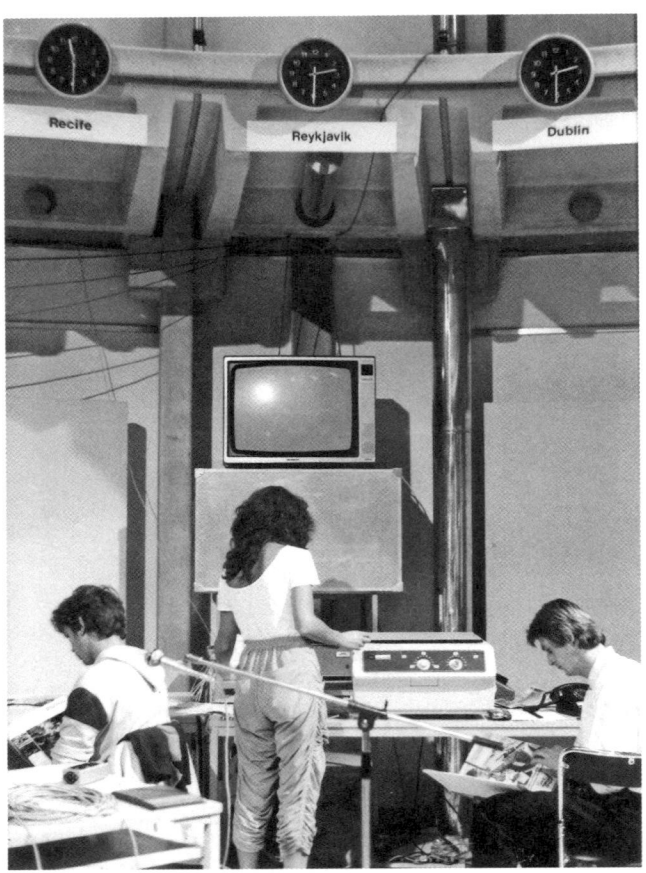

图 15
罗伯特·阿德里安,《24 小时中的世界》,国际远程艺术活动,林茨电子艺术节,1982 年。该作品将 3 大洲 16 个城市的艺术家联系在一起,历时一天一夜。在林茨工作的艺术家(a);从温哥华发往林茨的传真(b)。(罗伯特·阿德里安提供)

马里奥·拉米罗也是一位雕塑家,使用零重力和红外辐射工作。他发起并参与了许多通过传真、SSTV、minitel(一种通过专用终端远程检索数据库中图片和文字的网络)、电视直播和广播进行的远程通信活动。[65] 例如,《阿尔塔米拉》(*Altamira*) 是 1986 年为圣保罗和马萨诸塞州剑桥之间的电话和 SSTV 连接而创作的装置表演(图 16)。舞者拉里·克罗托辛斯基(Laly Krotoszynski)在光点和闪光的照耀下,伴着电子打击乐的声音,在巨大的投影屏幕后进行表演。她的动作让人联想到围绕篝火跳舞的仪式。这些画面是用摄像机拍摄的,并通过 SSTV 现场直播到剑桥。拉米罗还撰写了大量关于远程通信艺术的文章。

图 16
马里奥·拉米罗,《阿尔塔米拉》,从圣保罗到马萨诸塞州剑桥的 SSTV 转播,1986 年。该行为作品让人联想到围绕着篝火的仪式舞蹈。(马里奥·拉米罗提供)

卡洛斯·法东是一名摄影师兼艺术家，他的作品被多国收藏。他最具原创性的 SSTV 作品[66]之一是 1988 年的《静物／生命》(Natureza Morta/ao Vivo, 图 17)。该作品的方案为，艺术家（A）向另一位艺术家（B）发送图像，收到的图像成为现场创作静物的背景。艺术家（B）在电子图像前放置物体，物体和图像的组合被拍摄成影像静帧，然后发回给艺术家（A）。艺术家（A）使用这一新图像作为背景，用新物体进行新的创作，并将其发送给艺术家（B）。这一过程重复进行，没有终点，因此静物的生成始终是一项进行中的工作，经由它进行着视觉性对话。这件作品最初是在 1988 年圣保罗和匹兹堡之间的一次交流活动中完成的，当时还有其他艺术家的项目。

奥塔维奥·多纳西也参加了这次活动。自 1980 年以来，多纳西一直在创作他所谓的"影像剧场"，这是一种新的行为艺术，其原理是用电子成像设备（大多是各种屏幕）"替换"表演者的头部，从而扩大人脸的表现可能性。[67]表演者在肩上或头上直接佩戴一个支撑屏幕的结构，观众是看不到这个结构的，所以造成一种无缝混合体，即长着电子头和人类身体的赛博格印象。多纳西将这种混合体称为"影像生物"(videocreature)。在圣保罗和匹兹堡的这次活动中，他指示远程合作者通过 SSTV 发送身处匹兹堡之人的头部图像。身处圣保罗的他将

图 17

卡洛斯·法东，《静物／生命》，圣保罗与匹兹堡之间的 SSTV 交流，1988 年。该作品要求艺术家以接收到的静物图像为背景，传输另一幅图像，形成一个无休止的在线循环。（由卡洛斯·法东提供）

以影像生物的形式呈现这些图像，在图像到达时进行即兴表演。其结果是一个实时构建的生命体，拥有在地的身体和从千里之外传送过来的头部。多纳西的表演再被传回，就完成了一个循环。

在 1990 年的另一个戏剧性事件中，多纳西邀请圣保罗电视台的主持人在不离开电视台的情况下实时采访街头的行人（图 18）。圣保罗文化电视台播出的节目《原材料》（*Matéria Prima*）由塞尔希奥·格罗伊斯曼（Sergio Groissman）主持。格罗伊斯曼戴上了多纳西特别设计的头盔，他在主持时的脸部信息通过微波与多纳西在圣保罗市中心的身体相连。多纳西在电视上直播影像生物现场表演时，格罗伊斯曼的头则实时显示在他的身体上。其结果就是，格罗伊斯曼似乎同时出现在圣保罗市中心和电视台。多纳西在空间中即兴表达了自己的身体，看起来像是格罗伊斯曼通过多纳西的身体与路人互动。电视观众在家中可以交替看到两个地点（电视演播室和圣保罗市中心），节目从一个地点实时切换到另一个地点。多纳西创造的这种实验性互动广播使电视的即兴发挥成为可能，这是非同寻常的。所有参与者（主持人、表演者、受访者）之间的自由发挥，以及意想不到、不受控制的互动发展，都让人联想到电视发展初期的情景，当时所有的广播都是现场即兴的。然而，多纳西的经历具有对话性质，参与者实时参与到主体间性（intersubjective）的遭遇中，使活动充满了标准广播难以想象的亲切感。

在法国巴黎，1988 年由卡伦·奥鲁克（Karen O'Rourke）、吉尔伯特·普拉多（Gilbertto Prado）、伊莎贝尔·米莱（Isabelle Millet）、克里斯托夫·勒·弗朗索瓦（Christophe Le François）等人组成的"网络艺术"（Art Reseaux）小组开发了奥鲁克的《城市肖像》（*City Portraits*）等精心设计的项目，[68] 该项目号召全球网络的参与者们使用交换传真图像的方式在现实或想象中的城市中旅行（图 19）。1988 年至 1991 年间，该项目曾多次实施，包括最初创作的"出发和到达"的配对图像。艺术家们使用居住城市的图像或处理其他图像来形成合成景观，融合城市环境的直接经验和想象经验来创作"出发和到达"的图像。

图 18
1990 年，奥塔维奥·多纳西，使用多纳西的"影像生物"进行的现场互动电视直播。（奥塔维奥·多纳西提供）

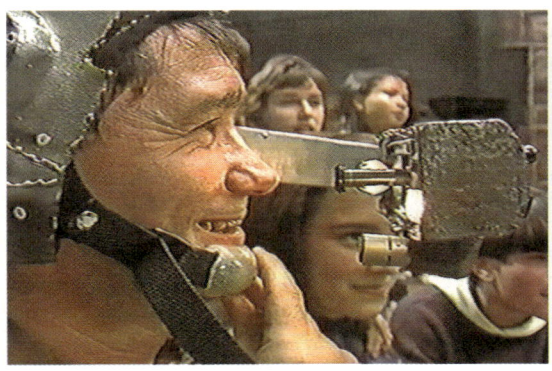

这些图像由远程艺术家拍摄，作为他们探索路线的极点。收到"出发和到达"传真的艺术家们在这些图像之间即兴编排路线，并将新图像传回到出发城市。来自法国、巴西、西班牙、美国和其他国家的艺术家们将通过电话线交换的图像进行变形和融合的同时，彼此产生了强烈的临近感。他们共同将在地环境重新想象为全球新空间的一部分。

吉尔伯特·普拉多创作了互动传真作品《连接》(*Connect*，1991年，图20)，该作品至少涉及两个地点，每个地点有两台传真机。第一次交流是在巴黎（巴

图19

卡伦·奥鲁克，《城市肖像》，国际传真交换系列，1988—1991年。伊莎贝尔·米莱的传真（1989年）展示了巴黎莱昂·布卢姆广场的全景。其他国家的艺术家在这些图像之间创建了路线，并将它们传回巴黎

(a)

(b)

(c)

(d)

黎第一大学－圣查尔斯中心网络艺术工作室）和匹兹堡（卡内基梅隆大学创意探索工作室）之间进行的。每个地点的艺术家都被要求在传真图像开始出现时，不要剪切机器中的热敏纸卷。相反，他们被要求将这卷热敏纸送入另一台传真机，并在此过程中干扰图像。随后形成循环，它不仅连接了艺术家，也连接了机器本身。这种新的配置在电子空间中形成了一个圆圈，在想象的拓扑结构中将相距遥远的城市，比如巴黎和匹兹堡连接起来。作为线性模型之外可能的互动系统的例子，普拉多设计了一个圆形图，手（而不是对话者的嘴或耳朵）在这个图中是用于交流的器官。该图尤其强调通过电话进行图形交流。

在勒·弗朗索瓦的项目《感染》（Infest，1992年）中，艺术家们受邀从美学角度研究当代生活的方方面面，即因计算机病毒的感染而导致图像和文件的恶化。在交流过程中，图像遭受到试图破坏和重建它们（感染和杀毒）的操作，指出了数字流行病世界中电子化衰变的状况。

随着人类生存与电子生存的隐喻互相不断交织，设计师们正在学习如何应对界面接合问题，艺术家们则将远程通信与面对面的互动进行比较。卡伦·奥罗克

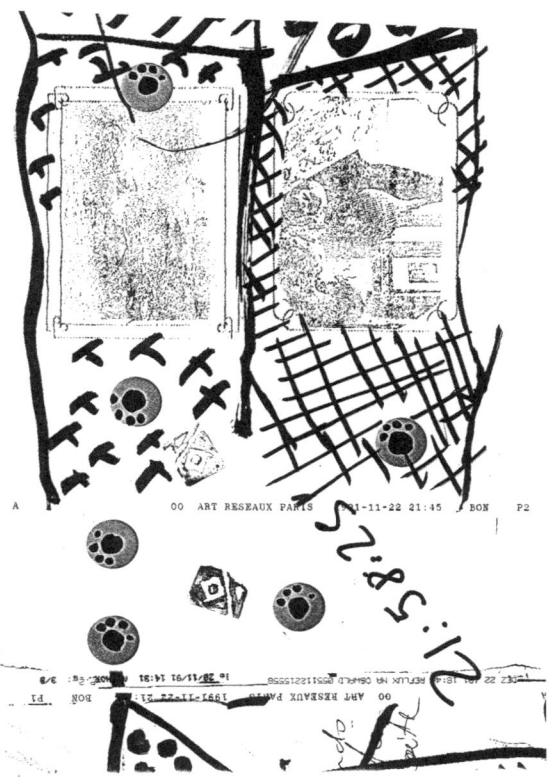

图 20
吉尔伯特·普拉多，《连接》，巴黎与匹兹堡之间的传真交换，1991年。艺术家将一台传真机的纸卷送入另一台传真机，并干扰图像的传输和接收。普拉多在巴黎交换时的照片（a）；传真细节（b）。（吉尔伯特·普拉多提供）

1 远程通信的美学（1992年）   037

在承认电话在艺术中的地位后,反思了传真交流作为艺术实践的性质:

> 我们中的大多数人如今不是以绘画(甚至也不是摄影),而是以电话作为图像的起点。我们不仅用它来发送图像,还用它来接收图像。这种近乎瞬时的反馈改变了我们所发送信息的性质,正如现场观众的存在影响了演员诠释角色或音乐家谱曲的方式。[69]

斯蒂芬·威尔逊(Stephen Wilson)将电话与图灵测试(以科学家艾伦·图灵的名字命名,他在 1950 年预言计算机最终会模仿人类与其他人对话)的前提相结合,探索了电话互动的另一个领域。在 1992 年的作品《有人在吗?》(*Is Anyone There?*)中,威尔逊让电话营销设备去拨打旧金山的公用电话。当路人接听电话时,远程计算机会与受访者进行关于城市生活的对话,并记录下对话内容。威尔逊写道:"他们与计算机系统对话的戏剧性是重要的美学焦点。"[70] 威尔逊所录制的视频展示了所选公用电话亭附近的生活,他还将对话录音和视频剪辑制作成数据库。数月后,人们以互动装置的形式体验了这个数据库。当观众在画廊中访问数据库时,系统会定期拨打当地的公共电话,让观众与陌生人进行现场对话。

传统意义上,在符号与理念的关系中,再现(绘画、雕塑)是以"不在场"的方式进行的(符号在不在场的情况下唤起事物)。同样,体验(偶发、表演)是作为"在场"而发生的(只有当某一事物出现在感知领域时,人们才会体验到这一事物)。在远程通信艺术中,"在场"和"不在场"进行着长途通话,打乱了再现和体验的两极。电话处于不断的位移之中,它是逻各斯中心主义(logocentric)①,但它的语音空间现在与铭文系统(传真、电子邮件)相一致,意味着与书写相关的典型缺失(发送者的缺失、接收者的缺失)。电话立刻取代了"在场"与"不在场",将体验实例化为德里达所写的"差异标记链"(chains of differential marks)[71],而不是纯粹的"在场"。

结论

前几页所概述的新美学当然摆脱了"美术"(fine arts)这一有问题的标准。艺术家和观众的角色开始交织;展览作为一种让物参与观众感知的论坛,失去了其核心地位;视觉艺术中的意义和再现的概念——与艺术家的存在和稳定的符号语言惯例所相关的——都被传播的经验设定进行了修改与中和。或是如罗伊·阿斯科特所写:

> 这种变革性[互动]作品的美学在于观察者的行为。艺术家设定初始条件,建立更大的语境,提供必需的多样性、必要和充分的复杂性,然后构建进入他所创造的系统的入口,让观察者得以进入这一变革性的领域。[72]

① 译者注:逻各斯中心主义指的是把词汇和语言看作对外部现实的根本表达的西方科学和哲学传统。它认为逻各斯(logos)在认识论上具有优越性,逻各斯所代表的是一个原初的、不可化约的对象。因此逻各斯中心主义主张,世界中的存在必然以逻各斯为中介。逻各斯正是柏拉图式的"理念"的观念化再现。

从答录机到移动电话，从现金站到语音接口计算机，从监控系统到卫星，从无线电到无线调制解调器，从广播网络到电子邮件网络，从电报到自由空间通信，我们关于符号交流的传统观念已被新技术所相对化（relativized）。这些社会交往的倡导者们既非纯粹的乐观主义，也没有冷酷的忽视；他们呼吁人们摆脱将传播视为信息的传递、视为个人意识的表达、视为预定义的对应的观念。

艺术家们对远程通信的实验性使用，指向了新的文化问题和新的艺术。例如，如何描述两个或更多的人在视频电话的图像空间中的相遇？如果两个人可以同时在电话上交谈，如果他们的声音可以交汇和重叠，那么如何描述在图像的互惠空间中进行远程会面的体验呢？所有的远程通信模式[73]都没有考虑到行星网络的多方交织结构，这又该如何解释？在极简艺术和观念艺术之后，回到绘画中的戏仿和模仿的装饰元素是否就足够了？将最大的信息处理能力压缩到最小的空间的媒介混合？如何处理将电话、电视、答录机、录像和播放、录音机、计算机、传真/电子邮件、视频电话、文字处理等整合为一体的超媒介？如果只是在连接行为和纵横交错的电话交流中，接收器或发送器的位置只是暂时构成的，它们如何保持积极价值？传统的艺术要求观众和艺术作品同时在场。然而，新的模式已经出现，它使远距离的互动成为可能，并建议作品的元素保持在视线之外。当代艺术家必须敢于使用我们这个时代的非物质手段进行创作，并应对新技术对我们生活各个面向的普遍影响。

注释

1. C. E. Shannon and W. Weaver, *The Mathematical Theory of Communication* (1949; repr., Urbana: University of Illinois Press, 1963). 香农的理论旨在回答以下问题：信息源的信息如何能够快速或可靠地通过信道传输到接收器。因此，信息的语义在该理论中不起作用。

2. 语言学家罗曼·雅各布森（Roman Jakobson）在分析语言功能时采用了香农的"发送者－信道－接受者"结构，但也承认语境和（文化或语言）代码在其中的作用。见 Roman Jakobson, "Linguistics and Poetics," in *Style in Language*, ed. T. Sebeok (Cambridge: MIT Press, 1960), 353–56.

3. 基于个人经历的两个案例：(a) 1989 年，卡洛斯·法东和我（芝加哥），布鲁斯·布雷兰和马特·沃比肯（匹兹堡），以及达纳·莫泽（波士顿）合作开发了"三城连线"（Three-City Link），这是一种通过三方通话进行的慢速扫描交换。(b) 1990 年，法东和我向布鲁斯·布雷兰建议创建一个名为"即兴"（Impromptu）的国际远程通信活动，让艺术家们尝试以面对面交谈的即兴方式来使用远程媒介（传真、电话、SSTV、视频电话）进行对话。地球日马上就要到了，布鲁斯建议我们把这个想法扩展到生态环境语境，并将其命名为"地球日即兴"。我和法东同意了这一建议，并开始与布鲁斯和达克斯小组以及艾琳·费根博伊姆（Irene Faiguenboim）一起组织活动。后来，布鲁斯在大型网络方面的经验被证明是至关重要的：他与达克斯的其他成员合作，促成了与不同国家的多位艺术家进行的一次大型 SSTV 会议，该会议与传真和视频电话网络一起，成为"地球日即兴"活动的一部分。

4. H. M. Enzensberger, "Constituents of a Theory of the Media," in *Video Culture*, ed. John Hanhardt (New York: Visual Studies Workshop Press, 1986), 104. 恩岑斯伯格提出，"对媒介的操纵不能……通过新旧形式的审查来对抗，而只能通过直接的社会控制，也就是说，通过民众来对抗。"

5. 埃里克·吉德尼在《1977—1984 年艺术家对互动电话通信系统的使用》（Artists'Use of Interactive Telephone-Based Communication Systems from 1977–1984，西德尼高等学院城市艺术学院硕士论文，1986 年）中介绍了先锋艺术家比尔·巴特利特（Bill Bartlett）的远程通信活动，以及他对其他艺术家反应的失望："巴特利特对许多北美艺术家的贪婪感到失望，他们只愿意在促进自己事业发展的前提下进行合作。他发现有些艺术家在项目完成后干脆拒绝通信。他感到失望、被剥削和'精疲力竭'。在严重的质疑声中，他决定不再参与任何远程通信作品"(18)。吉德尼还总结了先锋艺术家丽莎·贝尔（Liza Bear）的远程通信作品，并引用她的话说"等级结构在概念上并不合适，也无法为艺术家的交流创造最佳氛围。只有在艺术家和影像工作者已经在合作、分享想法和准备材料方面有良好记录的地区，这种（媒介）才能取得成功"(21)。

6. Jean Baudrillard, "Requiem for the Media," in *Video Culture*, ed. John Hanhardt (New York: Visual Studies Workshop Press, 1986), 129. 鲍德里亚清晰地阐述了媒介缺乏回应（或不负责任）的问题："媒介现有的总体性就是建立在后一种定义的基础之上的：它们总是阻止回应，使所有的交流过程都无法进行（除了各种形式的回应模拟，它们本身被整合到传播过程中，从而使传播的单方面性质保持不变）。这就是媒介的真正抽象之处。而社会控制和权力系统正是植根于此"。要在远程通信媒介中恢复回应（或责任）的可能性，就必须破坏现有的媒介结构。正如鲍德里亚所指出的，这似乎是唯一可能的策略，至少在理论层面上如此，因为夺取媒介的权力或用其他内容取代媒介的内容就是维护言论垄断。

7. 见 Eduardo Kac, "Arte pelo telefone," *O Globo* (Rio de Janeiro), Sept.15, 1987; "O arco-íris de Paik," *O Globo*, July 10, 1988; "Parallels between Telematics and Holography as Art Forms," in "Navigating in the Telematic Sea," ed. Bruce Breland, *New Observations* 76 (May–June 1990): 7; "On the Notion of Art as a Visual Dialogue," in *Art-Reseaux*, ed. Karen O'Rourke (Paris: Université de Paris I, 1992), 20–23.

8. Roy Ascott, "Art and Telematics," in *Art + Telecommunication*, ed. Heidi Grundmann, (Vancouver, Western Front, and Vienna: Blix, 1984), 25–58; "Is There Love in the Telematic Embrace?" in "Computers and Art: Issues of Content," ed. Terry Gips, special issue, *Art Journal* 49, no. 3 (1990): 241–47.

9. Tim Anderson and Wendy Plesniak, eds., *Art Com* 10, no. 40 (1990). *Art Com* 是一个在线杂志论坛；讨论达克斯小组特刊。

10. Karen O'Rourke, "Notes on Fax-Art," in "Navigating in the Telematic Sea," ed. Bruce Breland, special issue, *New Observations* 76 (May–June 1990): 24–25.

11. Eric Gidney, "The Artist's Use of Telecommunications: A Review," *Leonardo* 16, no. 4 (1983): 311–15.

12. 英文见 Fred Forest, "For an Aesthetics of Communication," *Plus Moins Zéro*, N. 43 (Oct. 1985): 17–24; "Communication Esthetics, Interactive Participation and Artistic Systems of Communication and Expression," in "Designing the Immaterial Society," ed. Marco Diana, special issue, *Design Issues* 4, nos. 1–2 (1988): 97–115. 想要了解弗雷斯特早期的影像、大众传媒和社会空间介入作品，见 Fred Forest, *Art sociologique* (Paris: Union Générale d'Éditions, 1977). 关于弗雷斯特 1967 年至 1992 年作品的讨论，包括远程通信项目，见 Fred Forest, *100 Actions* (Nice: Z'Editions, 1995). 自 1983 年以来，弗雷斯特一直与意大利评论家马里奥·科斯塔（Mario Costa）

合作，为通信美学做出理论贡献。想要了解更多合作信息，见 Mario Costa, *L'estetica della comunicazione* (Salerno: Palladio, 1987).

13 罗伯特·阿德里安 X 在谈到这个问题时指出："在东欧，没有人能够使用电话传真设备或计算机分时设备……而在非洲、亚洲和拉丁美洲大部分地区，情况则更为严峻。如果要考虑将这些地区纳入艺术家的远程通信项目，就必须在可获得的电子技术层面……电话或短波无线电"。见 "Communicating," in *Art + Telecommunication*, ed. Heidi Grundmann (Vancouver, Western Front, and Vienna: Blix, 1984), 80.

14 1991 年 10 月 28 日，杰伦·拉尼尔在芝加哥艺术学院发表演讲。当时，我问他这个经常被引用却很少被解释的短语（"后符号交流"）是什么意思。拉尼尔解释说，他所设想的虚拟现实的一个方向是由电话公司接管，这样赛博空间的时间共享就成为可能。在这种情况下，远在异地的人们可以穿着数据衣在赛博空间会面。这些人可以经常进行视觉思维，并通过不同于口头语言的其他方式进行交流；他们只需在赛博空间中展示想法或操纵自己的化身或对话者的化身，就能表达想法。拉尼尔称之为"后符号交流"。他的"基于双人的现实"（Reality Built for Two, RB2）就是朝着这个方向迈出的一步。

15 Bertolt Brecht, "An Example of Pedagogics (Notes to *Der Lindberghflug*)," in *Brecht on Theatre: The Development of an Aesthetic*, ed. and trans. John Willett (New York: Hill and Wang, 1964), 31.

16 Martin Esslin, *Brecht: The Man and His Work* (New York: Anchor, 1971), 119.

17 Bertolt Brecht, "An Example of Pedagogics," 31–32.

18 Josef Heinzelmann, "Kurt Weill's Compositions for Radio," brochure accompanying the CD *Der Lindberghflug: First Digital Recording and Historical Recording of 1930*, by Bertolt Brecht and Kurt Weill (Königsdorf: Capriccio, 1990), 20.《林德伯格的飞行》于 1930 年 3 月 18 日由柏林广播电台录制（可能是用钢带录制的），随后由巴黎广播电台和英国广播公司播出。现存的版本是最初的 18 分钟德语广播。

19 John Willett, ed.and trans., *Brechton Theatre: The Development of an Aesthetic* (New York: Hill and Wang, 1964), 32.

20 Willett, *Brecht on Theatre*, 32.

21 Claude Hill, *Bertolt Brecht* (Boston: Twayne, 1975), 62.

22 Heinzelmann, "Kurt Weill's Compositions for Radio," 22.

23 Luciano Caruso, *Manifesti Futuristi* (Firenzi: Spes-Salimbeni, 1980), 255–56.

24 Pontus Hulten, org., *Futurism and Futurisms* (Venice and New York: Palazzo Grassi and Abbeville Press, 1986), 546.

25 Filippo Marinetti, *Il Teatro futurista sintetico(dinamico-alogico-autonomo- simultaneo-visionico) a sorpresa aeroradiotelevisivo caffé concerto radiofonico (senza critiche ma con Misurazioni)* (Naples: Clet, 1941). 标题中的一些词是马里内蒂所创造的新词，可以有多种解释。我对标题翻译的选择只是其中一些可能性解决方案。

26 Noëmi Blumenkranz-Onimus, *La poésie Futuriste Italiene: Essai d'analyse esthétique* (Paris: Klincksieck, 1984), 178.

27 Frank Brady, *Citizen Welles* (New York: Doubleday, 1989), 164.

28 Jean Baudrillard, *Simulations* (New York: Semiotext(e), 1983), 54. 远程通信媒介抹去了自身与在过去被视为不同的、完全不同于自身且独立于自身的东西（我们过去称之为"真实"的东西）之间的区别。鲍德里亚称这种情况为"超真实"或"超现实"。这种不区分作为稳定实体的符号（或形式或媒介）和所指（或内容或真实）的做法，也就比麦克卢汉更远了一步，而离德里达所代表的新文学批评更近了一步。鲍德里亚在他最著名的文章《拟像的先行》（The Precession of Simulacra）中再次承认了麦克卢汉的观点，即在电子时代，媒介与其内容相比，不再具有可识别性。但鲍德里亚更进一步说："不再有任何字面意义上的媒介：它现在是无形的，在现实中弥散和衍射，甚至不能说后者被它扭曲了"。

29 这幅达达主义图案是题为《达达艺术》（Dada Art）文章的一部分，署名是亚历山大·帕腾斯（Alexander Partens），他是特里斯坦·扎拉、沃尔特·塞尔纳（Walter Serner）和汉斯·阿尔普（Hans Arp）的化名。文章称"因此，抽象画家最早与达达主义直接站在同一战线，他们被这场运动的个人主义所深深吸引。但比这更重要的是，它不喜欢手工艺，蔑视学校，嘲笑教条。原则上，绘画和熨烫手帕没有区别。绘画被视为一种功能性工作，例如，好画家从木匠那里订购作品，并在电话中说明规格，就能得到认可。这不再是一个哪些事物被人观赏的问题，而是如何让它们直接为人们所用的问题。" 见 *The Dada Almanac*, ed. Richard Huelsenbeck (Berlin: N.p., 1920); English edition, presented by Malcolm Green (London: Atlas Press, 1993), 95.

30 Laszlo Moholy-Nagy, *The New Vision and Abstract of an Artist* (New York: Wittenborn, 1947), 79.

31 Kisztina Passuth, *Moholy-Nagy* (New York: Thames and Hudson, 1985), 33.

32 Sybil Moholy-Nagy, *Moholy-Nagy: Experiment in Totality* (Cambridge: MIT Press, 1969), xv.

33 Laszlo Moholy-Nagy, *Painting, Photography, Film* (Cambridge:MIT Press, 1987).

34 Moholy-Nagy, *Painting, Photography, Film*, 38–39.

35 Laszlo Moholy-Nagy, "Light-Space Modulator for an Electric Stage," *Die Form* 5, nos. 11–12 (1930); reproduced in Kisztina Passuth, *Moholy-Nagy* (New York: Thames and Hudson, 1985), 310.

36 David E. Fisher and Marshall Fisher, *Tube: The Invention of Television* (San Diego: Harcourt Brace, 1997), 89–90.

37 Luigi Moretti, "Arte e televisione," *Spazio* 7 (Dec. 1952–Apr. 1953): 74, 108. 另见 Matteo Chini, "Fontana e la TV: Prove techniche di Spazialismo," *Art e Dossier*, no. 145 (1999): 13–16. "Manifesto of the Spatial Movement for Television" (1952) 的英文翻译可见于 Enrico Crispolti and Rosella Siligato, *Lucio Fontana* (Milan: Electa, 1998), 176.

38 Laszlo Moholy-Nagy, "Problems of the Modern Film," *Korunk*, no. 10 (1930): 712–19; reproduced in Passuth, *Moholy-Nagy*, 311.

39 George Brecht, *Water Yam* (New York: Fluxus, 1963). 另见 Ken Fried man, *Fluxus Performance Workbook* (Trondheim, Norway: G. Nordø, 1990).

40 *Art by Telephone*, record catalog of the show (Chicago: Museum of Contemporary Art, Chicago, 1969).

41 *Art by Telephone*.

42 Calvin Tomkins, *Duchamp: A Biography* (New York: Henry Holt, 1996), 236.

43 Lucy R. Lippard, *Pop Art* (New York: Praeger, 1966), 23.

44 Avital Ronell, *The Telephone Book: Technology, Schizophrenia, Electric Speech* (Lincoln: University of Nebraska Press, 1989).

45 Ronell, *The Telephone Book*, 9.

46 John Brooks, "The First and Only Century of Telephone Literature," in *The Social Impact of the Telephone*, ed. Ithiel de Sola Pool (Cambridge: MIT Press, 1977), 220.

47 Quoted by Brooks, "The First and Only Century," 220.

48 Robert Hopper, "Telephone Speaking and the Rediscovery of Conversation," in *Communication and the Culture of Technology*, ed. Martin J. Medhurst, Alberto Gonzalez, and Tarla Rai Peterson (Pullman: Washington State University, 1990), 221.

49 西方文明史，西方哲学史，就是一部德里达所说的"存在的形而上学"（metaphysics of presence）的历史。它是一部口语特权的历史，口语被认为是意识的迅速而直接的表达，是意识对自身的在场或显现。例如在交流活动中，能指（signifier）似乎变得透明，就好像让概念作为它的本体而存在。德里达指出，这种推理不仅存在于柏拉图（只有口头语言才能传递真理）和亚里士多德（口头语言充当精神体验的符号）中，也存在于笛卡儿（存在即思考，或在自己的头脑中说出这个命题）、卢梭（谴责书写是对存在的破坏和言语的疾病）、黑格尔（耳朵感知灵魂理想活动的显现）、胡塞尔（Husserl）（意义在说话的瞬间呈现于意识）、海德格尔（"存在的声音"的模糊性，它是不被听见的），以及西方哲学发展中的几乎所有实例。这种逻各斯中心主义 - 语音中心主义的理论依据和含义并不明显，人们必须对其运作进行研究。德里达解释说，语言被这些概念所浸染；因此，在符号学研究的每一个命题或体系中，形而上学假设与它们自身的批判共存；所有对逻各斯中心主义的肯定也都显示出破坏它们的另一面。见 Jacques Derrida, *Of Grammatology* (Baltimore and London: Johns Hopkins University Press, 1976); *Positions* (Chicago: University of Chicago Press, 1981).

50 霍珀没有解释的是，索绪尔在讨论语言交际时只使用了面对面交流的例子，而没有使用电话交际。见 Saussure, *Course in General Linguistics* (New York: McGraw-Hill, 1966), 206: "外省主义会让人久居不动，而交往则迫使他们四处奔波。交往会把其他地方的过路人带进村庄，每逢节日或集市就会有一部分人流离失所，把来自不同省份的人联合起来组成军队，等等。"

51 Marshall McLuhan, *Understanding Media: The Extensions of Man* (New York: McGraw-Hill, 1964), 18. 在 *The Gutenberg Galaxy: The Making of Typographic Man* (Toronto: University of Toronto Press, 1962) 中麦克卢汉试图证明拼音文字和印刷技术是如何将感知从口头和多感官体验转变为顺序的、以视觉为主的方法的。麦克卢汉在《理解媒介》一书中指出，技术是人类感官的延伸，新技术改变了他所谓的"感官比例"，深刻地改变了我们感知世界的方式。他指出，全球电子通信技术改变了排版印刷发展起来的线性感官比例，重新引入了构成部落人类世界的多感官体验，从而创造了他所说的"地球村"［这个词在《古腾堡星系》（*The Gutenberg Galaxy*）(31) 中已经提出］。

52 1967 年 7 月 21 日，阿根廷评论家奥斯卡·马索塔（Oscar Masotta）在迪特拉学院发表了题为"波普之后：非物质化"（Desues del Pop: Nosotros desmaterializamos）的演讲，首次指出了 20 世纪 60 年代艺术的非物质化进程。演讲首发于 Oscar Masotta, *Conciencia y estructura* (Buenos Aires: Editorial J. Alvarez, 1968), 218–44. 马索塔的"非物质化"一词来自埃尔·利西茨基（El Lissitzky）的文章《书籍的未来》(The Future of the Book)，这位建构主义艺术家在文章中指出，由于电话和广播等媒介的出现，"非物质化是这一时期的特征"，随着物质的减少，"非物质化日益增加"。马索塔在这演讲文章中的主要观点是，他认识到一种新的（非物质）艺术已经出现，这种艺术基于对通信和大众媒体的创造性使用。这一见解部分是对阿根廷艺术家罗伯托·雅各比和爱德华多·科斯塔的实践和理论工作的回应（见注释 55-57）。1968 年秋，美国评论家露西·利帕德（Lucy Lippard）在布宜诺斯艾利斯与马索塔会面。利帕德［与约翰·钱德勒（John Chandler）］在《国际艺术》（*Art International*, 1968 年 2 月）上发表的一篇文章和她的著作《六年：1966 年至 1972 年艺术物的非物质化》(*Six Years: The Dematerialization of the Art Object from 1966 to 1972*，1973 年；再版，伯克利和伦敦：加州大学出版社，1997 年）一书中也提出了"非物质化"的概念。利帕德的书中提到了阿根廷的一些活动和作品，但没有提到马索塔。

53 见 J. Glusberg, *Arte en la Argentina* (Buenos Aires: Gaglianone, 1985), 330–31. *Simultaneidad en simultaneidad* 是玛尔塔·米

努金（Marta Minujin）、沃尔夫·沃斯泰尔（Wolf Vostell）和艾伦·卡普罗在纽约、柏林和布宜诺斯艾利斯合作完成的。

54 该宣言最初发表于 Oscar Masotta, ed., *Happenings* (Buenos Aires: Jorge Alvarez, 1967), 119–22. 其前言是对其创作背景的讨论。英语版版本可见于 Blake Stimson and Alexander Alberro, eds., *Conceptual Art: A Critical Anthology* (Cambridge and London: MIT Press, 1999), 2–4. 以及 Patricia Rizzo, *Instituto Di Tella: Experiencia '68* (Buenos Aires: Fundación Proa, 1998), 42–46. 有关迪特拉研究所开展的实验性工作的更多信息，见 John King, *El Di Tella y el desarrollo cultural argentino en la década del sesenta* (Buenos Aires: Ediciones de Arte Gaglianone, 1985); Jorge Romero Brest, *Arte visual en el Di Tella: Aventura memorable en los años 60* (Buenos Aires: Emecé, 1992).

55 Quoted in Glusberg, *Arte en la Argentina*, 81.

56 见 Jane Farver, Luis Camnitzer, and Rachel Weiss, eds., *Global Conceptualism: Points of Origin 1950s–1980s* (New York: Queens Museum of Art, 2000), 192; *Heterotopías: Medio siglo sin-lugar: 1918–1968* (Madrid: Museo Nacional Centro de Arte Reina Sofía, 2000), 410–11.

57 1968年春，1300多名罢工的孟菲斯环卫工人——几乎都是非裔美国人——举行了抗议种族主义和恶劣工作条件的示威游行，许多人打出了"我是个人"的标语。雅各比使用的照片是从一份报道抗议活动的出版物上盗用的。

58 电传打字机是一种在纸卷上以大写字母缓慢打印文本的终端。电传打字机由电传打字机公司制造。

59 Rizzo, *Instituto Di Tella*, 56.

60 Ascott, "Art and Telematics," 27.

61 该书的影印本可在芝加哥艺术学院弗莱克斯曼图书馆查阅，作为吉德尼的《艺术家对远程通信的使用》(*The Artist's Use of Telecommunications*) 一书的附录。在网上，该书可在 http://www.normill.com/Text/plissure.txt 上查阅。两个版本有所不同。

62 见 *Electra: Electricity and Electronics in the Art of the Twentieth Century* (Paris: Musée d'art moderne de la ville de Paris, 1983), 398.

63 Giorgio Celli et al., *Arte e biologia: Tecnologia e informatica* (Venice: Edizioni La Biennale, 1986), 33–45, 65–74.

64 完整清单，见 *Art Com* 10, no. 40 (1990).

65 Mario Ramiro, "Between Form and Force: Connecting Architectonic, Telematic, and Thermal Spaces," *Leonardo* 31, no. 4 (1998): 247–60.

66 Carlos Fadon, "Still Life/Alive," in "Connectivity: Art and Interactive Telecommunications," ed. Roy Ascott and Carl Eugene Loeffler, special issue, *Leonardo* 24, no. 2 (1991): 235. 另见 Carlos Fadon, "Evanescent Realities: Works and Ideas on Electronic Art," *Leonardo* 30, no. 3 (1997): 195–205.

67 Eduardo Kac, "O Videoteatro de Otávio Donasci," *O Globo*, Sept. 14, 1988, 8.

68 见 "Connectivity: Art and Interactive Telecommunications," ed. Roy Ascott and Carl Eugene Loeffler, special issue, *Leonardo* 24, no. 2 (1991): 233.

69 O'Rourke, "Notes on Fax-Art," 24.

70 Stephen Wilson, "Is Anyone There?" in *Der Prix Ars Electronica 1993*, ed. Hannes Leopoldseder (Linz: Veritas-Verlag, 1993), 106. 另见 J. Grimes and G. Lorig, eds., *Siggraph '92 Visual Proceedings* (New York: Association for Computing Machinery, 1992), 40.

71 Jacques Derrida, *Limited Inc.* (Evanston: Northwestern University Press, 1988), 10.

72 Roy Ascott, "The Art of Intelligent Systems," in *Der Prix Ars Electronica: International Compendium of the Computer Arts*, ed. H. Leopoldseder (Linz: Veritas, 1991), 26.

73 关于通信模式的总结，见 Denis McQuail and Sven Windahl, *Communication Models for the Study of Mass Communications* (London and New York: Longman, 1981).

2 互联网与艺术的未来
（1997 年）

原文为德文"Das Internet die Zukunft der Kunst"，载于《互联网神话》（*Mythos Internet*），斯特凡·明克（Stefan Muenker）和亚历山大·罗斯勒（Alexander Roesler）编（法兰克福：Suhrkamp Verlag 出版社，1997 年）。

1993 年，伊利诺伊大学厄巴纳−香槟分校发布了开创性的 Web[①]浏览器 Mosaic，本章讨论的是该浏览器发布后最初三年（1994—1996 年）中所出现的"互联网艺术"（Internet art）。全世界的艺术家以多种不同的方式使用着互联网。本章将重点介绍探索"网络特定"（Net-specific）的艺术作品。在介绍 Web 作为新的环境出现之后，我将首先从 20 世纪 60 年代和 70 年代的"邮件艺术"中定位当代网络艺术实践的源头。从邮件艺术扩展开来，我将思考 20 世纪 80 年代使用 minitel 媒介的数字网络艺术的方方面面。接下来，我将研究 1994 年至 1996 年间那些激进地使用互联网某些独特功能的作品。最后，我将对同一时期产生的混合项目进行评论，如果没有互联网体验，这些项目是不可能存在的。

互联网作为新的社会空间

1994 年至 1996 年，即互联网爆炸的头三年，人们每天都怀着激动的心情在网上探索美学、社会和文化可能性的新世界。一个新网站的出现就是一件新鲜事。在大多数情况下，这些探索都是在 14.4 千比特/秒或 28.8 千比特/秒的网速下实现的，这赋予了它们不可复制的美学特性。将其与诞生之初的电影进行比较或许会有所帮助。粗略地说，我们可以将早期无声电影的帧频（帧频是可变的，但让我们以 16 帧/秒为例）与有声时代的 24 帧/秒进行比较。为了解 20 世纪 20 年代之前的观影感受，默片的平均放映速度必须在 16 帧/秒到 18 帧/秒之间。同样，此处讨论的作品必须被设想在 14.4 千比特/秒和 28.8 千比特/秒的网速之间访问。28.8 千比特/秒不是当时最快的网速，但却是最普遍的网速。本章

[①] 译者注：首字母大写的 Web 特指万维网，是互联网的一个子集；web 则是广义的网络。本书根据具体语境灵活处理。

完全参考了可在互联网上立即查阅到的资料。

对艺术家而言，互联网不仅是网络，或是一种存储、传播和获取数字信息的手段。对他们来说，互联网是一个社会空间，是媒介和展览场所的混合体。自1996年以来，我们见证了互联网转变为全球购物中心，与此同时，我们也看到互联网艺术作品在当代艺术展览中的存在日益增强。这种相对较快的接受程度可以部分解释为，互联网艺术在许多方面都具有吸引力。它通常不会与物质艺术争夺空间，因为展览主要是在网络空间举行（正如我们将要看到的，这种做法引发了所有网络艺术都需包含在网络空间中这种错误观念的长期存在）。由于展出的大多数作品都是远程托管的数字文件或添加到已有服务器上的数字文件，因此实施这种方法成本很低。广大民众的数字素养呈指数增长，也许更重要的是互联网已经成为一种有效的文化力量，以无形的方式影响着网络空间之外的现实。例如，一方面是商品的商业化，另一方面是线上运动在动员舆论或特殊利益集团就某一议题采取公开行动。

从对"白立方"到街头行动的质疑，从环境提案到广播、录像、视频电话、电视和卫星，整个21世纪的艺术家们始终寻求在替代性空间中进行创作。以城市环境、电子媒介或自然景观为形式的公共空间为艺术家提供了新的挑战和可能性。弗拉维奥·德卡瓦略（Flavio de Carvalhoor）或艾伦·卡普罗（Allan Kaprow）的公共行动，丽莎·贝尔和鲍勃·阿德里安（Bob Adrian）的互动视频电话事件，让－克里斯托夫·艾弗里（Jean-Christophe Avery）或白南准（Nam June Paik）的广播，克日什托夫·沃迪奇科（Krzysztof Wodiczko）或克里斯托（Christo）的环境项目，都只是其中的几个例子。

这些艺术家的作品之所以如此具有现实意义，关键因素之一是他们的作品不符合人们的期望和标准格式。这些艺术家挑战自我，突破了社会和行业惯例所规定的可接受行为方式或技术可能性，从而拓展了公众的想象力，并揭示了前所未有的可能性。与此形成鲜明对比的是，21世纪初的Web迅速变为保守力量，将潜在的自由和创造性在线体验引向普通交易。对于大众来说，标准接口和通信协议的出现是有效率的（方便完成任务），但在艺术领域，遵从标准却有可能带来不必要的限制。

1995年，由于Web浏览器的广泛传播和易用性，公众开始认为互联网就是"Web"。1995年，《新闻周刊》（Newsweek）在其年终专刊的封面故事中庆祝了"互联网之年"，《美国艺术》（Art in America）的12月刊也在封面上刊登了"线上艺术"（Art On Line）。显然，大多数用户和许多艺术家都认为互联网和Web是一回事。其实不然。"Web"只是众多线上协议中的一种（准确地说，使网络如此方便用户的协议名称是"http"，即"超文本传输协议"）。换句话说，Web是互联网的一个子集。虽然有几种协议与Web浏览器兼容，但有些标准协议和实验协议并不兼容。例如，用于实时视频会议的CU-SeeMe和MBone，以及用于文件共享的 Napster 和 LimeWire。一方面，市场不断推动媒介融合，使我们相信未来会有更多的协议集成到普通浏览器中；另一方面，媒介研究也在不断开发新的协议，扩大人类在线活动的范围。认识到互联网不能简化为 Web 是非常重要的，因为这有助于我们了解网络的复杂性及其超越我们熟悉的 Web 浏览器的潜力。

自 1996 年以来，Web 作为一种标准格式被广泛接受，这导致用互联网作为传播媒介的独立超媒介作品大量涌现（1996 年之前开发的作品除外，本章稍后将讨论）。显然，即使是专为 Web 设计的项目也可以超越通常的超媒介结构，例如，一款实验性浏览器本身就是一件作品。[1]

互联网的互动功能的普通用法，例如聊天和电子邮件，表明它像电话和邮政系统一样，实现了远距离互动者之间的同步（电话）和异步（邮件）信息交换。互联网确实融合了电视和广播的某些特点，可以向大小群体播放视频、音频和发送文本信息。有时，互联网是虚拟目录或者展厅，像是数据库。有些人将互联网作为一种双向媒介进行探索，而另一些人则将互动性与结合物理空间的混合环境相结合。互联网最令人兴奋的特点也许是，它同时具备上述所有特点，甚至会更多。就像我们在今天所阅读的电子邮件一样，互联网也在不断发展和变革中。

互联网可以被视为一个公共空间，数以百万计的人同时在其中进行体验，就像在广场或公园散步一样（一个重要的区别是，人们通常不会意识到其他人的线上存在）。互联网上的艺术可以被视为"公共艺术"，因为大多数作品都可以很容易地从图书馆和市民中心的公共电脑上获取。这就对"公共艺术"的特定在地性（即公共艺术的地理局限性）提出了挑战，因为只要有互联网的地方，就可以有线上作品。

模拟网络：邮件艺术

早在互联网出现之前，雷·约翰逊（Ray Johnson）等艺术家就开始探索艺术中的网络问题，[2] 并创办了纽约函授学校。约翰逊创作的激进实验性媒介作品（图21），为网络艺术奠定了基础。约翰逊的"学校"成了国际邮件艺术运动的种子。艺术家所开发的这一邮政网络探索了非传统的媒介，提倡惊奇与合作的美学，挑战了（邮政）通信法规的界限，并绕过了官方艺术体系中的策展实践、艺术作品商品化和评判价值。1962 年，爱德华·普伦基特（Edward Plunkett，也是一位使用邮政系统寄送作品的艺术家）创造了"纽约函授学校"（New York Correspondence School）[1]一词来命名约翰逊坚持不懈的邮政活动。这个短语既嘲讽了抽象表现主义艺术家的"纽约画派"（New York School）[2]，也嘲讽了以函授教学艺术的商业艺术学校。

[1] 译者注：该词可以翻译为"纽约邮件画派"和"纽约函授学校"，两种译法选择后者。

[2] 译者注：school 在此处双关，既有学校的意思，又有以学校作为背景的画派的含义。

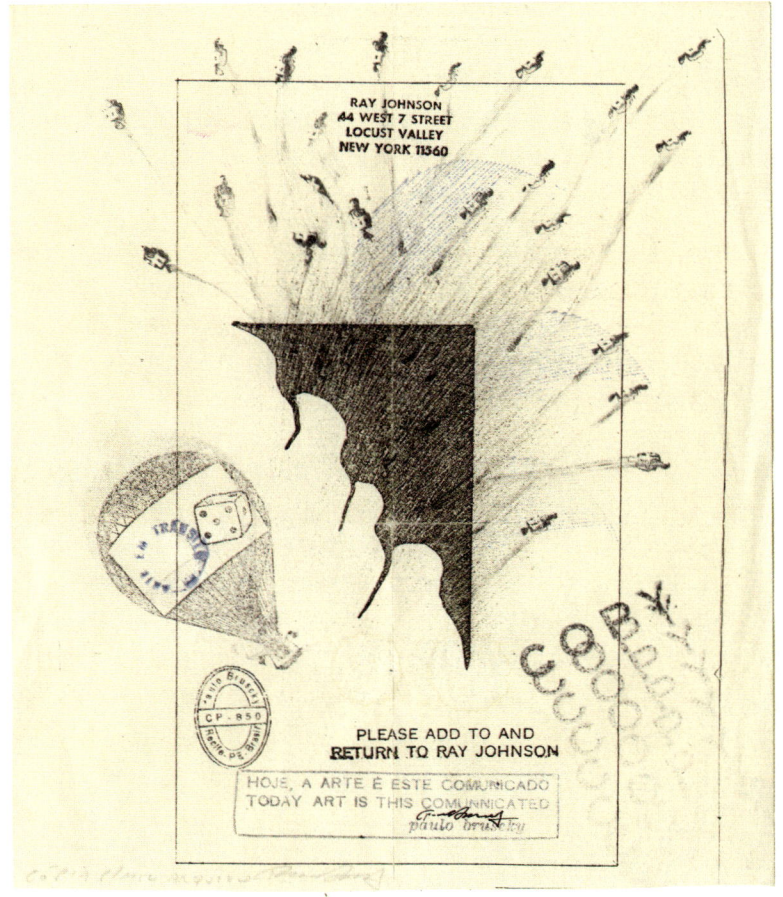

图 21
雷·约翰逊（保罗·布鲁斯基介入），《请添加并退还给雷·约翰逊》(Please add to and return to Ray Johnson)，无日期（20世纪70年代末）。（保罗·布鲁斯基提供）

历史上有过一些将真实的邮政系统（或其特征，如邮票和明信片）作为媒介的先例，包括达达主义电报、未来主义通信和杜尚的《1916年12月6日的约会》(Rendez-vous du dimanche 6 fevrier 1916)——这是一套四张的法文明信片，艺术家刻意而巧妙地在其中回避了指代意义。我们也不得不提到弗拉维奥·德卡瓦略和伊夫·克莱因（Yves Klein）的集邮介入。1932年，巴西艺术家弗拉维奥·德卡瓦略创制了三枚邮票，并试图获得巴西邮政系统的正式批准，但没有成功。其中一枚邮票展示了表现主义风格的裸体，其背景是一栋风格化的建筑（现代主义建筑？）；另一枚则包含了批判性句子："无远见者必将灭亡。"1957年，伊夫·克莱因用他独特的"克莱因蓝"创作了邮票，随后邮票被贴在他在巴黎伊里斯·克莱尔和科莱特·阿伦迪（Colette Allendy）画廊同时举办的展览邀请函上。绘制的邮票随后被撤回,但邀请函仍由法国邮局投递。克莱因一直使用这些邮票在法国境内邮寄公告,至少到 1959 年。[3]20 世纪 60 年代,国际新达达主义运动"激浪派"[4]也开始采用"邮件艺术"[5],并形成了一个真正的国际邮政网络,数百名艺术家在其中疯狂地交换书面和视听信息——这些信息使用了多种媒介,包括伪造的邮票、创作的信封、摄影、艺术家书、拼贴画、影印件、明信片、录音带、橡皮图章和传真机。

从一开始,邮件艺术就是非商业性的、自愿的、开放的、未受审查和不受限的。邮件艺术展仍通过邮政系统进行,但也会在网络空间中进行,邮件艺术展从不设立评委,所有参赛作品都能展出。20 世纪 60 年代末到 80 年代初,一些国家的专制政权通过折磨和杀害本国公民来压制不同政见者的声音,个人也无法接触到新技术,因此邮件艺术往往成为反体制的唯一艺术介入形式。例如,1975 年,乌拉圭邮件艺术兼行为艺术家克莱门特·帕丁(Clemente Padín)[6]因"诽谤和嘲弄武装部队"罪入狱。1977 年,获释后的他被禁止离开蒙得维的亚,直到 1984 年 2 月恢复通信。自 1984 年起,智利艺术家尤金尼奥·迪特伯恩(Eugenio Dittborn)开始创作他称之为的"航空邮件绘画"(airmail paintings)。他使用丝网印刷,将影印的图像拼接到廉价布料上,然后在上面书写和绘画,并借鉴了邮件艺术的即时性和不稳定性美学。迪特伯恩从智利圣地亚哥的家中将画作折叠并邮寄给国际展览。信封是他自己设计的。他总是把运输画作用的信封放在画作旁边展出,信封上有画作的全球轨迹和其他信息。

意大利艺术家古列尔莫·卡韦利尼(Guglielmo Cavellini)发展了一种不同的邮件艺术策略。[7]1971 年,卡韦利尼从收藏家转变为邮政活动家,并开始了"自我历史化"的过程,通过这一过程,他坚持不懈地宣传自己在艺术史上的重要地位。卡韦利尼采用的一种策略是在著名场所宣传他的作品(虚构的)展览。卡韦利尼经常使用转瞬即逝的材料来批判博物馆和市场对个人的偶像崇拜。20 世纪 80 年代初,我曾与卡韦利尼通信,1989 年至 1992 年间,我还惊讶地看到他的圆贴纸(庆祝他在意大利威尼斯总督宫举办的虚构"百年展览")在芝加哥的风雨中幸存下来,粘在与艺术学院同一个街区的公共标志上。卡韦利尼用蓝色邮票模仿政府发行的国家重大文化事件或作品的纪念邮票,与克莱因的自证姿态遥相呼应,同时他也制作了自我美化的邮票(图 22)。卡韦利尼和约翰逊从未使用过万维网:前者于 1990 年去世,后者于 1994 年去世。他们的逝世可能象征着艺术家网络的印刷时代的结束,而这一时期恰好与互联网进行视觉探索的初期重合。

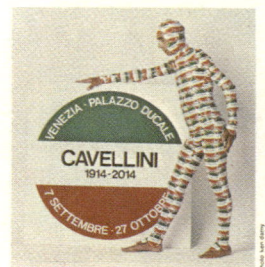
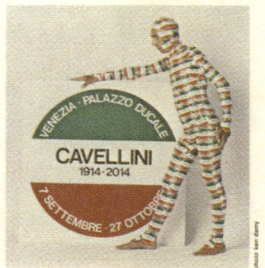
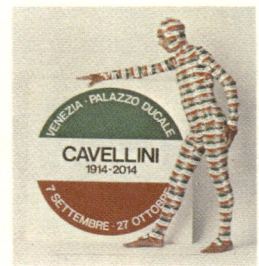
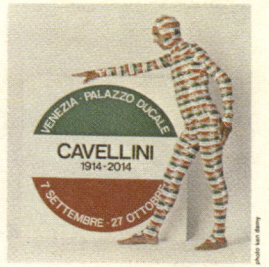

图 22
古列尔莫·卡韦利尼,无题艺术家邮票,1975 年。卡韦利尼的作品是一个自我历史化的过程。他经常散发宣传材料,介绍在著名场所举办的展览,但事实上这些展览从未举办过。例如,这些邮票宣传的是卡韦利尼在意大利威尼斯总督宫举办的"百年展"。[卡韦利尼档案基金会和皮耶罗·卡韦利尼(Piero Cavellini)提供]

数字网络:Minitel

整个 20 世纪 80 年代,当互联网还仅限于使用美国信息交换标准码(American Standard Code for Information Interchange,ASCII)时,人们就已经通过法国和巴西等国安装的国家 minitel 网络对复杂的数字视觉艺术作品进行了线上体验。20 世纪 80 年代初,艺术家们创作了影像静帧、动画、文学文本和互动作品。minitel 系统是互联网的前身,用户可经由电话线专用终端或装有专用卡的电脑,来交换信息和访问远程数据库。除了本雅明(Benjamin)提出的独特之物的"灵晕"的消失和艺术作品的"去物质化"之外,数字网络的兴起标志着真正的非物质艺术的诞生。

该系统在法国被称为 Teletel,其终端为 Minitel。一般公众在提到终端和系统时都使用"Minitel"一词。2002 年,法国和巴西仍在使用该系统,[8] 尽管规模比

80 年代初推出时已经小得多。随着互联网的出现，人们对该系统的兴趣大大降低，但在法国仍有免费程序可通过网络访问 Minitel。⁹

弗雷德·弗雷斯特和奥兰（Orlan）是与 Minitel 合作的众多法国艺术家之一。弗雷斯特创作了《想象的证券交易所》(La Bourse de l'Imaginaire)，这是一个包含了 Minitel 的多媒体装置（图 23），并于 1982 年在巴黎蓬皮杜中心（Centre Georges Pompidou）展出。弗雷斯特邀请法国公众通过电话和邮政系统创造和传播"fait divers"（简短新闻；一般新闻）。1985 年 3 月，奥兰与弗雷德里克·德维雷（Frédéric Develay）、弗雷德里克·马丁（Frédéric Martin）合作，在蓬皮杜中心举办的大型展览"非物质"（Les Immatériaux）推出了在线作品《艺术访问》(Art-Accès)。这个虚拟画廊包含了本（Ben）、让－弗朗索瓦·博里（Jean-François Bory）、奥兰、阿尔多·斯皮内利（Aldo Spinelli）和爱德华·诺诺（Edouard Nono）等人的作品。

巴西在 1981 年获得了 Minitel 的使用许可，并于 1982 年投入使用。在整个 20 世纪 80 年代，许多巴西艺术家都尝试了 Minitel。1985 年，我通过诺贝尔书店（Livraria Nobel）主办的圣保罗虚拟画廊"线上艺术"（Arte On Line），在网络上展示了 Minitel 作品《Reabracadabra》（图 24）。这首数字动画诗从一连串二维几何图形演变成一个漂浮在空间中的三维字母 A，字母周围环绕着闪烁的星星，这些星星变化成字母 B、C、D 和 R。1986 年，我在里约建立了一个虚拟画廊，里面有几位艺术家的作品，可以通过全国各地的公共终端以 RJ*ARTE 代码访问。这个虚拟展厅包括我和弗拉维奥·费拉兹（Flávio Ferraz）、罗丝·赞

图 23
弗雷德·弗雷斯特，《想象的证券交易所》，多媒体装置，蓬皮杜中心，巴黎，1982 年。弗雷斯特邀请法国公众通过电话和邮政系统创造并传播真实或想象中的"fait divers"。所有新闻都被分门别类，并通过 Minitel 系统形成在线数据库。（弗雷德·弗雷斯特提供）

图 24

爱德华多·卡茨,《Reabracadabra》,Minitel 作品,1985 年。这首数字动画诗是通过 Minitel 网络在线播放的。它从一连串的二维几何图形演变成一个飘浮在空中的三维字母 A。字母周围环绕着闪烁的星星,星星变成字母 B、C、D 和 R,反之亦然。(摄影:贝利萨里奥·弗兰卡,Belisario Franca)

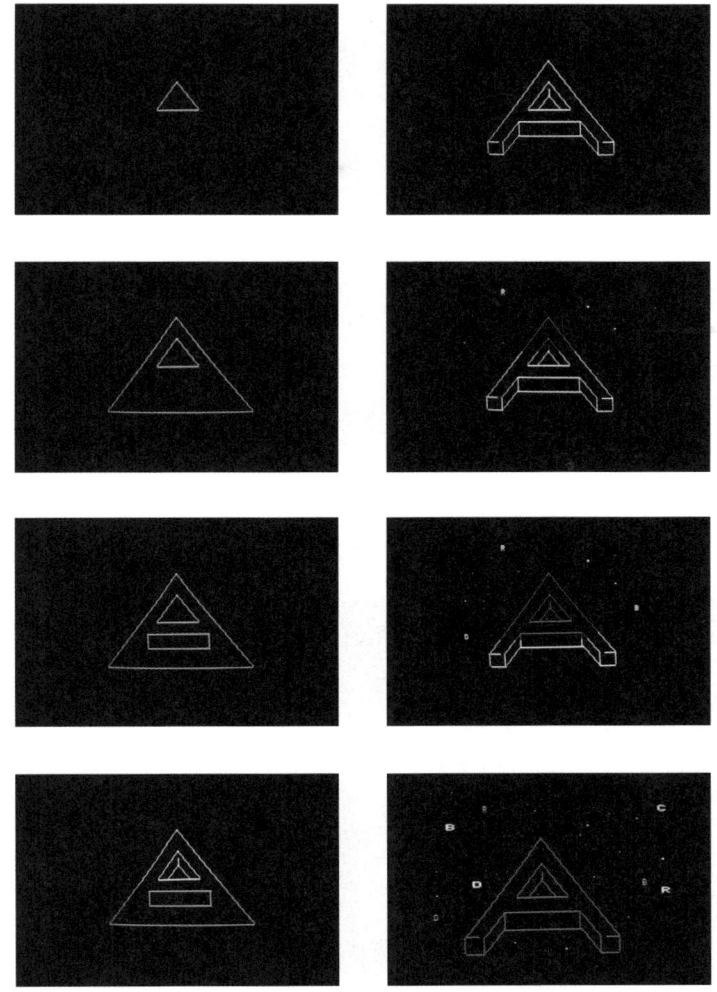

吉罗拉米(Rose Zangirolami)、纳尔逊·达斯内维斯(Nelson das Neves)等人的作品。我展示的几件作品,包括《Tesão》(1985—1986 年)、《Recaos》(1986 年)和《D/e/u/s》(1986 年)。第一件作品是一连串精心制作的动画线条和色域,在形式和文字之间来回穿梭,拼凑出一幅抒情画。第二件作品是一首动画诗,利用屏幕上的色彩变化和运动方向(从下到上,从右到左)来创造意义,唤起人们对无穷符号和沙漏形状的模糊联想。第三件作品是一个动画,它缓慢地将一个白色矩形放在屏幕中央,中间穿插黑色竖线,底部是字母和数字:19D6E U4S86。观众很快就发现这是一个"通用产品代码"标签。仔细一看,才发现这个代码是"上帝"(DEUS)一词,中间是一个孤立的"I"(EU),其中的数字代表了创作的日期:1986 年 4 月 6 日。费拉兹展示了他在 1985 年所创作的双格动画《转身与摇摆》(Vira e Mexe，图 25)。第一帧显示的是人的正面躯体。第二帧只改变了几个像素，显示出背面躯体。费拉兹的设计故意让人无法辨别这个人物是男是女。费拉兹还展示了《巴别》(Babel，1986 年)，这是一部互动式视觉叙事作品，在线参与者在不断变化的图像序列中穿梭。罗丝·赞吉罗拉米展示了她于 1982 年开始创作的《女性》(Mulheres) 系列作品（图 26）。该系列由动画女性肖像组成。这些肖像以不同的风格创作，通常表现的是活动场景中的女性。纳尔逊·达斯内维斯展示了一幅抒情的几何动画作品。在他的作品中，水平线和对角线构成了静态的三维形式，屏幕右侧的一条垂直色带自上向下移动，随后消失。

显然，早期的艺术网络是在邮政和电子远程通信系统的使用基础上发展起来的，包括但不限于 minitel 网络（见第 1 章）。这批早期作品在一些具有当代意义的议题上取得了进展，如通过协作和异步的方式进行远距离交换和处理视听材料中的需求；将文字、图像和声音远程整合为连贯交流模式的研发；以及理解到网络拓扑结构概念是一种创造性的实践。

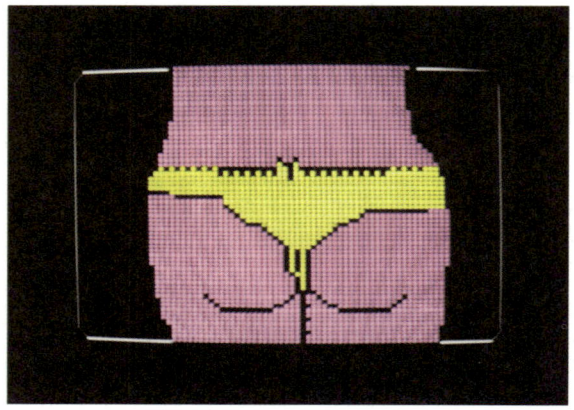

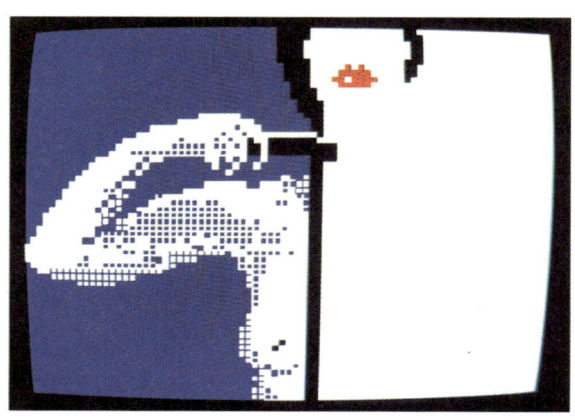

图 25（上）
弗拉维奥·费拉兹，《转身与摇摆》，Minitel 作品，1985 年。在这个性别弯曲的两帧动画中，无法辨别人物是男是女。（弗拉维奥·费拉兹提供）

图 26（下）
罗丝·赞吉罗拉米，《无题》(Untitled，选自《女性》系列)，Minitel 作品，1982 年。20 世纪 80 年代初，赞吉罗拉米利用 minitel 媒介创作了一系列女性动画肖像。（由罗丝·赞吉罗拉米提供）

网络艺术的兴起

互联网产生了密集的信息景观,塑造了一种特殊的感受性。人们在网上能够同时置身于多种情境之中,同时吸收大量的感官刺激。人们在网上逐渐形成了处理大量数据和在不同信息领域中移动的策略。互联网创造了一种全新的文化情境,使艺术家能够帮助定义社会进程,并促使人们思考其影响和潜力。

互联网上的替代性文化和社群证明,这一全球网络是一种新型的公共空间。在互联网上,艺术家们可以向广大公众展示作品,而这些作品散发着与创作时相同的迷人屏幕光芒。如果没有互联网,那些创作非物质作品(如数字图像、多媒体和互动作品)的艺术家就只能在发行量有限的CD-ROM上展示他们的作品,或者在画廊里向相对较少的观众展示。如果要在画廊展出,图像必须被打印或投影,多媒体和互动作品则必须采取装置的形式。显然,需要特定网络拓扑结构的艺术作品无法适应这些无网络环境,其意义会大打折扣。

在本文所涉及的1994年至1996年期间,琼·海姆斯克(Joan Heemskerk)和德克·派斯曼斯(Dirk Paesmans)所创建的网站jodi.org(图27)是将万维网

图27
琼·海姆斯克和德克·派斯曼斯,jodi.org,网站,1995年。主页(a);主页源代码(b)。在jodi.org中,HTML标记、ASCII字符、JPEG或GIF图像、Javascript以及其他元素都从它们所属的编程环境的标准语法中移除,并作为作品的主体被重新语境化。(由琼·海姆斯克和德克·派斯曼斯提供)

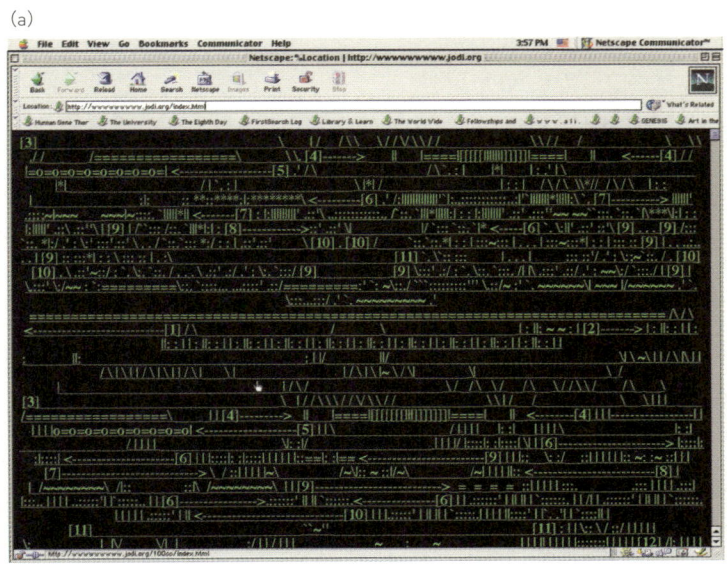

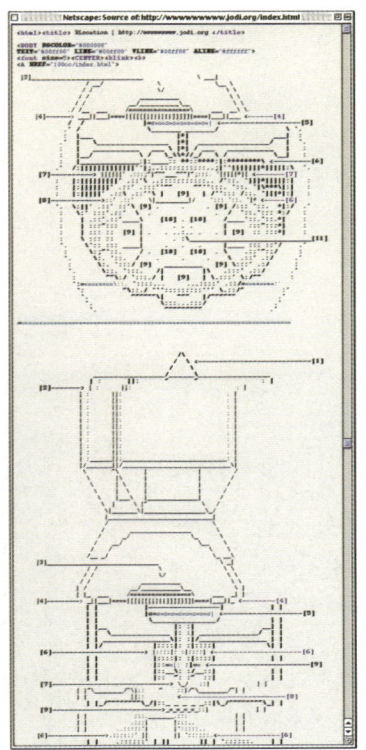

本身用作严格意义上的媒介的代表作。[10] 该网站于 1995 年 8 月首次上线，两人经常对其进行修改。初次访问网站的人往往会被网站明显的视觉随机性和语言随机性所吓到（也会害怕），因为他们觉得计算机可能出了问题。如果操作系统在访问者登录网站时被冻结——例如，我就遇到过一次这样的情况——那么访问者的猜想就可能成为现实。不言而喻，计算机程序是由一行行代码组成的，对于不懂计算机的人来说，这些代码就像胡言乱语。编程语法和计算机术语对大多数计算机用户来说都是遥不可及的。大量的代码行数又增加了另一层复杂性——在某些情况下，一个程序可能有七百万行代码。在 jodi.org 中，"胡言乱语"成了初学者的艺术。这种"胡言乱语"实际上是自由联想的结果，是对构成网站所处环境（即万维网本身）的元素的挪用和诙谐评论。当主页显示一连串没有明显顺序的字符，闪烁着让人联想到老式计算机终端的绿色色调时，页面源代码显示的是一个长长的精心制作的 ASCII 艺术作品。在 jodi.org 中，程序设计并不像通常那样隐藏在应用程序中的无形信息层中。HTML 标记、ASCII 字符、JPEG 或 GIF 图像、Javascript 和其他元素不再具有明确目的，而是脱离了它们所属编程环境的标准语法，被"重新语境化"为人们感兴趣的对象，并成为作品的主题。海姆斯克和派斯曼斯的作品指出了我们日常生活中信息的巨大饱和度。正如他们的作品所展示的，这种日常生活中的信息过剩可能会导致极大的挫败感。他们致力于捕捉互联网所正在演变成的干净、高效、实用的网络中非理性的一面。在这个数字技术几乎无处不在的世界里，有谁不喜欢被提醒这所有一切的荒谬性呢？

1996 年，阿列克谢·舒尔金（Alexei Shulgin）、武克·科西奇（Vuk Cosic）和安德烈亚斯·布罗克曼（Andreas Broeckmann）为了寻找一种互联网独有的视觉语言，创作了《刷新》（Refresh，图 28）。[11] 这个集体性多节点作品要求参与者建立一个网页，随后所有网页被纳入一个"刷新循环"——即每个网页从主

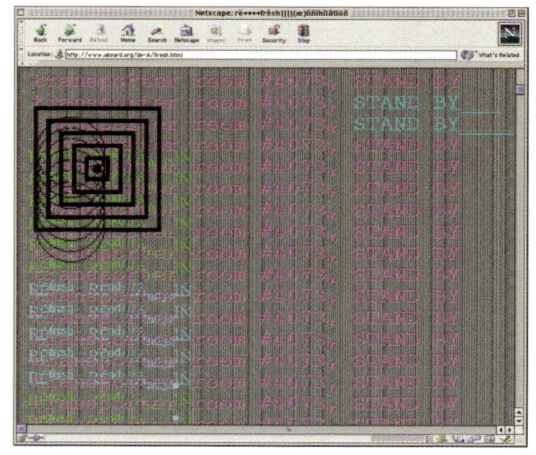

图 28

阿列克谢·舒尔金、武克·科西奇和安德烈亚斯·布罗克曼，《刷新》，网站，1996 年。在这个合作作品中，每一个参与的网站在几秒钟后都会被另一个网站自动取代，从而产生数字级联效果。这张图片显示的是《刷新》中 absurd.org 的内容。（由 absurd.org 提供）

网站激活,几秒钟后自动被下一个网页取代,从而产生一种数字级联效果。原始网站通常位于远程服务器中。《刷新》提供了一种新兴数字文化的动态隐喻,在这种文化中信息是不稳定的,每个元素互相联结,形成了一个无休止的引用循环。

改变互联网的另一个因素是共享三维环境的发展,即在屏幕上可视化的体积空间,在这些空间中,人们可以通过其化身(每个参与者的风格化替身)成为积极的参与者。许多类似的世界都使用了名为 VRML 的标准,VRML 是虚拟现实建模语言(Virtual Reality Modeling Language)的缩写,是在万维网上展示三维物体的规范。1994 年春,VRML 首次出现,一年后推出了最初的 1.0 版本。1996 年,更复杂的 2.0 版本面世,但由于缺乏商业利益导致进一步的开发停滞不前,同时也出现了其他的三维格式。共享虚拟世界的概念随着新工具的出现而不断发展,艺术家们也逐步尝试了虚拟世界的多种功能。

例如,马科斯·诺瓦克(Marcos Novak)[12] 从 1991 年起开始创建三维虚拟世界,并于 1995 年在瑞典哥德堡举办的"零时波 2.0"(Tidsvag Noll v2.0)艺术与技术展览上展出了一些 VRML 作品。名为《TransTerraFirma》的作品,其中的世界"以灾难城市命名——萨拉热窝、神户、基奎特、迦太基……其目的是进入虚拟空间,而不是逃避现实世界。"[13] 诺瓦克的《异形空间》(*AlienSpace*,图 29)是于 1996 年在线展示的虚拟世界,观众在看似无限的,由线条、数字、几何物体和文字组成的环境中遨游。随着体验的进行,线条和几何物体会旋转,文字和数字也会变化,产生新的含义。

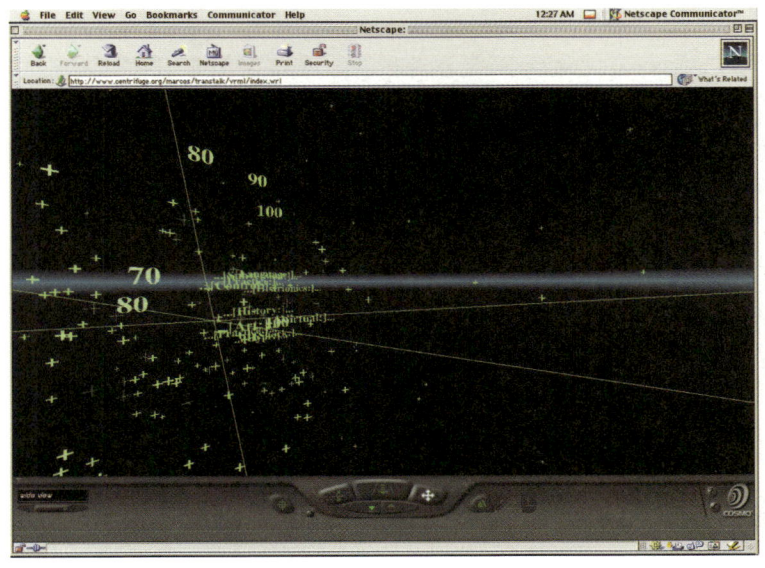

图 29
马科斯·诺瓦克,《异形空间》,虚拟世界,1996 年。(由马科斯·诺瓦克提供)

1995 年，佩里·霍伯曼（Perry Hoberman）和斯科特·费舍尔（Scott Fisher）创作了在线 VRML 艺术作品《奇美拉姆》(*Chimerium*)。[14]《奇美拉姆》的参与者能够自己组装虚拟身体（连接地上的无头身体和空中的浮动头颅），并用新身体在交互式的三维虚拟世界中遨游。这些生物包括母牛、狗、蚂蚁、黑猩猩、鸭和龟。每种身体与头的组合都为观众提供了看待同一空间的不同视角。

1990 年，我创作了三维导航数字诗《IO》（意大利语"我"，图 30），并于 1995 年首次将其翻译成 VRML。在这首作品中，字母/数字 I 和 O 构成了一幅想象的风景画，暗示了自我的分散。读者受邀探索这些风格化字母所创造的空间，并将其作为抽象环境和视觉文本来体验。[15] 1996 年，我创作的 VRML 诗歌《秘密》(*Secret*)[16] 是由分散在黑暗空间中的明亮小点组成的。当浏览者在环境中穿梭时，他或她走近这些小点，就会发现它们是由代表 1 和 0 的三维线条（圆柱体）和圆圈（球体）组成的文字。当观众靠近某个特定的单词时，其他单词就会滑开，产生转瞬即逝的含义，使观众无法同时进行视觉性理解。

VRML 是一种即将消失的标准，但未来会出现新的格式。远程沉浸（teleimmersion）的前景表明，信息景观的三维导航、三维空间的实时互动将成为未来互联网的重要组成部分。

在艺术家探索万维网的同时，艺术机构也迅速出现回应。1995 年初，纽约迪亚艺术中心（Dia Center for the Arts）开始推广为其网站创作的作品。[17] 同样在 1995 年，林茨电子艺术节也将网站作为一种艺术类别纳入其奖项中。[18] 随着网络艺术的蓬勃发展，关于网络艺术和相关问题的批评话语也随之激增，这些言论通常出现在网络上。例如，1995 年成立的 Nettime 讨论列表

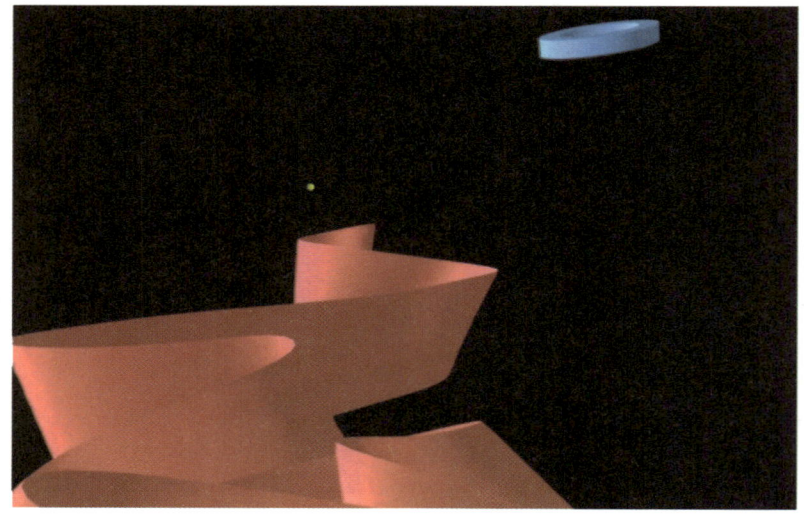

图 30

爱德华多·卡茨，《IO》，虚拟世界，1990 年。该作品被转译成 VRML，也可在线体验。在《IO》中，字母/数字 I 和 O 作为动画景观的元素出现。IO 在意大利语中意为"我"。在这件作品中，它还代表了对立的差异（一／零、线／圆等）

(The Nettime discussion list)[19]，汇集了来自世界各地的作家、艺术家和评论家，围绕许多相互关联的网络文化话题展开讨论。1994 年至 1996 年间出现的其他线上出版物包括《C- 理论》(*C-Theory*)[20]、《根茎》(*Rhizome*)[21]和《列奥纳多电子年鉴》(*Leonardo Electronic Almanac*)[22]，这些出版物很早就开始记录和讨论互联网艺术。1995 年至 2000 年，马特·米拉帕尔（Matt Mirapaul）的"Arts@Large"专栏在《纽约时报》(*New York Times*) 网络版上发表，阅读量很大，并对数字文化提出了独到见解。

这里所描述的网络作品表明，互联网不仅仅是一种出版媒介，也绝非只是广播电视的延伸。现有的广播和出版范式之于互联网，就像 20 世纪初的戏剧和文学之于电影和广播一样。我们所熟知的电视根本无法创造交流体验，而这恰恰是网络最突出的公民特性。大型广播公司和出版公司继续将其传统的和管制性的观点强加给网络，并确信利用日益先进的技术和"程序员大军"（行话），将迫使用户放弃自创内容。

与此同时，大多数互联网用户在聊天和电子邮件信息交流中，在参与线上社群中，在他们每天接触的新知识中，以及在丰富的多媒体和交互式在线体验中茁壮成长。能够进一步扩大互联网利益和覆盖范围的系统有：为家庭和工作场所提供高速接入的系统，IP 电话（将网络用作电话网络），掌上计算机和手机的移动无线连接，微芯片植入，以及向偏远地区提供网络流量的卫星传输。所有这些发展也为艺术家们带来了新的机遇。

互联网混合事件

新兴技术不断重塑着信息景观。对线上互动概念进行尝试的艺术家们，正在将互联网与其他空间、媒介、系统和流程进行扩展和混合；打造新的媒介景观；质疑标准；探索协议与通信基础设施之间的关系；以及为互动艺术开发新的方向。

互联网混合事件（Internet hybrid events）揭示了单向性和高度集中的传播形式（如绘画或电视）的局限性，有助于扩大艺术传播的可能性。混合事件还允许艺术家进行超越符合互联网设计和概念标准（如万维网，即 http）的线上创作。新一代国际媒体艺术家经常互相合作，通过在网上或为网络创作物质性的远程作品来推动变革，引发激进的创新，推动媒体的评论。

其中两个案例就是庞顿欧洲媒体艺术实验室（Ponton European Media Art Lab）[23]和梵高电视（Van Gogh TV）[24]。1986 年，庞顿成立；1995 年，庞顿的创始人之一 ——卡雷尔·杜德塞克（Karel Dudesek）离开团队，与梵高电视合作了另一个独立项目。庞顿的互动电视项目《虚拟广场》(*Piazza Virtuale*) 作为 1993 年第九届卡塞尔文献展的一部分，进行了为期一百天的展示。该项目由梵高电视制作，前身是庞顿的电视制作部门。

《虚拟广场》创造了一种前所未有的混合通信方式，即电视直播（基于两个卫星馈送）和四条线路的混合，每条线路都有以下用途：ISDN（一种能够以 128 千比特 / 秒的速度进行连接的系统）、电话语音、调制解调器、按键式电话、视频电话和传真。这里没有像普通电视那样单向传输节目。在没有预设规则或主持人的情况下，多达 20 名观众同时打电话、登录或拨号，开始在电视的公共空间中相互交流，并不时控制在演播室天花板轨道上线性移动的远程控制摄像机。所有多国活动都从庞顿位于卡塞尔的梵高电视网站向整个欧洲进行现场直播，有时也向日本和北美进行直播。阿姆斯特丹科技文化杂志《Mediamatic》[25] 的编辑朱尔斯·马歇尔（Jules Marshall）在一篇题为《庞顿媒体实验室计划攻破电视这个 50 岁吸血虫的硬化心脏》（Ponton Media Lab Plans to Drive a Stake through the Scleric Heart of that 50 Year Old Bloodsucker, Television）[26] 的文章中引用了杜德塞克的话："我们无意处理信息、后期制作或电视真人秀。我们的主要目标是现场互动，打破屏幕的障碍，将电视从主要媒体降级为一个空间窗口"。杜德塞克在同一篇文章中的另一段话中，进一步说明了该项目的目标："电视与权力和控制系统的联系太紧密了。我们有越来越多的空闲时间，但我们用它来做什么呢？难道我们想让每个人都待在家里就只是观看和消费吗？广场像是在说'在这里，如果你用这个就会不一样，你的生活可以变得丰富多彩，也可以丰富他人的生活'。思维模型和游戏可以带来新的社会架构"。

这类作品深深植根于"艺术具有社会责任"这一理念。艺术家们直接参与了媒介景观和现实领域的活动。除其他活动外，这一项目还摒弃了电视的独白声音，将其转换为另一种形式的、类似于互联网的公共互动空间。企业所宣传的通过网络电视购物和娱乐的理念与互联网所带来的全球互动性相去甚远。1993 年 8 月 30 日，庞顿的界面设计师奥勒·吕特让斯（Ole Lütjens）在新闻组（newsgroup）comp.multimedia 中发表了一份声明：《虚拟广场》是未来媒体艺术的进步，互动电视和国际网络会成为一种重要的集体表达形式。

这里强调的是"集体"一词。艺术家们通过创造民主互动的新舞台、反对监管模式和同质化标准来探索他们的媒介景观。以网络与电视融合为目标的新技术试图吸纳互联网的公共空间，并将其转化为类似于私人控制的广播世界。他们在过去失败了，在将来亦会继续失败，因为他们拒绝承认，公众并不希望互联网成为另一种广播媒介或广播媒介的延伸。从事电子媒介工作的艺术家不能无视媒介环境的不断变化。他们处于独特的位置，可以从内部提出另一种传播模式。

远程呈现（即远程通信与远程机器人技术相结合）开辟了这样一种替代性，1994 年，互联网上出现了两个远程呈现作品：埃德·贝内特（Ed Bennett）和我的作品《伊甸园中的鸭嘴兽》（Ornitorrinco in Eden）[27]，以及由联合制作肯·戈德堡（Ken Goldberg）和迈克尔·马沙（Michael Mascha）与史蒂文·根特纳（Steven Gentner）、尼克·罗滕伯格（Nick Rothenberg）、卡尔·萨特（Carl Sutter）和杰夫·维格利（Jeff Wiegley）组成的团队合作的《水星计划》（Mercury Project）[28]。

《伊甸园中的鸭嘴兽》（图31）将互联网与无线远程机器人技术、物理（建筑）空间中的遥控移动装置、传统电话系统和移动电话系统、视频会议（CU-SeeMe）以及真正的数字"远程视像"（tele-vision）进行混合。这使参与者能够通过互联网自行决定他们在远程环境中的去向和所见。接口界面可以是任何普通电话。匿名参与者共同使用远程机器人的身体，同时能控制它并使用它的眼睛观看。（详见第 7 章）

《水星计划》将万维网与连接到摄像机的远程控制机械臂相结合。通过内置的压缩空气喷射器，远程观众可以启动空气喷射器让被掩埋的人造物显现出来。该系统使用 Mosaic 浏览器访问万维网，其界面包括解释项目的窗口、显示机械臂穿越区域的示意图，并提供了系统的基本操作信息。操作者还可以看到场景的静帧影像。

《水星计划》基于合作者们所创作的虚构故事，探索了远程呈现的叙事潜力。互联网上的任何人都能向遥控器和盒子吹气，以显现被埋藏的人造物，如火柴盒、手表和娃娃屋的微型模型。戈德堡说："这个装置鼓励合作探索，每个用户都可以在日志中公开自己的发现，如此一来，共同的线索就会逐渐显现出来。选择这些物品的目的是让它们在多个用户的发掘下来讲述一个故事。"[29]

另一个颇有吸引力的研究领域是身体、环境和互联网之间的联系。在名为《雷电》（Thundervolt，1994 年）的先锋表演中，美国装置艺术兼表演艺术家吉恩·库珀（Gene Cooper）将自己身体上的电子系统与地球的电子系统联系在一起。[30] 美国各地感应雷击的实时数据通过国家雷电探测网络传送到他位于科罗

图 31
爱德华多·卡茨和埃德·贝内特，《伊甸园中的鸭嘴兽》，在互联网上实现的远程呈现作品，1994 年

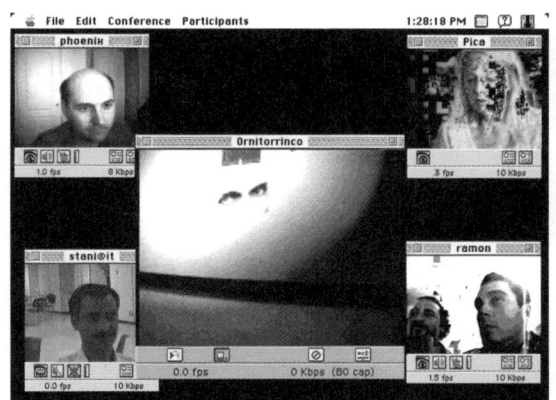
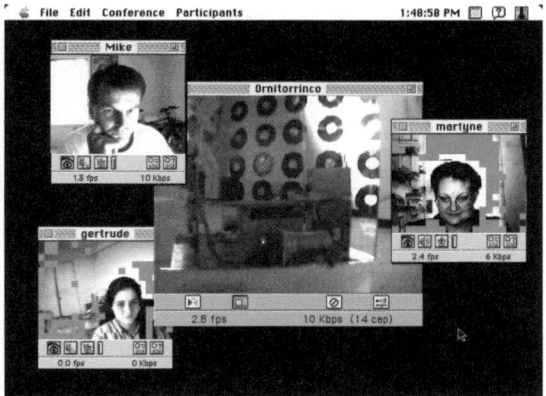

拉多州特柳赖德的电脑上。屏幕上记录的雷击信号被转化为电信号,通过一系列名为经皮神经电刺激器(TENS, Transcutaneous Electro Neuro Stimulators)的神经肌肉刺激器刺激库珀体内的肌肉抽搐。

奥地利艺术家格弗里德·斯托克(Gerfried Stocker)[31]与海蒂·格伦德曼(Heidi Grundmann)以及其他艺术家、制作人和技术人员合作,在多个国家创作了《水平广播》(*Horizontal Radio*,图32),来探索广播与互联网的混合。[32] 该项目于林茨电子艺术节期间(1995年6月22日—23日)进行了24小时的现场直播,包括在澳大利亚、加拿大、欧洲、俄罗斯和以色列的许多广播电台的频率上,在互联网上,以及在雅典、贝尔格莱德、柏林、博洛尼亚、博尔扎诺、布达佩斯、埃德蒙顿、赫尔辛基、霍巴特、因斯布鲁克、耶路撒冷、林茨、伦敦、马德里、蒙特利尔、莫斯科、慕尼黑、那不勒斯、魁北克、罗马、圣马力诺、萨拉热窝、悉尼、斯德哥尔摩和温哥华的网络交汇处进行了24小时的现场直播。该项目以迁移为主题,意图挑战大型广播机构和娱乐公司所倡导的标准化传播形式。

《水平广播》创造了新的媒介体验形式,分散在世界各地的自律团体在其中合作完成作品,并整合了多种通信系统,如广播电台典型的实时传输和互联网音频的异步性质。参与者融合了各种新旧技术,将广播转化为音频信息交流的空间。这种新的音频环境结合了多种形式的声音艺术,如磁带合成,现场音乐会,参与电台之间的远程信息同步活动,声音雕塑,以及由互联网触发的文本和声音拼贴。《水平广播》强调对话式传播,创造了一种等距感,它超越了无线电发射的有限空间范围。1996年由林茨电子艺术节发行的双CD光盘,记录了这一全球互动广播活动一百多个小时的样本。

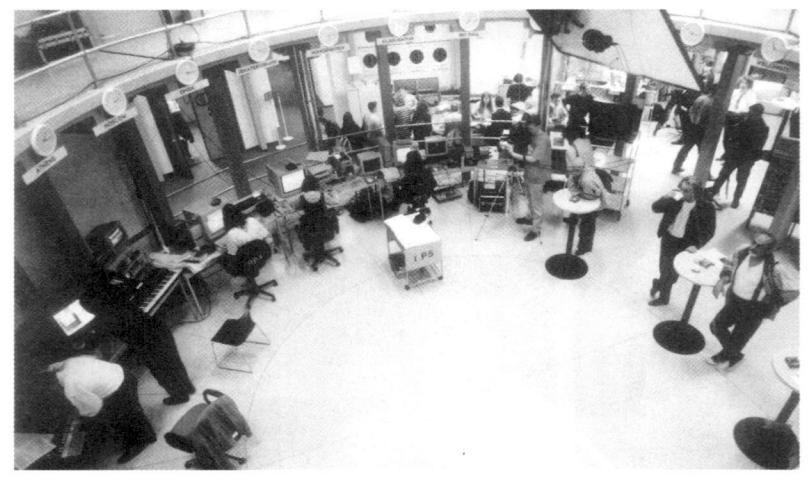

图 32
格弗里德·斯托克和海蒂·格伦德曼,《水平广播》,实验广播艺术作品,1995 年

弗雷德·弗雷斯特、斯泰拉克（Stelarc）、理查德·克里舍（Richard Kriesche）、郑淑丽（Shu Lea Cheang）和藤幡正树（Masaki Fujihata）等艺术家为这一介于公共和私人空间之间的摇摆场域贡献了其他混合拓扑结构。1995 年 9 月 2 日，法国艺术家弗雷德·弗雷斯特[33]在瑞士洛迦诺创作了《从卡萨布兰卡到洛迦诺：互联网和其他电子媒介的爱情回顾》(*From Casablanca to Locarno: Love Reviewed by the Internet and Other Electronic Media*) [34]，融合了电视、广播、电话和互联网。在这件作品中，艺术家播放了由亨弗莱·鲍嘉（Humphrey Bogart）和英格丽·褒曼（Ingrid Bergman）主演的电影《卡萨布兰卡》(*Casablanca*)，影像没有声音，屏幕上的文字告诉公众可以参与互动。公众通过互联网和参与活动的广播电台能进行即兴创意对话。弗雷德·弗雷斯特还在洛迦诺的一个剧院控制着屏幕图像，该剧院向当地公众开放，并专门为这部作品改造成一个广播电视演播室。

连接互联网与物理环境和其他远程通信媒介的混合艺术作品在网上并不多见，它与虚拟画廊、多媒体项目和基于超链接的作品很不相同。斯泰拉克、理查德·克里舍、郑淑丽和藤幡正树在事件和装置中，提出了这种有形之物和虚拟空间之间的联系。1995 年，斯泰拉克在行为艺术《分形肉身》(*Fractal Flesh*) [35]中，通过 PictureTel 电话会议系统和来自欧洲三个城市的 ISDN 连接，与远程合作者进行点对点的直接连接，通过肌肉刺激电路操纵他的手臂和一条腿，同时在视频监视器上接收视觉反馈（图 33）。通过他四肢上的电极传输远程触发的电压，使他的手臂和腿不由自主地抽搐。表演的图片会上

图 33
斯泰拉克，《分形肉身》，行为艺术，1995 年。（由斯泰拉克提供）

传到活动专用网站。克里舍名为《远程信息雕塑 4》（Telematic Sculpture 4）[36]的装置作品，同样也创作于 1995 年。它由一条带有铁轨的传送带组成，在威尼斯双年展奥地利馆内根据互联网数据流移动（图 34），最终撞击并冲破了墙壁。使雕塑移动的是一个将计算机新闻组中的数据流与艺术新闻组中的数据流进行比较的方程式。"新闻组"是一个在线讨论板，人们可以在上面阅读或发帖。互联网参与者可以通过向项目地址发送电子邮件、访问项目网站或在上述新闻组中讨论作品，来减缓雕塑的移动速度。郑淑丽的《保龄球馆》（Bowling Alley）[37]装置（1995 年）不仅跨越了网络，还跨越了两个"现实世界"网站。明尼阿波利斯的沃克艺术中心（Walker Art Center）的展厅和几英里外的保龄球馆经由 ISDN 线路和传感器连接在一起。参加活动的保龄球手在球道上的动作控制着美术馆内巨大的视频显示屏，显示屏上投射着保龄球手（艺术家的朋友）的照片以及他们电子邮件通信中的文字。在藤幡正树的《网络上的灯》（Light on the Net，1996 年）中，网络浏览者看到包含 49 个小灯泡的网格，他们点击这些灯泡后就能打开或关闭日本办公楼大厅中相应的真实灯泡。[38] 这个脑洞大开的作品将物体（灯泡）和信息（光数据）融为一体，并为你的行为提供了积分——打开一个灯，你的计算机 ID 就会出现在"最近 10 次访问"列表中。

图 34
理查德·克里舍，《远程信息雕塑 4》，远程装置，1995 年，一条带有铁轨的传送带根据互联网数据流移动，最终撞破墙壁。（理查德·克里舍提供）

① 译者注：多播（multicast，又称群播，也译作组播），是计算机网络中的一种群组通信，它把信息同时传递给一组选定的目的计算机。

② 译者注：阿兹特克（Aztecs，又译作阿兹台克、阿兹提克）是一个位于墨西哥中部的美洲文明，存在于14世纪至16世纪。阿兹特克人是墨西哥原住民，主要分布在墨西哥中部和南部。

③ 译者注："奇卡诺"（Chicano）一词是20世纪中期以后墨西哥裔美国人的代名词。

这类作品让身体、物理空间和网络之间的联系变得有形化，它们是一剂急需的解毒药方，来缓解1994年互联网繁荣以来所普遍存在的形而上迹象——正如威廉·吉布森（William Gibson）在《神经漫游者》（*Neuromancer*）中所写的那样，赛博空间的"共识型幻觉"（consensual hallucination）压制了肉身。

多点播送①

互联网无疑为艺术带来了新的挑战。数字革命突出非物质作品，强调互动命题。网络提供了对知识和权力结构进行去中心化的实用模式，超越了媒介景观的单向性。未来的宽带互联网将使移动多媒体计算成为可能。光纤基础设施、无线接入和小型便携设备将通过整合语音、文本、图形、视频会议、远程呈现和多用户三维世界来连接个体。

随着宽带能力的提高，保守势力也会施加限制性标准来扼杀个人自由和创造力。带宽问题不仅仅是技术问题，它之所以重要，是因为它将极大地改变互联网作为公共空间的性质和上网体验。正如我在本章开头所指出的，网速和带宽是网络艺术的决定性因素，就像画布大小和色调在绘画中的作用一样。MBone所实施的活动提供了互联网2的蛛丝马迹，MBone是于1992年首次建立的虚拟网络，分层于物理互联网之上，支持多个站点之间的音频和视频数据的实时双向传输。[39]

尽管MBone主要被全世界的科学家用于参加交互式视频会议，但它偶尔也会被文化事件使用。1994年11月22日，墨西哥艺术家吉列尔莫·戈麦斯－佩尼亚（Guillermo Gómez-Peña）制作的卫星/MBone电视节目《纳夫塔兹特卡：公元2000年的网络电视》（*El Naftazteca: Cyber TV for 2000 A.D.*，图35）播出。[40]纳夫塔兹特卡的角色是"一个叛逆的高科技阿兹特克人②，他劫持了商业电视信号，并在地下掩体的技术祭坛设施中播放奇卡诺③虚拟现实机器的演示。奇卡诺虚拟现实机器使纳夫塔兹特卡能够即时检索他或他的民族历史上的任何时刻，然后将这一时刻用视频图像显示出来"，戈麦斯－佩尼亚在记录此次活动的网站上解释说。戈麦斯－佩尼亚也是20世纪70年代国际邮件艺术运动的参与者，他在电影、录像、广播、表演和装置艺术等媒介作品中探讨了多元文化问题。

图35
吉列尔莫·戈麦斯－佩尼亚，《纳夫塔兹特卡：公元2000年的网络电视》，通过有线电视和互联网互动播出，1994年。戈麦斯－佩尼亚笔下的纳夫塔兹特卡是一个高科技叛逆者，他劫持了商业电视信号来播放他即兴创作的虚拟现实机器。（吉列尔莫·戈麦斯－佩尼亚提供）

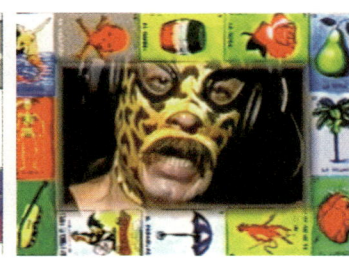

戈麦斯－佩尼亚说："十年后的电视和行为艺术会是什么样子？它必须是多语言的，它将使所有人边缘化。"制作中的一个互动环节鼓励观众给伦斯勒理工学院的 iEAR 工作室打电话，审视他们对美国与拉美裔关系所持的基本文化假设。计算机用户可以通过 MBone，在 90 分钟的表演中与纳夫塔兹特卡进行直接交流。

1996 年，我在名为《稀有之鸟》（*Rara Avis*）的网络远程呈现装置中使用了 MBone，[41] 该装置在亚特兰大 Nexus 当代艺术中心（Nexus Contemporary Art Center）的实体空间和互联网（通过彩色和黑白交互式会议）、万维网（通过实时视频馈送捕获的 GIF 上传）以及 MBone（通过彩色视频）上同步展示（图 36）。画廊的参观者将自己"传送"到一只远程机器鹦鹉的身体里，而它则

图 36

爱德华多·卡茨，《稀有之鸟》，在线远程呈现作品，1996 年。作为对"异国情调"这一存有问题的概念的评论，本地和远程参与者在作品中从机器金刚鹦鹉的视角体验了大型鸟舍。该作品通过基于网络的视频会议（a）、万维网（b）和 MBone（c）同时进行互动体验

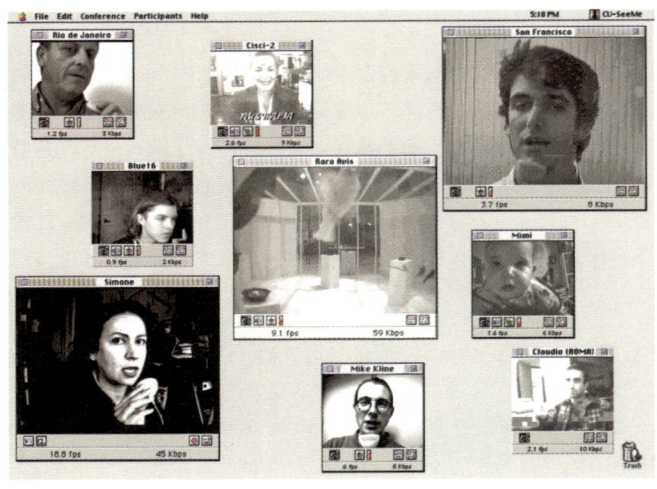

(a)

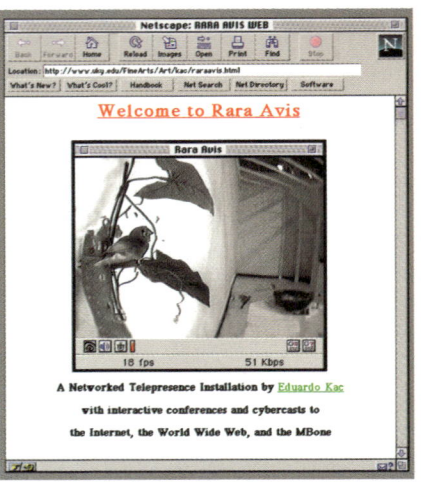

(b)

(c)

064　远程呈现与生物艺术

身处有 30 只鸟的鸟舍里。参观者可以戴上虚拟现实头盔，来实时控制机器鸟的视觉系统。他们与互联网参与者们共同使用远程机器人的身体，机器人的发声系统则由互联网参与者来激活。在地观众所看到的一切都可以通过互联网、万维网和 MBone 实时看到。展厅中被听到的声音则是当时恰好在机器人身上的匿名参与者的声音组合。这件作品于 1996 年 6 月 27 日至 8 月 24 日在亚特兰大以及线上首次展出。

自 1994 年至 1996 年的初期阶段以来，互联网艺术呈指数级增长，已成为一股强大的文化力量。很明显，艺术的未来和互联网的未来将互相交织。随着带有嵌入式 Web 浏览器和服务器的电子设备的普及，我们将以许多新的方式来访问网络。例如，在汽车和飞机上进行浏览和提供服务将成为一种普遍现象。电话、照相机和摄像机将拥有 IP 地址，这些号码使它们无须台式计算机就能直接连接互联网。这种新获得的移动性，加上宽带接入和未来的协议，将为网络艺术带来新的可能性。未来人体将携带嵌入式微型服务器也变为可能。当越来越多的人接入互联网，并拥有越来越快的陆地和无线连接的速度时，在互联网上创作的艺术和为互联网创作的艺术将触达新的观众。在线的计算机屏幕不仅仅是一个交易前哨，它还是一个通往无数思想的门户，一个互动的载体，一座通往其他世界的桥梁，等待着被人们发现和发明。

注释

本书链接验证访问时间为 2004 年 6 月 5 日。

1 第一批例子是 1996 年以后开发的，包括马修·富勒（Mathew Fuller）的"WebStalker"（1997 年，http://www.backspace.org/iod/）、马克·纳皮尔（Mark Napier）的"Shredder"（1998 年，http://www.potatoland.org/shredder/）和马切伊·维斯涅夫斯基（Maciej Wisniewski）的"Netomat"（1999 年，http://www.netomat.net/）。"Shredder"可以在现代浏览器中运行，而"Netomat"和"WebStalker"则需要下载浏览器本身。这些浏览器提供了一种不同寻常的互联网视图。它们不是按照被访网站的原始设计，以清晰的线性方式显示信息，而是将这些网站上的文字和图片重新组合，以万花筒式的自我组装方式显示视觉信息。
2 见 http://www.artpool.hu/Ray/RJ_onlinetext.html。
3 见 http://www.geocities.com/johnheldjr/YvesKlein.html。
4 见 http://www.fluxus.org/ and http://www.nutscape.com/fluxus/homepage。
5 见 http://www.actlab.utexas.edu/emma/。
6 见 http://www.thing.net/~grist/l&d/padin/lcptitle.htm。
7 见 http://www.cavellini.org/auto/index.html。
8 见 http://www.pic.fr/site/f_minitel.html。
9 见 http://www.minitel.tm.fr/multione.cgi/V230/ 和 http://iml.jou.ufl.edu/carlson/professional/new_media/History/TELETEL.HTM。
10 见 http://www.jodi.org。
11 见 http://www.ljudmila.org/fresh.htm 和 http://www.absurd.org/de-A/fresh.html。
12 见 http://www.centrifuge.org/marcos/。
13 来自马科斯·诺瓦克的私人电子邮件（2002 年 3 月 24 日）。
14 见 http://www.rvi.com/fisherhob.html。
15 见 http://www.ekac.org/multimedia.html。
16 见 http://www.ekac.org/multimedia.html。
17 见 http://www.diacenter.org/webproj/index.html。
18 见 http://www.aec.at/。
19 见 http://www.nettime.org。
20 见 http://www.ctheory.com。
21 见 http://www.rhizome.org/fresh/。
22 见 http://mitpress.mit.edu/e-journals/LEA/。
23 见 http://www.ponton.de。
24 见 http://www.vgtv.com。
25 见 http://www.mediamatic.nl/index_e.html。
26 见 http://www.wired.com/wired/archive/1.05/medium.mission.html。
27 见 http://www.ekac.org/ornitorrinco.html。
28 见 http://www.usc.edu/dept/raiders/。
29 见 http://www.usc.edu/dept/raiders/story/press-release.html。
30 见 http://www.fourchambers.org/artown_gc_thundervolt.asp。
31 见 http://gewi.kfunigraz.ac.at/x-space/bio/stocker2.html。
32 见 http://gewi.kfunigraz.ac.at/~gerfried/horrad/。
33 见 http://www.fredforest.com。
34 见 http://www.tinet.ch/videoart/va16/multimedia.html。
35 见 http://www.stelarc.va.com.au/。
36 见 http://iis.joanneum.ac.at/kriesche/biennale95.html。
37 见 http://bowlingalley.walkerart.org。
38 见 http://www.softopia.or.jp/research/report/H08/01_E.html。
39 截至 1997 年 3 月，互联网上有三千多台 MBone 服务器（见 http://webopedia.internet.com/TERM/M/Mbone.html）。当互联网 2（见 http://www.internet2.edu/.html）在公共领域全面投入使用并安装了所谓的服务质量（QoS）技术后，MBone 将被淘汰。1998 年 10 月，互联网 2 项目首次推出了作为学术试验平台的 QBone（见 http://qbone.internet2.edu），即作为一个促进媒介集成、交互性和实时协作的高速光纤电缆网络。这种宽带技术暂时仅限于参与的教育和研究机构使用，有朝一日将向公众开放。QBone 是未来互联网的典范，它将拥有足够宽的带宽，可以全面实现实时语音、视频和远程沉浸式联机。
40 见 http://www.vdb.org/smackn.acgi$tapedetail?ELNAFTAZTE。
41 见 http://www.ekac.org/raraavis.html。

3 超越屏幕：互动艺术（1998 年）

原文为《超越屏幕》（Além da Tela），发表于《Veredas》第 3 卷第 32 期，里约热内卢，1998 年 8 月。

从 20 世纪 40 年代那些房间般大小的计算机，到台式计算机、笔记本电脑、掌上计算机和手表计算机，人类与这种强大而无处不在的计算机器之间的互动发生了变化。20 世纪 60 年代，当计算机刚开始具备生成和处理图像的能力时，计算机图形学（computer graphics）就已成为工程师们的重要研究课题。同样，计算机也开始吸引全球实验视觉艺术家们的注意力。

1966 年由幸村真佐男（Masao Kohmura）和槌屋治纪（Masanori Tsuchiya）在东京成立的日本团队"计算机技术小组"（Computer Technique Group）就是一个很好的案例。1967 年底至 1968 年初，他们创作了例如《奔跑的可乐是非洲》（Running Cola Is Africa，1968 年）等经典作品，该作品是黑白图形作品，其中的奔跑者变成可口可乐瓶，然后又变形为非洲地图。[1] 他们用"变形"这一视觉修辞手法来传达社会批判。

20 世纪 60 年代，在观念主义、动力学和波普艺术的背景下，许多艺术家放弃了模拟领域的触觉诱惑，而涉足未知的计算机图形学领域。例如美国的约翰·惠特尼（John Whitney）[2] 和查尔斯·克苏里（Charles Csuri）[3]、巴西的瓦尔德马·科代罗（Waldemar Cordeiro）[4]、匈牙利的维拉·莫尔纳（Vera Molnar）[5] 以及德国的曼弗雷德·莫尔（Manfred Mohr）[6] 的作品。当时，许多使用计算机的艺术家都在探索能产生多种抽象或构成主义艺术形式的算法。其他艺术家则通过特定的图形程序（如扭曲、变形、缩放）创作出充满诗意的具象图像。科代罗的作品在这方面尤为突出，这位艺术家生活在巴西军事独裁统治最严重的时期，他创作的电脑图像蕴含着丰富的个人化、感性和微妙的政治内容。

20 世纪 70 年代和 80 年代，新算法的开发使得数字图像开始具有色彩、丰富的阴影和照片般的品质，计算机图形学在艺术领域继续蓬勃发展。[7] 计算机逐渐融入互动艺术装置中，例如 1970 年，杰克·伯纳姆（Jack Burnham）为纽约犹太博物馆（The Jewish Museum）策划了"软件"（Software）等历史性展览。[8] 20 世纪 80 年代，计算机图形学在视频和电影中大放异彩，甚至连电视广告也开始频繁使用数字动画。1984 年，Mac 计算机的推出以及随之而来的图形软件产业，使得更多的艺术家能够使用计算机图像。因此，静态图像的创作让年轻一代的艺术家享受到了前所未有的创作自由，同时也带来了新的挑战。20 世纪 90 年代，计算机图形学这一新兴领域成为稳定的产业和成熟的艺术实践，实验艺术家开始将数字图像推向想象和体验的新领域。本章讨论的作品揭示了虚拟现实、互动表演、化身、远程呈现和人工生命等领域中一些最有吸引力的方法。在这些作品中，数字图像始终存在，但它们并不是静态、自成一体的图像。它们是空间、是界面、是远程数据库输入，也是转瞬即逝的实时创作和不断演变的形式。

图像之内

自 20 世纪 80 年代末以来，学术期刊和大众杂志都在使用虚拟现实（virtual reality）这一术语，但常出于不同目的而各有其义。20 世纪 60 年代末，最初由伊万·萨瑟兰（Ivan Sutherland）开发的虚拟现实技术，旨在通过使用头戴式立体电子显示器，实现三维数据的实时科学可视化。20 世纪 90 年代初以来，虚拟现实技术的成本越来越低，它已出离研究性实验室，一跃成为教育、军事训练、医疗和游戏等众多领域的应用工具。和它的起源一样，这一概念指的是观看者的可视空间，人们能在其中进行三维实时漫游。如果观众通过立体设备感知空间，就会有沉浸其中的感觉。要让观众获得无缝体验，计算机必须足够强大，能够实时计算出视点的每一个细微变化。

1995 年，加拿大艺术家查尔·戴维斯（Char Davies）与设计师和程序员合作所创造的虚拟现实沉浸式艺术作品《渗透》（Osmose，图 37），[9] 邀请观众在合成的无限世界中穿梭。在这件作品中，戴维斯为她所谓的"沉浸者"（沉浸在虚拟世界中的人）提供了独特的界面。这个界面以背心的形式，根据呼吸和平衡提供实时运动追踪。这意味着观众可以通过吸气来上升，呼气来下降，并且可以通过在物理世界中向前或向后倾斜来在虚拟空间中前进或后退。观众在一个由自然形态（例如树木）和合成元素（例如填充着透视性物质的三维笛卡尔线框网格等）组成的复杂世界中穿梭。

戴维斯解释说："《渗透》的公共装置包括大型立体视频和音频投影，从'沉浸者'的视角实时传输图像和互动声音。戴上偏振眼镜的观众可以通过投影目睹每一次沉浸式旅程的展开。虽然沉浸式体验是在私人区域进行的，但与视频屏幕等大的半透明屏幕使观众能够观察沉浸者的肢体动作，以诗意的影子轮廓呈现。"

1998 年，她的第二部 VR 作品《转瞬即逝》（Éphémère）在渥太华的加拿大国家美术馆（National Gallery of Canada）首演，也是与设计师和程序员团队共同完成的。[10] 在《渗透》中，沉浸者可以在静态物体所组成的森林丛林中移动，而在

图 37
查尔·戴维斯,《渗透》,虚拟现实装置,1995 年。在这个虚拟世界中,观众在一个由自然形态和合成元素组成的环境中穿梭。图中显示的是《渗透》的森林景观(a)。界面是一件背心,参与者可以利用呼吸和平衡在虚拟世界中移动,类似于潜水(b)。(查尔·戴维斯提供)

《转瞬即逝》中，每个物体都处于变化状态。这件作品分为三个层次，同样使用了有机和自然的隐喻，只不过这次将自然与人类的身体进行了类比。与《渗透》一样，《转瞬即逝》仍然利用呼吸和平衡背心界面推动观众进入空间，并且创造性地使用了三维声音，但只有佩戴虚拟现实头戴式显示器才能进行充分体验。当观众试图充分利用规定的 15 分钟时间时，他们的时间感可能会被扭曲。数字图像成了一个导航空间，引人无限探索。

图形作为身体界面

巴塞罗那艺术家马塞尔.利·安图尼斯·罗卡（Marcel.lí Antúnez Roca）意图通过肉体、汗水和火焰对虚拟现实的形而上学进行中和。他创造了名为《Epizoo》（图 38）这一既令人谵妄又恐惧的互动表演，1994 年在墨西哥进行了首次呈现。[11] 1996 年，我在赫尔辛基的小剧场观看了这一作品，当时我坐在围有 50 多人的舞台上。当观众们等待艺术家入场时，我开始观察前面的设备：一个类似外骨骼的装置、一个连接在手套上的小型摄像机、几个扬声器和一个大型投影屏幕，投影屏幕支在表演者指定的一小块活动区域上方。我还注意到房间一侧的电脑设备。

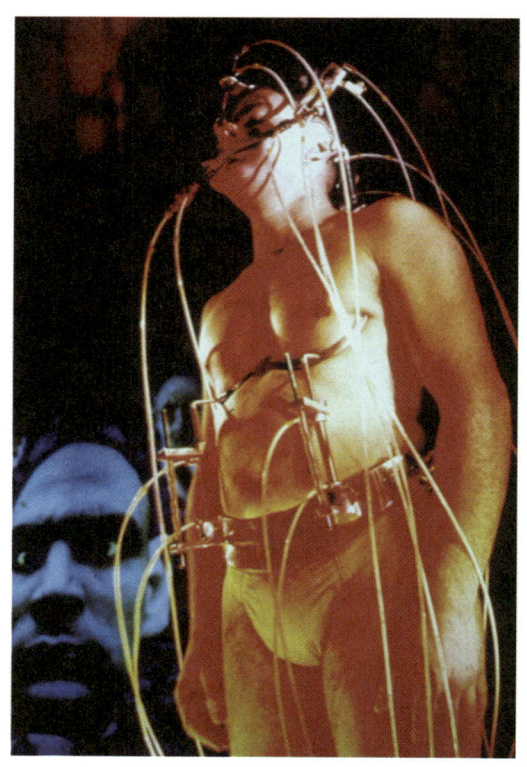

图 38
马塞尔.利·安图尼斯·罗卡，《Epizoo》，互动表演，1994 年。在这件作品中，艺术家穿上了动态外骨骼。通过精致而诙谐的图形界面，观众可以操控舞台上艺术家的身体。（马塞尔.利·安图尼斯·罗卡提供）

马塞尔.利穿着长袍庄严地走上舞台。他站到舞台前方指定区域的中央，然后脱掉长袍。在助手的帮助下，他穿上了气动外骨骼，在舞台上塑造了赛博格（也就是人机混合体）的形象。这个装置将金属部件压在艺术家身体的多个部位，如胸部、耳朵、嘴巴、鼻子和臀部上。他的头顶上燃烧着一盏巨大的本生灯，暗示着火焰也是表演的一部分。艺术家身上缠绕着大量塑料管（气动外骨骼运作所必需的），暗示着他的行动将受到阻碍。

音乐一响起，马塞尔.利的助手就坐在计算机前开始点击图像，图像在艺术家头顶的大屏幕上跳动。当助手点击图片时，我们注意到外骨骼的铰链金属部件也开始移动，咔嗒咔嗒的声音非常明显。这些金属部件以滑稽或者恐怖的方式移动着艺术家选定的身体部位。计算机前的人激活了艺术家的身体，以一种奇特的编排方式移动着身体的各个部分，艺术家有限的活动能力显然在唤起控制技术的危险性方面具有重要意义。他的身体被围困着。

屏幕上的数字图像混合了静帧和动画——其中包括艺术家本人的肖像，完美地充当了他身体的界面。这些图像以卡通化的幽默感描绘了恐怖的内容，它们描绘了酷刑和暴力的场景，将身体的部件转化为组合和拆卸的元素。艺术家站在屏幕下方，并不时地转过身来，以展示所有可观看的角度。他利用手套摄像机，通过抬手和摆手来增加一些额外的视角。通过实时编辑，观众可以看到数字界面和现场视频的结合。

当艺术家的身体通过界面被操纵时，观众看到他的嘴和鼻子被撑开，耳朵向前和向后翻转，胸部和臀部被向上和向下抬起。表演进行到一半时，观众被邀请使用多媒体界面来控制马塞尔.利的身体。许多观众都进行了尝试，他们使用干燥洁净的数字界面来冷酷而疏离地操纵着火热而暴汗的肉体，这样的奇观持续上演着。整个表演持续了大约 30 分钟。最后，艺术家的头顶喷射出一团巨大的火焰，成功地唤起了人们对人机界面的反乌托邦观点。

化身和数据库

如果说《Epizoo》中令人存疑的人体是由血肉和骨骼组成的，那么《Bodies© INCorporated》（图 39）中的虚拟人体则是由像素、线框和纹理构成的。[12]《Bodies© INCorporated》是加利福尼亚艺术家维多利亚·维斯纳（Victoria Vesna）与艺术家、音乐家、公司和程序员合作开发的网络作品。1996 年，该网站首次上线，其基本设定是网络浏览者成为模拟公司结构中的活跃分子，当他们获得股份后，可以订购自己所选的数字身体。该项目使用 VRML 在数据库中创建新身体的三维模型，其他参与者们也都能看到。VRML 将万维网从一个类似印刷品的二维空间转变为一个可浏览的三维环境。虽然虚拟化身也可以存在于二维空间，曾经风靡一时的多用户可视聊天室"宫"（Palace）就证明了这

图 39

维多利亚·维斯纳,《Bodies© INCorporated》,网站,1996 年。所有身体都将成为数据库的一部分,并可从中检索。(由维多利亚·维斯纳提供)

一点,但三维空间确实为虚拟化身的体验开辟了新天地。虽然许多参与者给维斯纳发邮件,要求她创建以现实化身为基础的聊天室,让这些身体能在活跃的社交环境中展示,但作者解释这些都并非初衷。她正在探索的"数据库美学"(database aesthetics)[13],让万维网用户们能够创建、访问和修改复杂的数据库,从而批判互联网从社交空间到市场的转变。

许多聊天室和其他网络社交区域的用户在与匿名参与者交流时会假扮多重身份,隐藏或伪造性别、年龄和种族等不同特征。通过探索网络互动的细微差别,维多利亚认为《Bodies© INCorporated》是对企业背景下的社会心理学和群体动力学的研究。在宣布创建网站并提供按需制作的数字人体后,维多利亚收到了大量回复。订购者有男性、女性和雌雄同体者,性取向从异性恋到变性者,从同性恋到双性恋和无性恋。大多数人要求的是代表另一个自我的躯体,其次是想要的性伴侣,少部分人要求的是重要他人(Significant other)①。为了将焦点从纯粹的性别语境转移到身体上,她还在数字身体上添加了纹理,为原本光滑的数字皮肤表面增加了符号价值。虽然大多数人要求的是没有任何纹理的身体,但还是有许多人从纹理款式的列表中进行了选择,其中包括黑色橡胶、蓝色塑料、青铜、巧克力、黏土、云彩、混凝土、玻璃、熔岩、浮石和水。

"参与者们最初受邀使用预设的身体部位、纹理和声音构建出虚拟身体,由此获得参与更大的身体拥有者社区的会员资格。"维多利亚解释说,"在线网站的主要元素是三种构建的环境(Bodies© INCorporated 的分支),每种环境中会发生不同的活动:LIMBO© INCorporated 是一个灰色的、难以归类的区域,在这里可以访问不活跃身体的信息——这些身体被持有者抛弃或遗

① 译者注:在社会心理学中,重要他人是一个人在社会化以及心理人格形成的过程中具有重要影响的具体人物,往往包括师长、双亲、祖父母,或者是其他长辈与老师,这些人会借由保护或给予奖惩来帮助小孩的成长。

忘了；NECROPOLIS© INCorporated 是一个质感丰富的、巴洛克风格的空间，身体的持有者可以在这里查看或选择身体如何死去；在 SHOWPLAC!!!© INCorporated，会员则可以参与论坛的讨论，查看本周的特色身体，在死人池中下注，并进入'死'或'活'的聊天室。"

在数字世界中创建可用于积极展现个体的数字身体，听起来像是科幻小说的专属领域，但事实上却是一个真实并不断增长的行业。典型的例子有 Viewpoint Data Labs 公司和 Cyberware 公司，前者销售三维身体模型并赞助了维多利亚的项目，后者则是三维身体和物体细节扫描市场的先驱。Cyberware 的技术（包括全身扫描仪）被用于制作《星际迷航 4》（*Star Trek 4*）、《深渊》（*The Abyss*）、《机械战警 2》（*Robocop 2*）、《榆树街的噩梦》（*Nightmare on Elm Street*）、《终结者 2》（*Terminator 2*）、《蝙蝠侠 2》（*Batman 2*）和《侏罗纪公园》（*Jurassic Park*）等热门电影。1995 年《玩具总动员》（*Toy Story*）上映，这是电影史上第一部完全由计算机动画制作的故事片。由此，可以想象，被扫描身体的男演员或女演员在去世后都可以出演电影。维多利亚·维斯纳深知人们对健身运动和有型身体的着迷，她的网站所提供的脱离现实、精密计算的数字技术，正是对这种文化的鲜明反映。观众对自己的化身和投射的理想化"重要他人"产生了情感依恋，他们从数据库中对虚拟身体进行身份识别、存储和检索，进而深化了赛博空间中的社会互动。

影子中的服务器

虽然虚拟化身形成了网络中离散实体的动态再现，但人们仍可以利用互联网和其他远程信息网络来创建与真实物理空间的直接连接。加利福尼亚艺术家兼科学家肯·戈德堡是少数几个持续探索远程呈现艺术（telepresence art，远程通信与远程行动的结合）独特美学可能性的人之一。他的基于网络的远程呈现作品包括《水星计划》（1994 年）和《远程花园》（*TeleGarden*，1995 年）。第一个作品向观众展示了埋在沙中的物体。在虚构的叙事语境中，这些物体被赋予重要的考古学意义。观众可以控制工业机械臂来启动喷气装置，来发现被埋藏的文物。观众还可以检索更新的影像静帧来查看自己行动的结果。第二个作品是在中心装有工业机械臂的小花园。远程参与者可用万维网控制该机械臂来播种和浇灌植物。观众还可以看到花园的实时图片。

在这两个案例中，数字图像都是作品的重要组成部分，并发挥着特定的功能：它在线上观众和实际物理空间之间架起了一座视觉桥梁。在《影子服务器》（*ShadowServer*，1997 年，图 40）中，戈德堡除了保留数字图像的桥梁地位外，还赋予其新角色。线上参与者不只是在观察代表动作的图像，还有机会自己创造图像。[14] 换句话说，行动与图像之间的差距缩小了，因为行动本身就是图像的远程创作。

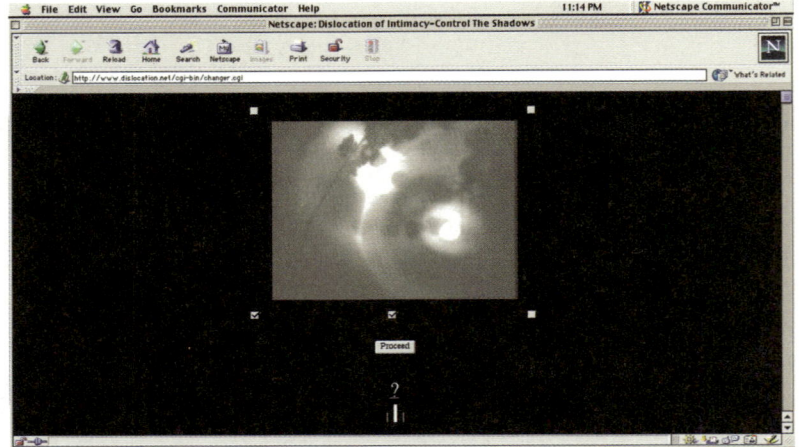

图 40

肯·戈德堡,《影子服务器》,1997 年。在线参与者启动遥控灯光,创造出光影图案(由肯·戈德堡提供)

戈德堡如此描述他的作品:"这台仪器安置在避光的箱子中,箱内装有实物,其中的一些实物会在仪器内自行移动。观众可以通过按钮与这些物体互动。观众可以选择五个按钮的任意组合,然后点击'投影'按钮,该按钮会启动一组照明设备,并传回所产生影子的数字快照。每个按钮的组合都会产生不同的照明条件。某些随机组合会提供通向神秘的第六个按钮的线索。第六个按钮可以照亮仪器凹槽中所隐藏的秘密。"

观众使用《影子服务器》交互界面所创建的图像总会让人联想起莫霍利－纳吉美丽而神秘的物影摄影,更让人联想起内森·勒纳(Nathan Lerner)的灯箱物影摄影。包豪斯这一历史悠久的德国艺术流派对 20 世纪的艺术和设计产生了深远的影响,莫霍利－纳吉作为其中的一员,创造了"物影摄影"(photogram)这一术语,用来指代他使用物体与照相纸的直接接触而产生的无相机照相术。从 1922 年首次尝试物影摄影到 1946 年英年早逝,这位构成主义大师共创作了约 500 幅物影摄影作品,有力地证明了他的信念:光本身就是一种艺术媒介。20 世纪 30 年代,欧洲极权主义兴起,莫霍利－纳吉为了躲避极权主义而移民到美国,于 1937 年在芝加哥创建了新包豪斯。1938 年,他的学生,美国摄影师内森·勒纳发明了灯箱。这是一种打孔的盒子,里面悬挂着各种物品,用来制作复杂的物影摄影。灯光置于箱子之外。勒纳当时写道:"我觉得,如果我能创造出一个黑暗的虚拟世界,然后再将其发展成一个有规律的光的世界,我就能解决[光]的可控性选择问题。"[15] 灯箱实验在戈德堡的网络作品中获得了遥控和自动化的性质,我们由此感受到了在前卫摄影师的光调制冒险和网络艺术的民主化姿态之间独特的历史共鸣。莫霍利－纳吉的教学方法是试图激发出他所认为的每个人与生俱来的创造力。随着匿名浏览者在万维网上创造出无数的数字物影摄影,《影子服务器》就是莫霍利－纳吉这一愿景得以实现的实例。

活的画

在现实和数字领域之间开展工作的愿望并非远程呈现艺术所独有。在名为《A-Volve》(图 41) 的互动装置中,奥地利艺术家克里斯塔·索默勒(Christa Sommerer)和法国艺术家洛朗·米尼奥诺(Laurent Mignonneau)融合有形和无形元素,创造了一种独特的人造生命隐喻。[16]1994 年,该作品在林茨电子艺术节上首次展出。在作品《A-Volve》中,这对生活在日本的欧洲组合让匿名观众实时生成数字图像,并让图像拥有生命行为后,在一个水深 15 厘米、长 180 厘米、宽 135 厘米的玻璃水池中互动。习惯了传统计算机动画的观众会发现,这些动画生物的动作难以预测,它们在这种实时互动环境中获得了特异的行为模式。

当观众走近装置时,他们会看到水池和一个嵌有触摸屏显示器的基座。观众可用手指在显示器上自由作画,即兴勾勒出一个人造生物的轮廓和俯视图。几分钟后,他们会看到这个生物从水池深处出现,以自己独特的行为和运动模式开始游动。这种生物还会以复杂的方式与水池中已有的人造生物互动,遵循包括交配和捕食模式在内的生存规则。观众可以从水池中观察到"水中"的生物,因为水池底板是由投影屏幕构成的,而实时图像是从嵌入水池底部的视频投影仪向上投射的。这些生物所居住的数字环境是用单点透视法创造的,黑暗模糊的底部也给人一种深潟湖①的视觉印象,这些又进一步强化了上述观感。

作品的标题"A-Volve"很容易让人联想到人工进化,因为"evolve"(进化)中的字母 E 并没有出现,而是出现了 A——人造生命(a-life, artificial life)这一学科的前缀。该科学领域的主要观点之一是,我们所了解的生命当然是地球上的生命,而生命可以有无数种其他形式。我们所知晓的是碳基生命,但"天体生物学"研究的"嗜极生物"(extremophile)似乎打破了迄今作为生物科学支柱的假设。其中一个很好的例子就是人们发现了生活在恶劣环境中(例如岩石内部和海底)的微生物群落,那里的温度和毒性都非常高。为了探索已知生命概念的其他可能性,科学家们创建了模拟基本生命模式(如出生、生长、繁殖

① 译者注:被沙嘴、沙坝或珊瑚分割而与外海相分离的局部海水水域。

图 41
克里斯塔·索默勒和洛朗·米尼奥诺,《A-Volve》,1994 年。参与者在触摸屏上设计自己的虚拟生物,并将它们引入虚拟世界中交配、竞争和死亡。这个世界被投影在水池下方,给人一种所有生物都在水中游泳的感觉。(由克里斯塔·索默勒和洛朗·米尼奥诺提供)

和死亡）的算法并让其互动。这往往会导致不可预测的行为，甚至更接近于碳基生物典型的复杂互动。这些研究可能会出现各种惊喜，并进一步推动人工生物学的探索。

《A-Volve》将这一概念从科学实验室中抽离出来，并赋予其有形的表现形式。当观众承担起创造这些生物的责任，并在水中划动双手与它们互动时，他们就成了作品的参与者。如果观众能"抓住"其中一个生物，就可以让它靠近另一个生物，使它们交配。不久后就能看到它们的后代在水中扭动。在这种情况下，观众可以对这个数字微观世界的进化路径进行更多的介入，并由此发现真实与人工之间的边界是多么脆弱。

互动艺术展览

前几节所介绍的作品揭示了互动艺术超越屏幕限制时所发展的方向。这些作品削弱单个图像的作用，更加强调体验的动态性质，挑战了艺术作品必须以"作者"为中心、必须具有稳定的物质性等观念。这些电子艺术作品在本质上是非物质的，具有不同程度的感性、智性和技术复杂性，它们正在寻找替代性的展示场所。在某些情况下，例如维多利亚·维斯纳和肯·戈德堡的作品，互联网是展示作品的"天然"数字空间，可以同时向全球受众展示。查尔·戴维斯、索默勒和米尼奥诺经常在美术馆展出作品，而马塞尔.利·安图尼斯·罗卡则在17个国家的50多个城市进行表演。电子艺术经常以多种形式，在多个国家的不同场所展出。

德国卡尔斯鲁厄艺术与媒体中心（ZKM, Zentrum für Kunst und Medientechnologie）、奥地利林茨电子艺术中心（Ars Electronica Center）、亚利桑那州立大学坦佩分校的艺术研究所、东京的ICC（Inter Commounications Center）和鹿特丹的V2等机构主要致力于制作和推广媒体艺术。其他机构也定期投身于电子艺术展览、会议和文献，如巴西圣保罗的伊塔乌文化中心（Itaú Cultural Center）、韩国首尔的沃克·希尔艺术中心（Walker Hill Art Center）[①]和蒙特利尔的朗格瓦基金会。2001年在美国举办的四次展览就是很好的例子："010101：技术时代的艺术"（010101: Art in Technological Times），由本杰明·威尔（Benjamin Weil）等人在旧金山现代艺术博物馆（San Francisco Museum of Modern Art）策划；"远程信息连接：虚拟拥抱"（Telematic Connections: The Virtual Embrace），由纽约国际独立策展人史蒂夫·迪茨（Steve Dietz）策划；以及"比特流"（Bitstreams）和"数据动态"（Data Dynamics），分别由拉里·林德（Larry Rinder）和克里斯蒂安妮·保罗（Christiane Paul）在惠特尼美国艺术博物馆（Whitney Museum of American Art）策划。这种国际性的兴趣清楚地表明，电子艺术已成为当代艺术这一多元发声和多媒介领域中不可分割的一部分。

① 译者注：该艺术中心是如今的韩国纳比艺术中心（Art Center Nabi）的前身。

注释

1 Jasia Reichardt, *Cybernetic Serendipity: The Computer and the Arts* (New York: Praeger, 1968), 75–77.

2 John Whitney, *Digital Harmony: On the Complementarity of Music and Visual Art* (Peterborough, N.H.: McGraw-Hill, 1980).

3 Charles Csuri, "Computer Graphics and Art," in *Tutorial: Computer Graphics*, ed. J. Beatty and K. Booth (Silver Spring: IEEE, 1982), 558–70; originally published in 1974 in *Proceedings of the IEEE*.

4 Waldemar Cordeiro, *Arteônica* (São Paulo: Editora das Américas, 1972); Annateresa Fabris, "Waldemar Cordeiro: Computer Art Pioneer," *Leonardo* 30, no. 1 (1997): 27–31; Eduardo Kac, "Waldemar Cordeiro's Oeuvre and Its Context: A Biographical Note," *Leonardo* 30, no. 1 (1997): 23–25.

5 Vera Molnar, "Towards Aesthetic Guidelines for Painting with the Aid of a Computer," *Leonardo* 8, no. 3 (1975): 185; "My Mother's Letters: Simulation by Computer," *Leonardo* 28, no. 3 (1995): 167–70.

6 Ruth Leavitt, *Artist and Computer* (New York: Harmony, 1976), 92–96.

7 见 Herbert Franke, *Computer Graphics, Computer Art* (London: Phaidon, 1971); Annabel Jankel and Rocky Morton, *Creative Computer Graphics* (Cambridge: Cambridge University Press, 1984).

8 Judith B. Burnham, coord., *SOFTWARE—Information Technology: Its New Meaning for Art* (New York: Jewish Museum, 1970).

9 见 Char Davies, "Osmose: Notes on Being in Immersive Virtual Space," in *Sixth International Symposium on Electronic Arts Conference Proceedings* (Montreal: ISEA '95, 1995), 51–56; Ken Goldberg, "Virtual Reality in the Age of Telepresence," *Convergence* 4, no. 1 (1998): 33–37.

10 见 Jean Gagnon, "Dionysus and Reverie: Immersion in Char Davies' Environments," in *Char Davies: Éphémère*, exhibition catalog (Ottawa: National Gallery of Canada, 1998), n.p.; Mathew Mirapaul, "An Intense Dose of Virtual Reality," *New York Times Online*, July 9, 1998; Char Davies, "*Éphémère*, Landscape: Earth, Body and Time in Immersive Virtual Space," in *Reframing Consciousness: Art, Mind and Technology*, ed. Roy Ascott (Exeter: Intellect, 1999), 196–201.

11 Marcel.lí Antúnez Roca, "*Epizoo*," *Leonardo* 29, no. 1 (1996): 11; Teresa Macrì, *Il corpo postorganico: Sconfinamento della performance* (Genova: Costa and Nolan, 1996), 32–52; Claudia Giannetti, ed., *Marcel.lí Antúnez Roca: Performances, objetos y dibujos* (Barcelona: MECAD, 1998).

12 Victoria Vesna, *Bodies© INCorporated,* in *Siggraph '96 Visual Proceedings,* ed. Jean Ippolito et al. (New York: ACM, 1996), 16; Victoria Vesna, "Under Reconstruction: Architectures of Bodies INCorporated," in *Veiled Histories: The Body, Place and Public Art*, ed. Anna Novakov (New York: Critical Press, 1998), 87–117. 另见 http://www.bodiesinc.ucla.edu/.

13 "Database Aesthetics," ed. Victoria Vesna and David Smith, special issue, *AI & Society* 14, no. 2 (2000). On database aesthetics, 另见 Karen O'Rourke, ed., *L'archivage comme activité artistique/Archiving as Art*, exhibition catalog (Paris: Université Paris 1, 2000).

14 Annick Bureaud, "Review of Shadowserver," *Leonardo Electronic Almanac* 5, no. 11 (1997); Mathew Mirapaul, "Made in the Shade," *New York Times Online*, Oct. 30, 1997. 另见http://taylor.ieor.berkeley.edu/shadowserver/ index.html.

15 Laszlo Moholy-Nagy, *Vision in Motion* (Chicago: Paul Theobald, 1947), 200.

16 Christa Sommerer and Laurent Mignonneau, "Art as a Living System," in *Art @ Science*, ed. Christa Sommerer and Laurent Mignonneau (Vienna and New York: Springer, 1998), 148–61.

4　协商意义：电子艺术中的
　　对话式想象（1999年）

> 首见于《1999年艺术与设计教育中的计算机会议记录》（*Proceedings of Computers in Art and Design Education Conference 1999*，英国提赛德大学）。

"对话式"（dialogical）和"对话主义"（dialogism）两词经常出现于文学批评和哲学中，它们在视觉艺术中的含义还有待进一步研究。当这些术语被应用于视觉艺术时，通常会成为与文学理论中的对应术语类似的陈词滥调，即用来支持分析物质性上自足的文化产品（如书籍、绘画）的隐喻，因此无法创造对话的鲜活体验。显然，人们可以参与和书有关的对话，但书自身并不是对话媒介。[1] 将艺术理解为一种交互对话的媒介，使我们不再关注艺术或艺术家传递的内容，而是去质疑交流过程本身的结构。问题的关键并不在于特定情境中的交流内容，而在于最终成为符号交流特征的语言–声音–视觉多重对话的可能性本身。利用远程信息媒介创作的艺术作品是信息多向流动的交流活动。这些活动的目的不是表现交流结构的转变，而是创造交流的体验。我认为研究其本身就是真正对话的艺术作品，即两个生命实体之间的积极交流形式，可以获得新的见解。这些作品通常出现在追求远程通信媒介美学的艺术家之中。为了命名这些作品，我建议从字面上使用"对话主义"这一术语。我将提出四个主要观点：第一，必须确定并阐明我称之为"对话式艺术"（dialogical art）的实践领域的重要意义；第二，对话式艺术与互动艺术之间有明显的区别（所有的对话式作品都是互动的，并非所有的"互动"作品都是对话式的）；第三，对话美学是"主体间性"的美学，与主要基于个体表达概念的独白式（monological）艺术形成鲜明对比；第四，由于电子艺术所使用的媒介能够实现真正的对话，因此它非常适合探索和发展一种激进（即字面意义上的）的对话美学。综合来看，这些概念将为识别和研究"对话式电子艺术"提供依据。

导论

电子艺术在 20 世纪下半叶最重要的贡献之一，就是引入了我所说的"视觉艺术中的对话原则"。这意味着对话式电子艺术削弱了对视觉性的强调，转而将相互关系（interrelationship）和连通性（connectivity）放在首位。这两个术语并不是纯理论概念。相互关系和连通性指的是使对话式艺术作品得以出现的有形过程。虽然艺术中的对话主义并不局限于基于媒介的命题，例如莉吉娅·克拉克（Lygia Clark）的关系性作品[2]和苏珊娜·莱西（Suzanne Lacy）的社会项目[3]，但基于媒介的对话艺术创作却具有特别重要的意义。它根据一个人对他人话语的反馈，在实时进行的不可预测的思想、手势、语言、目光、声音和反应的循环中找到了一种模式。

当然，对话式电子艺术是互动的，但不能把电子艺术中的对话性与互动性混为一谈。许多互动式电子艺术作品是独白式的，例如一张 CD-ROM 或一个独立的网站。有些互动式电子艺术作品不使用远程通信媒介，但却具有对话性。例如，皮耶罗·吉拉迪（Piero Gilardi）的《共同的悲伤》（*Shared Dolor*，2000 年），在该作品中两名参与者面对面躺着，在触碰对方的手时共同浏览虚拟世界（图42）。在地的对话互动固然重要并值得进一步讨论，但我的关注点是基于远程通信的对话性，因为它突破了在地的边界，在全球性尺度的网络中实现主体间性体验。

对话式电子艺术展现了雅各布森模式化传播模型中"发送者－接收者"两极关系的崩溃，并发明了作为合作艺术形式的网络多重对话。对话式电子艺术的定位是反对构成媒介景观的独白式意识形态（例如单向电视广播），它对不同程度的偶然性和不确定性保持开放。基于媒介的对话式艺术作品之所以重要，不仅是因为它们使艺术中出现了新型对话，还因为它们提醒我们，激发对话是可能的（也是可取的）。无论是否与互联网有关，开放和解放性地使用远程通信媒介的作品都是电子艺术中对话探险的代表。同样重要的是，这些作品并非作为独立实体存在，而是直接依赖于互动者带来的体验。在此，我的意图是对艺术中的对话性提出一种字面解释。我想要强调发生了实际对话体验（即各种对话）的艺术作品的重要性。我希望，通过承认艺术的独白式与对话式之间的差异，我们能够认识到后者作为新的美学价值（如实时远程互动、主体间性，以及通过操纵视觉元素进行意义协商）的推动者所做出的独特贡献。最后，我将讨论对话主义的一些关键概念，并举例说明自 20 世纪 60 年代以来出现的对话式电子艺术。

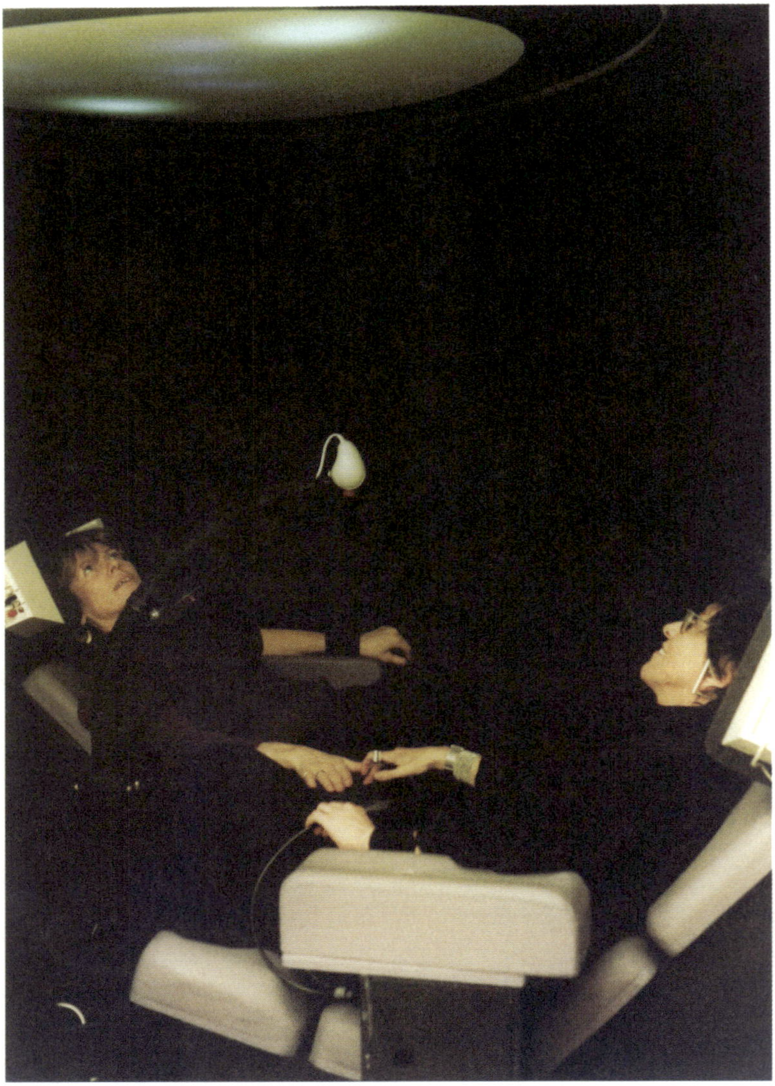

图 42
皮耶罗·吉拉迪,《共同的悲伤》,虚拟现实装置,2000 年。在这件作品中,两名参与者面对面躺着(a),当他们触摸对方的手时,一起在虚拟世界中漫游(b)。(皮耶罗·吉拉迪提供)

(a)

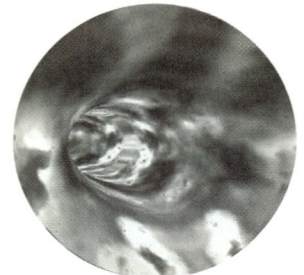

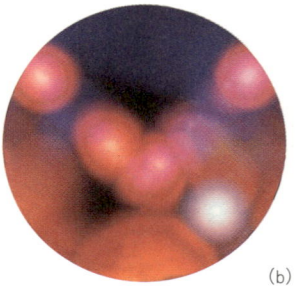

(b)

对话式哲学与协作式艺术

数字革命的一个主要表现形式是万维网，它是最流行的互联网协议。虽然互联网是由多个不同协议组成的，并且其中的许多协议都能实现参与者之间的主体间性联系，但万维网本身并不具备特权性双向同步的社会互动。同样，我们在万维网上看到的大多数艺术作品，就像绘画或电视一样是独白式的。我们需记得，万维网最初的目的是制作出版工具，而不是成为对话式媒介。我认为，网上盛行的独白式模型表明，电子艺术从马丁·布伯（Martin Buber）的哲学以及互动性社会语言学中所学到的远远多于从计算机科学中所学的。

布伯阐述了在人际关系间的对话哲学。[4] 米哈伊尔·巴赫金（Mikhail Bakhtin）的"对话理论"（dialogics）概念是研究小说这种文学体裁的一个平台。以上两例中的思想家的智性成就不仅可以（而且已经）扩展到哲学和文学，还可以进入其他领域。巴赫金清楚地认识到语言的动态性和主体间性，超越了他所理解的索绪尔的僵化模式。在巴赫金看来，人的意识是一个主体与另一个主体之间的符号学对话；也就是说，意识同时处于主体的内部和外部。小说的本质是印刷品，它凝固了语言，而非促进语言的流动。小说将想象中的互动保留在纸上，它无法实现在对话互惠中体验到的语言的真正对话性和不可预知性。这些只能通过面对面的互动或双向媒介作品才能实现。巴赫金认识到小说（印刷品）与其他体裁（媒介）之间的概念差距，并写道："我们似乎可以直接谈论一种特殊的复调式艺术思维，它超越了小说作为一种体裁的界限。这种思维模式提供了人类的那些面向，尤其是思考中的人类意识和其存在的对话域，这些面向不会被独白式立场的艺术所同化。"[5]

对巴赫金来说，语言不是抽象的系统，而是物质生产的手段。在争论和对话的过程中，符号主体以非常具体的方式被协商、改变和交换。意义就这样产生了。巴赫金说得很清楚："思考中的人类意识以及这种意识所处的对话域，就其深度和特殊性而言，是无法通过独白式的艺术方法来触及的。"[6] 如果按照字面意思来理解（我认为应该这样理解），巴赫金的方法揭示了清晰阐释艺术作品的可能性，即不赋予视觉性以特权，而是在美学体验中恢复对话性。在这种情况下，图像（和物体）仅仅只是对话情境中所阐释的众多元素之一。例如，视觉对话意味着实时交换和操作图像。在这种情况下，我们不再把空间说成是形式，而是把注意力集中在图像形成和转换的时间上——正如在言语中一样。当然，这就要求我们重新审视有关"艺术是什么"中最根深蒂固的观念，从艺术的物质基础和占主导地位的视觉中心主义，到艺术的单方面接受、符号学谈判、传播逻辑和社会意义。

尽管评论家们对巴赫金的作品充满热情，但在将其思想应用于视觉艺术时，却无法证明对话主义始终具有超越文学套路的能力。[7] 由于对话原则深深植根于意识、思想和交流的社会现实之中，因此恰恰应该从美学角度对其进行探究。若在提及壁挂等物的时候论及对话主义，我们就会失去让对话原则在艺术中的实际呈现时贡献理论观点的机会。对话原则改变了我们关于艺术的概念，它提供了一种新的思维方式，要求使用双向或多向媒介，并创造能够实际促进主体间性体验的情境，让两个或更多的个体在此情境中参与真正的对话交流。通过创造性的网络拓扑结构，艺术家可以实现我称之为"多逻辑互动"（multilogic interactions）的体验。多逻辑互动是复杂的实时语境，在此语境中的对话过程会扩展到三人或更多人，并进行持续的开放式交流。一个人的言行直接影响到其他人的言行，同时也受到其他人言行的影响。[8]

对话式想象对于艺术的推动，甚至超越了协作和参与等超前概念。从现代意义上讲，视觉艺术中的协作从 20 世纪的头几十年就开始了。"优美尸骸"（exquisite corpse）①等策略的游戏性令特里斯坦·扎拉、安德烈·布勒东、伊夫·唐吉和曼·雷（Man Ray）等作家和艺术家着迷。布勒东写道，集体创作的句子或图画"带有一个人的大脑无法单独创造的东西的印记"，它"激起了常常是极端不和谐的激烈游戏，但也支持了参与者之间交流的想法"[9]。"优美尸骸"的共同著作权与远程通信艺术典型的协作程序之间存在着重要的相似之处。一个重要的区别是，在参与者共同在场的情况下，交流部分受到在地参与者的行为影响。通过远程网络工作的艺术家可以在同步和异步时间之间进行操作。他们还可以将交流限制在特定的渠道（从而探索一种集中的交流模式）；将网络噪声纳入体验之中；同时处理视觉、音频或语言材料；将其中一种转换成另一种（因为网络之中的它们都是数据），或者探索地理距离带来的非演绎性反应（即在没有声音或图像来源的情况下的反应）。

对话式想象

艺术界反对独白式意识形态的另一个重要早期迹象是，布莱希特在 1926 年呼吁广播停止单向传播，允许对话和回应。布莱希特指出，广播应该是双向的，它应该停止产生被动的消费者，让他们成为生产者。换言之，他建议将广播从传播媒介转变为交流媒介。布莱希特认为，广播应懂得"如何在接收的同时传播，如何让听众在听的同时说话，如何将他带入关系之中而非孤立他"[10]。布莱希特是最早认识到消除媒介独白性的重要之处，并提出以对话方式作为替代媒介的艺术家之一。1929 年，他在广播作品《林德伯格的飞行》（仍有 1930 年的原版录音）[11]中提议，广播节目应辅之以在地听众的朗读。

在整个 20 世纪，朝向对话性的新关注逐渐浮现。在 20 世纪 30 年代和 40 年代，虽然早期的动态艺术（kinetic art）已使雕塑超越了固定的形式，但为数不多的动态艺术作品仍然要求观者沉思静观。随着第一批要求观众直接参与创作的作品问世，这种情况开始发生变化。这种非沉思性的策略依赖于观众的互动，是

① 译者注：超现实主义者发明的一个游戏，每人依次写下一个词，遮住文字，传给下一位。

082　　远程呈现与生物艺术

迈向未来对话性的第一步。

1936 年，拉斯洛·莫霍利－纳吉在伦敦居住时创作了一些动态性的互动作品。他的作品《陀螺》（Gyros）是一件动态雕塑，由装满水银的玻璃棒旋转组成。作品优雅地悬挂在反光的金属表面上，必须用手旋转两个装满水银的结构才能看到作品的表演性潜力，而镜像的结构更增强了这一效果。他的《光绘画》（Light Painting）是由两片涂漆和雕刻的赛璐珞片螺旋装订在涂漆背景上构成的。观众被要求操控这些赛璐珞片。西比尔·莫霍利－纳吉在 1950 年回忆说，莫霍利－纳吉创作这件作品时，"再创作行为成了他的目标，即在观者和物之间建立一种直接的关系"[12]。莫霍利－纳吉自己也描述了这种效果："铰链赛璐珞片的轻微翘曲和运动，在背景和翅膀的着色表面上产生了反射和阴影的组合，实现了有效的结合。"[13] 西比尔·莫霍利－纳吉指出，这种体验"取决于观众的行动"，"观众可以根据自己的选择创造出各种光线和色彩组合"[14]。这两件作品的美学参数有意借用了行动、直接关系、组合操作、参与和选择，来取代静态的形式和沉思。

20 世纪 40 年代和 50 年代，以布宜诺斯艾利斯为基地的"马迪运动"（Madi movement）将上述前提进一步推向深入，制作出了具有不确定性移动结构的作品——因为需要观众的操作，所以没有确定的形式。这些作品反映了对形式的关注，但也开辟了意想不到的新型互动可能性。这些作品的材料配置要求观众积极参与，最终成为一种开放式的体验。这些早期互动艺术形式的杰出范例包括居拉·科西策（Gyula Kosice）的铰接式木雕《Roÿi》（1944 年，图 43）[15]，以及迪伊·拉阿尼（Diyi Laañ）[16]、阿登·昆（Arden Quin）[17] 和桑杜·达里埃（Sandú Darié）[18] 的铰接式壁画。这些艺术家提出，艺术应该超越固定的形式，让观众参与到变革的过程中。

我发现，这些先锋作品中蕴含的理念与 20 世纪 60 年代的许多参与性艺术之间有着观念上的惊人联系。当时，离散的艺术品的装饰性让位于主张挑战性的观念和具有文化意义的理念。这往往意味着行动比成品更重要，技术媒介比珍贵材料更符合时代精神，鲜活的体验比对于绘画形式的沉思更有意义。这种激进的变化导致了一种不可预测性，它来自于参与们的直接参与，与巴赫金的概念如"外位性"（outsideness）、"可应答性"（answerability）和"无终结性"（unfinalizability）相呼应。我认为，当代对话式艺术体验的根源可以追溯到这里所简要总结的实验弧线——从现代先锋派的协作和互动命题，到 20 世纪六七十年代的去物质化和参与式活动。我认为，这表明对话主义是艺术内在而持续的发展，是对克莱门特·格林伯格（Clement Greenberg）等人所阐述的以个人和浪漫英雄神话为中心的艺术观念日益不满的结果。[19]

在艺术中的对话实验这一语境中，重要的是能理解激进的艺术作品不能受限于视觉性；相反，它们是建立在语境互惠基础上的亲身体验（体验的语境是互惠

(a)

(b)

的，它使人们能够主动干预和改变体验）。"视觉艺术"这一过时的术语无法表达在真正的对话框架内发展起来的复杂多样的体验。我们不再把艺术家看作孤立工作的个体，也不再是在时间延迟的系统中通过僵硬的物质构成向观众提供对某种思想或情感的个人看法的个体。这种模式肯定了个体性的首要地位，但根本无法提出替代单向性和传统思维与感知模式的方法。它基于这样一种信念，即个体有必要（也有特殊技能）将情感和内心愿景外化。它假定"个体"是离散的心理实体，而不是与他人不断协商的对话主体。这种模式与全球经济中网络化世界的现实相去甚远。或者，正如苏西·加布里克（Suzi Gablik）所指出的那样："现代主义美学以自身为主要价值源泉，并没有激发创造性的参与；相反，它鼓励疏远和贬低他者。它非关系性、非互动性、非参与性的取向无法轻易容纳关爱和同情，以及洞察和回应需求等更具女性特质的价值观。而通过主张个体性和无懈可击来彰显权力的观念，最终导致了共情的消亡。"[20]

电子艺术中的对话性想象使我们能够在更大的意义上思考"他异性"（alterity）

图 43
居拉·科西策，《Roÿi》，木雕，1944 年。观众被邀请与雕塑互动并改变其形式。《Roÿi》(a)；1946 年，科西策在布宜诺斯艾利斯的弗朗西斯超级研究学院举办的"马迪运动"展览上改变雕塑的结构（b）。（由居拉·科西策提供）

的情感，从而超越特定群体和再现政治的具体情境化的境况。毋庸置疑，在特定的社会体系中，人数处于劣势的群体争取被接受和认可的斗争不仅仅是一种需求，它往往关乎身体、智力和情感的生存。然而，布伯的对话哲学并没有将特定的群体视为他者——即某一主导群体之外的边缘群体——而是强调了一种简单而激进的观念，即作为主体的"我和你"通过互惠性和相互性发生联系。同样，巴赫金的对话文学理论也阐明了只有在与他者的对话关系中才能产生意义的观点。尽管布伯和巴赫金是在最初的背景和动力下创作出他们的作品的，即布伯的示现神学和巴赫金在强烈的宗教信仰（在压制宗教的极权体制下发展起来的）[21]下对文学的强调，但我们决不能忽视他们所做的政治表述。布伯明确指出，"我和它"的关系将主体物化为不成比例的关系，涉及对被动客体的控制。在巴赫金看来，独白式话语就是试图否定我们存在的对话性——政治话语始终就是如此。对两者来说，这些观点并不只是理论上的练习。1933年，纳粹主义的兴起迫使布伯离开德国。在一年后，马丁·海德格尔接听了纳粹的电话并接受命令，清除了所在大学的犹太教师和课程。1929年，巴赫金在斯大林的苏联被捕（因为他表达了与东正教的精神联系），并因健康状况不佳而被流放。这很可能使他免于重蹈其同事帕维尔·尼古拉耶维奇·梅德韦杰夫（Pavel Nikolaevich Medvedev）的命运，后者在1938年的斯大林大清洗中被捕并被枪决。

对话主义的政治维度与美学潜能有着内在联系。布伯指出，精神不在个体之中，而在个体之间。在巴赫金看来，审美活动意味着两种不同意识的对话性互动。从字面上来理解，一旦说出对话美学的前提，就会清楚地看到传统视觉艺术是独白式的，因为它们在单向的意义系统中提供有限的形式。人们往往只能惊叹于艺术家个人的构思、技巧或工艺，而不是发现他们身处这样的情境之中——自身积极的认知、感知和运动参与在其中点燃了对自身创造潜能和其他关系性过程的探索。[22] 威廉·弗卢塞尔（Vilèm Flusser）与布伯一样，为躲避纳粹而离开欧洲，他清楚地认识到对话美学不仅是一种美学参数，也是社会和伦理哲学。他指出，"我们所谓的'我'是一个关系之结"[23]，并举了以下例子来支持他的观点：

> 分析心理学能够证明，我们所谓的个体心理不过是集体心理的冰山一角。生态学研究表明，必须将单个生物体理解为最适合称为"生态系统"的关系性语境的功能产物。政治学研究表明，"个体的人"和"社会"都是抽象的术语（没有脱离社会的人，也没有无人的社会），具体的事实是主体间性的关系。我们的这种关系性（拓扑）观点与物理和生物科学向我们提出的关于物理世界的关系性观点不谋而合。物理客体现在被视为关系性场域中的结，而生物体现在被视为基因信息流中的临时突起。胡塞尔的现象学可能是对这一关系性视角最充分的诠释，而且随着我们知识的进步，它正变得越来越充分。它指出（概括地说），在我们生活的世界中，具体的是关系，而我们所谓的"主体"和"客体"是从这些具体关系中抽象出来的。[24]

从布伯和巴赫金，加布里克和弗卢塞尔，以及许多其他作者的集体见解中，[25] 我们可以粗略地勾勒出对话美学的轮廓，它关注的不是感官认知或美感，而是主体间性。真正的对话艺术会发展出自己的参数。就像在广播电视系统中，某个观众是否真的在看某个节目在技术上是无关紧要的一样，在艺术的独白式系统中，是否有人在某个对象面前对它来说也是无关紧要的。个体在空间和时间中的实际呈现（无论远程与否）与生活息息相关，对话式艺术也是如此。在对话语境中，个体的存在会影响可能展开的体验形式。许多试图摆脱独白模式的作品发现，基于计算机的交互性是一种可能的解放形式。然而，电子互动也有可能会促进被动式体验，将所有的可能性都归纳到一个预先设定的、限制性的选择系统中。在这种情况下，互动者不得不接连选择，最终被引入多选项的独白式路径中。毫无疑问，互动艺术能够在上述情景中创造出具有独特文化意义的作品，但我认为，只有当它吸收了两个或更多个体实际参与所提供的对话刺激（在直接对话情境中或在多逻辑互动中）时，它才能发挥出更大的潜力。

对话式电子艺术

电子艺术中的对话模式，不会在目的论优先的人机界面中表达（除非我们考虑"机器意识"）。如果先验地确定计算机或设备的行为，会阻碍真正的回应、惊喜和协同互动。我们可以从学言语前的儿童身上了解到很多东西，她的左手抓起书，看着你，右手拉着你的手指，然后把书轻轻放在你的手掌上，期待着你为她朗读。我们可以通过观察植物向授粉蜜蜂发出的信号，以及这只蜜蜂通过加速拍打翅膀向其他蜜蜂发出的信号，来扩大我们对电子艺术尚未开发的可能性的认识。只要注意到这种超越语言范畴的美感、复杂性、情感冲动、不可预测性和丰富的行为细微差别，人与狗之间的终生互动也是一种宝贵的教育。电子艺术不再重复有关点线面的知识，而是去促成表面上互不相关的元素之间的联系，通过揭示看似遥远的事物在我们的在地体验中所实际发挥的直接作用，来扩展我们的认知。白南准指出，朱尔·亨利·庞加莱（Jules Henri Poincaré）认为，我们在他的时代所见的不是新事物，而是已经存在的事物之间的新关系。[26] 白南准因此回应了莫霍利－纳吉的观点："当创作产生出未知的新关系时，它才有价值。"[27] 对于艺术来说，重要的是促使人们认识到，应该让那些看似毫无联系的实体进行对话接触。电子艺术应该变得不那么"干净"，能让对立的理念、公共和私人的场所、人工和自然的力量、有机和无机的物质、理智和情感走到一起。这意味着电子艺术不完全是数字化的。技术并非存在于真空中，拥有着或光滑或粗糙表面的世界是模拟的（analog）。例如，后生物隐喻反映了有机模拟组织与无机数字组件和技术的混合，或许融合到了毫无区别的地步。新的电子艺术正是两者之间的协商中介，位于模拟与数字的界面的交汇之处。

电子艺术特别适合带动这种变化（即对话意识），因为电子媒介（数字的和模拟的）都具有很强的传播潜力。20 世纪 60 年代那些零星的重要经验开了先河。然而正是在 20 世纪 60 年代末和 70 年代初，对话理论开始得到更为直接和系统的探讨。1969 年，伊恩·巴克斯特的《TransVSI》（1969 年）是最早采用多渠道交流和探索远程参与者交流的艺术作品／展览之一。这项活动是通过电传、电话和传真来实现哈利法克斯与温哥华之间的联系。它发生在 1969 年 9 月 15 日至 10 月 5 日之间，发生在温哥华的伊恩·巴克斯特［他与英格丽德·巴克斯特（Ingrid Baxter）都是观念艺术公司 N. E. Thing Company 的成员］和位于哈利法克斯的诺瓦艺术与设计学院（Nova Scotia College of Art and Design）之间。从 1968 年开始，巴克斯特不再使用"艺术"这个词来称呼他的活动，他使用"VSI"，也就是他创造的"视觉敏感度信息"（Visual Sensitivity Information）的缩写。因此，"TransVSI"指的就是通过远程通信渠道来传输艺术。在为期三周的活动中，巴克斯特向艺术系学生传输指令，学生们则执行指令并将结果传回。巴克斯特向哈利法克斯发送了"生活在温哥华的时光"等指令，作为交换，他收到了一本记录这段经历的日记。他还指示他的远程合作者"制作 MELT（融化）一词的模具，将水冻在模具中，拿出冰冻的字母，将它们放入大海，让它们融化"。年轻的艺术家们遵照指示，拍下照片并寄回。巴克斯特让艺术系学生"找到一棵树，将树干涂成绿色，将弯曲的树干和树枝涂成棕色"。也许更为重要的是，巴克斯特和哈利法克斯小组通过电话和电话复印机讨论了所有经历——可以说这是实验性对话工作中最具戏剧性的时刻，因为讨论不是基于观念任务的执行，而是基于主体间性的参与。[28]

另一件早期的远程互动作品是罗伯特·惠特曼（Robert Whitman）的《儿童与通信》（*Children and Communication*），该作品于 1971 年在比利·克鲁弗（Billy Kluver）和罗伯特·劳森伯格（Robert Rauschenberg）的"艺术之外的艺术与技术实验项目"[Experiments in Art and Technology (E.A.T.) Projects outside Art] 的背景下完成，该系列旨在展示 E.A.T. 如何为艺术之外的社会领域做出贡献。《儿童与通信》通过电话、传真、电传和其他设备将纽约两所小学的儿童联系在一起。[29] 道格拉斯·戴维斯（Douglas Davis）是一位居住在纽约的艺术家，他利用现场广播和有线电视创作了一些作品，如他在 1972 年创作的长达三个半小时的《说出来！》（*Talk-Out!*，图 44）。这是一次双向电视直播，来电者通过电话和直播与戴维斯就他们正在观看的节目进行对话。随着节目的播出，电话开始打进来，艺术家与观众进行了实时互动。每个观看直播的人都能看到这段对话。令人惊讶的时刻发生了，一位愤怒的观众大喊："你们不知道自己在干什么！"紧接着他又说，像这样的公开实验会腐蚀年轻人的心灵。戴维斯和他的搭档临时起意，与一位对作品不满的匿名观众进行对话，从而创造了这个对话项目中最吸引人的时刻之一。在这样的情况下，当对话出现前所未有的转折，参与者在交流中投入情感时，艺术中的对话原则便彰显无遗。[30]

同样是在 1972 年，亚伦·马库斯（Aaron Marcus）创作了《美国的 X》（*An X*

图 44
道格拉斯·戴维斯,《说出来!》,互动电视直播,1972 年。在这场长达三个半小时的实验性广播中,戴维斯通过电话和直播与电视观众进行现场提问和互动。(道格拉斯·戴维斯提供)

on America),这个三千英里宽的字母"X"既是一种环境形式,也是电话网络的信号流图示。[31] 当马库斯身处纽约第 42 街和第五大道交汇处的电话亭时,他安排让奥马哈、旧金山、洛杉矶和华盛顿特区的其他电话亭响了起来:"路过的人们接起电话,发现自己与其他不认识的人开上了电话会议。我们讨论了艺术、政治和天气。如果我想绘制或书写如此规模的标记,到哪里去找足够的墨水和纸张呢?答案就在全球远程通信之中。"[32] "X"也可以被视为一种政治宣言,因为当时正在举行全国大选,理查德·尼克松即将再次当选总统。在这种情况下,"X"就具有做记号、划掉的特征。

另一位在多个双向场合使用电话的艺术家是法国艺术家弗雷德·弗雷斯特。他为第十二届圣保罗双年展(1973 年)创作的作品《新闻干预》(*Animation Presse*,图 45)是在军事独裁统治的高压下完成的。它由 116 部电话组成,在公共空间和言论自由被抹杀的时候,公民们可以打电话进来,"畅所欲言",让别人听到他们的声音。[33] 弗雷斯特还允许公众邮寄信息,并张贴在其展区墙上。弗雷斯特的另一个"行动"(在法国被称为"偶发事件")是在大街上张贴空白海报进行示威游行,引起了媒体的关注,之后这位艺术家被政治警察(DOPS)逮捕并审问。在法国大使馆和双年展组织者的介入下,他才获得自由。

与弗雷斯特的激进主义方式不同,激浪派艺术家肯·弗里德曼创作了一些人际电话作品,主要是在 1967 年。1975 年,他创作了《一年之中,另一年之外》(*In One Year and Out the Other*),这个对话电话项目意在唤起一种想法,即让对话者神奇地身处不同的时间区域。下面是这次活动的完整记录:

《一年之中,另一年之外》
在除夕夜,从一个时区给另一个时区打电话,如此你让身处两个年份的人进行了对话。

图 45
弗雷德·弗雷斯特,《新闻干预》,多媒体互动装置,1973 年。该作品在第十二届圣保罗双年展上展出,当时正值军政府独裁统治肆虐,作品包括带有空白标志的公众示威,带有空白区域供参与者随意书写的报纸,以及一排可以让公民打电话"畅所欲言"的电话。(弗雷德·弗雷斯特提供)

弗里德曼在 1975 跨 1976 年的除夕夜首次进行了《一年之中,另一年之外》的表演,从俄亥俄州的斯普林菲尔德打电话给纽约的迪克·希金斯(Dick Higgins)、克里斯托和白南准,然后再打电话给加利福尼亚的汤姆·加弗(Tom Garver)和娜塔莎·尼科尔森(Natasha Nicholson)。艺术家解释说:"从那时起,我每年都会表演这个作品。"[34]

1977 年,丽莎·贝尔、威洛比·夏普(Willoughby Sharp)、基思·索尼尔(Keith Sonnier)和其他人合作,在纽约和旧金山之间(通过有线电视在两个城市同步直播)创作了第一件双向直播卫星艺术作品《发送/接收或双向演示》(Send/Receive or Two-Way Demo,图 46)。[35] 这部作品首次探索了绝对的新对话可能性,例如将图像作为会面场所,让两位舞者在其中进行远程互动和相互影响。1978 年,贝尔开始使用 SSTV,这是一种通过电话发送和接收视频静帧的设备。这使得通信项目比昂贵的现场卫星链路更加实际化,第二年,她在欧洲实现了第一个 SSTV 项目,位于米兰、阿纳姆和阿姆斯特丹之间。[36]

这些作品让布莱希特的话更贴近我们的耳朵,并引发我们的回应。责任感同时意味着艺术体验的审美双向性和对作品社会影响的道德觉察。20 世纪 80 年代曾出现一场真正的国际远程通信艺术运动,全世界的艺术家都在尝试双向系统和网络拓扑结构,这些系统和拓扑结构通常都是基于诸如卫星电视、电话、传真和收音机等可获取的媒介。因此,不仅无数的对话命题得以实现,[37] 网络拓扑结构的概念也被提升为合法的艺术实验领域。这一遗产在互联网上的自然延展,包括列表服务器、MOOs 和 MUDs、聊天会话、视频会议和远程呈现(即远程机器人)体验。

(a)

(b)

结论

以视听信息交流为基础的远程通信（通过语音、视频、白板和聊天等方式）可以保证他人的远程存在。远程呈现将远程通信媒介与远程机器人、远程硬件转向装置结合在一起，使人能在远程空间中感受到自身的存在。

这两种美学原则是相辅相成的。对话式的远程呈现活动将自我和他者结合到持续的交流之中，消解了这些位置作为被投射的远程主体的僵化性。艺术既与其他学科分享关注的话题，又为我们提供了对生活中的社会、政治、情感和哲学问题进行反思的认知模式。电子艺术越是学习到对话互动中那些迷人而不可预测的特质——包括互惠节奏、肢体语言、说话方式、眼神交流、触摸、犹豫、突然打断、改变话题和持续交流——它就越接近我们参与意义协商的过程。这才是艺术真正的对话天职。

图 46

威洛比·夏普、丽莎·贝尔、基思·索尼尔等人，《发送/接收或双向演示》，纽约与旧金山之间的双向卫星链路，1977年。来自纽约和旧金山的舞者在电子空间中共同表演（a）；在纽约交流中使用的装置（b）。多位艺术家合作完成了这一活动，这是首个双向直播的卫星艺术作品。（由威洛比·夏普提供）

注释

1 我的目标是提出将单向通信系统转化为对话媒介的艺术创作。因此,我所说的"对话媒介"是指能够让人体验到实时对话互动的媒介。(当然,异步系统或媒介也有可能产生对话式互动,如邮件艺术,但我在此所强调的是同步互动。)因此,我赋予"对话"一词的含义不同于巴赫金赋予它的含义,对巴赫金而言,小说是复杂的语篇,因此是更庞大的对话的一部分。同样,我使用"独白式"一词的方式也与巴赫金的理论不同。在他的对话式语言哲学中,当言语试图压制作为文化特征的多种声音时,当言语对另一种话语采取专制姿态时,它就是独白式的。虽然我认为这个词的意义完全适用于巴赫金及其圈子所设定的语境(即整个社会),但在我自己的艺术对话理论中,它意味着排除主体间性实时参与和回应的创作和体验模式。因此从我的意义上来说,通常所创作的绘画、素描、摄影和雕塑都是独白式的。之所以如此,是因为观众所接触的对象,本身并不能真正地接触到观众(因为只能观看)。

2 关于克拉克作品的全面介绍,见 *Lygia Clark*, a catalog of the homonymous exhibition organized by the Fundació Antoni Tàpies, Barcelona, 1997. 关于克拉克的对话主义对电子艺术的意义,见 Simone Osthoff, "Lygia Clark and Hélio Oiticica: A Legacy of Interactivity and Participation for a Telematic Future," *Leonardo* 30, no. 4 (1997): 279–89.

3 她的《水晶被》(*Crystal Quilt*, 1987 年)就是一个很好的例子,其中 430 名老年妇女每四人一组坐下来讨论她们个人生活的方方面面。见 Suzanne Lacy, ed., *Mapping the Terrain: New Genre Public Art* (Seattle: Bay Press, 1995).

4 Martin Buber, *I and Thou* (New York: MacMillan, 1987); first published in German in 1923 and in English in 1937. 约翰·斯图尔特(John Stewart)在其关于布伯的对话哲学的出色文章中,澄清了布伯作品中模棱两可的方面,并概述了布伯的主要关注点。见 John Stewart, "Martin Buber's Central Insight: Implications for His Philosophy of Dialogue," in *Dialogue: An Interdisciplinary Approach,* ed. Marcelo Dascal and Hubert Cuyckens (Amsterdam and Philadelphia: John Benjamins, 1985), 321–35. 另见 Robert E. Wood, *Martin Buber's Ontology: An Analysis of* I and Thou (Evanston: Northwestern University Press, 1969); Ronald C. Arnett, *Communication and Community: Implications of Martin Buber's Dialogue* (Carbondale: Southern Illinois University Press, 1986); Samuel Hugo Bergman, *Dialogical Philosophy from Kierkegaard to Buber* (New York: State University of New York Press, 1991); Nina Perlina, "Bakhtin and Buber: Problems of Dialogic Imagination," *Studies in Twentieth Century Literature* 9 (Fall 1984): 13–28.

5 Mikhail Mikhailovich Bakhtin, *Problems of Dostoevsky's Poetics,* trans. Caryl Emerson (Minneapolis: University of Minnesota Press, 1984), 270. 值得注意的是,巴赫金作为体育学生时就读过布伯的著作。见 Michael Holquist, *Dialogism: Bakhtin and His World* (London and New York: Routledge, 1990), 2.

6 Bakhtin, *Problems of Dostoevsky's Poetics*, 271.

7 在《巴赫金与视觉艺术》(*Bakhtin and the Visual Arts*)一书中,德博拉·海恩斯(Deborah Haynes)对巴赫金的美学进行了清晰而重要的论述,巴赫金的美学以"外位性"、"可应答性"和"无终结性"等概念为代表。海恩斯将这些概念应用于卡尔·安德烈和雪莉·莱文(Sherrie Levine)等艺术家的作品中。我想说的是,虽然巴赫金的观点可以在多种语境中作为隐喻使用,但它们特别适合分析那些以物质形式实际体现这些概念的作品。我的论点是,这类作品不出现在绘画和雕塑领域——因为按照惯例,绘画和雕塑是不可逆转的独白式艺术——而是出现在电子艺术领域,尤其是互动式远程通信作品中。正如海恩斯所指出的,巴赫金并不关注艺术对象或美的问题,而是关注"自我与他者关系的现象学,这种关系体现在空间和时间上的实际身体中"。当我们在数字文化语境下阅读巴赫金时,会发现对话式美学在交互式远程通信作品中得到了切实的体现,这些作品探索了在分散的远程空间和真实时间中的自我与他者关系的现象学。见 *Bakhtin and the Visual Arts* (Cambridge and New York: Cambridge University Press, 1995), 5.

8 网络空间中,这种互动的例子有 MOOs、MUDs、聊天室和基于化身的虚拟社群。

9 André Breton, "The Exquisite Corpse" (1948), in *Surrealism*, ed. Patrick Waldberg (New York: McGraw-Hill, 1966), 95.

10 Bertolt Brecht, "The Radio as an Apparatus of Communication," in *Video Culture: A Critical Investigation*, ed. John G. Hanhardt (Salt Lake City: Peregrine Smith Books, 1986), 53–55.

11 Brecht and Weill, *Der Lindberghflug: First Digital Recording and Historical Recording of 1930*, CD (Königsdorf, Germany: Capriccio, 1990).

12 Sibyl Moholy-Nagy, *Experiment in Totality,* 202.

13 Laszlo Moholy-Nagy, *Vision in Motion,* 167.

14 Sibyl Moholy-Nagy, *Experiment in Totality,* 203.

15 Gyula Kosice, *Arte Madi* (Buenos Aires: Ediciones de Arte Gaglianone, 1982), 26–27. 在芝加哥和布宜诺斯艾利斯之间的一次电话交谈(2002 年 1 月 3 日)中,科西策说《Roÿi》(读作 roh-gee)是"拉丁美洲艺术中第一件动态艺术和参与式艺术作品"。

16 Dawn Ades, *Art in Latin America* (New Haven and London: Yale University Press, 1989), 246.

17 *Arden Quin*, catalog of the artist's retrospective (Madrid: Fundación Telefónica, 1997), 38.

18 Maria Lluïsa Borràs, ed., *Arte Madi* (Madrid: Museo Nacional de Arte Reina Sofia, 1997), 88–89.

19 苏西·加布里克对个人主义、英雄主义和市场驱动的艺术进行了尖锐的批判，并接受了推崇关联性和互动性的对话美学。见 Suzi Gablik, "Connective Aesthetics: Art after Individualism," in *Mapping the Terrain: New Genre Public Art*, ed. Suzanne Lacy (Seattle: Bay Press, 1995), 74–87; "The Dialogic Perspective: Dismantling Cartesianism," in *The Reenchantment of Art*, ed. Suzi Gablik (London and New York: Thames and Hudson, 1991), 146–66.

20 Gablik, "Connective Aesthetics," 80.

21 巴赫金在《审美活动中的作者与主人公》(Author and Hero in Aesthetic Activity) 中指出，他的"他者"概念与基督教的世界观直接相关，后者强调"我们必须解除他者的任何负担，并将其承担在自己身上"。见 Mikhail M. Bakhtin, *Art and Answerability: Early Philosophical Essays*, ed. Michael Holquist and Vadim Liapunov, trans. Vadim Liapunov (Austin: University of Texas Press, 1990), 38. 在讨论自传体写作时，巴赫金说，没有他者的存在，就不可能有对自我的叙述。在巴赫金看来，任何关于自我的写作都意味着要有更高权威的读者："在对绝对他者的信任之外，自我意识和自我言说是不可能的……因为对上帝的信任是纯粹自我意识和自我表达的内在构成时刻"(144)。

22 问题的关键在于，在独白式命题主导的世界里，对话性艺术作品往往被视为非艺术，因此也就无关紧要了。当然，我并不认为独白式艺术形式存在有任何问题。问题在于对话性命题的重要性被低估了。

23 Vilèm Flusser, "On Memory (Electronic or Otherwise)," in *Art Cognition— Pratiques artistiques et sciences cognitives*, ed. Marc Partouche (Aix-en-Provence: Cypres/Ecole D'Art, 1994).

24 Flusser, "On Memory," 33.

25 Deborah Tannen, *Talking Voices: Repetition, Dialogue, and Imagery in Conversational Discourse*, Studies in Interactional Sociolinguistics 6 (Cambridge: Cambridge University Press, 1990); Dale M. Bauer and Susan Jaret McKinstry, eds., *Feminism, Bakhtin, and the Dialogic* (New York: State University of New York Press, 1991); S. N. Eisenstadt, ed., *On Intersubjectivity and Cultural Creativity* (Chicago: University of Chicago Press, 1992); Roy Ascott, *Telematic Embrace: Visionary Theories of Art, Technology, and Consciousness*, ed. Edward Shanken (Berkeley: University of California Press, 2003).

26 Nam June Paik, "Satellite Art," in *The Luminous Image*, ed. D. Mignot (Amsterdam: Stedelijk Museum, 1984), 67.

27 Laszlo Moholy-Nagy, *Painting, Photography, Film*, 30.

28 芝加哥与安大略温莎之间的电话交谈（2002年2月5日）。诺瓦艺术与设计学院于1970年出版的一本书中记录了"*TransVSI*"。更多关于 N. E. Thing Company，见 William Wood, "Capital and Subsidiary: The N. E. Thing Company and Conceptual Art," *Parachute* 67 (July–Sept. 1992): 12–16.

29 Private email from Sue Wrbican, from Experiments in Art and Technology, Berkeley Heights, N.J. (Mar. 23, 1998).

30 Douglas Davis, *Art and the Future* (New York: Praeger, 1975), 91. 该作品的影像资料在芝加哥艺术学院弗莱克斯曼图书馆存档。

31 "Soft Where, Inc.," special issue, *West Coast Poetry Review* 1 (1975): 15–18.

32 私人通信（2003年5月20日）。

33 Catalog of the twelfth Bienal de São Paulo (São Paulo: Fundação Bienal, 1973). Sebastião Gomes Pinto, "Entre na bienal pelo telefone," *Veja*, no. 267 (Oct. 17, 1973): 130. 另见 Forest, *100 Actions*, 94-95.

34 私人通信（2003年5月19日）。

35 Willoughby Sharp, "The Artists TV Network," *Video 80* 1, no. 1 (1980): 18–19.

36 见 Ligia Canongia, "Imagens à Distância," *Arte Hoje*, no. 30 (1979): 40–43.

37 其中许多命题在以下文献中都有详细记载：Eric Gidney, "Artists' Use of Interactive Telephone-Based Communication Systems from 1977–1984," Master of Arts thesis, City Art Institute, Sidney, Australia, 1986.

第二部分

远程呈现艺术与机器人学

5 朝向远程呈现艺术（1992年）

本章收录了以下早期文章的部分内容：《鸭嘴兽：探索远程呈现和远程感知》（*Ornitorrinco*: Exploring Telepresence and Remote Sensing），《列奥纳多》（*Leonardo*）第24卷，第2期（1991年）。原文发表于《界面》（*Interface*）第4卷，第2期（1992年）。

远程呈现艺术是一种新的艺术形式，产生于远程通信、计算机和机器人学的交叉领域。我早期的远程呈现艺术作品是对远程通信艺术研究的自然发展。20世纪70年代末和80年代初，我在尝试了邮件艺术后，又开始探索电子空间中的网络议题。1985年，我用minitel（一种通过专用终端远程检索数据库中图片和文字的网络）创作了第一批作品，这些作品给我很大的触动，接着我又用传真和SSTV（通过普通电话线来传输和接收视频静帧）创作了一批作品。SSTV能让较小的群体在拍摄后即时交换图像，而minitel不仅能让艺术家在同一国家内同时接触到多个受众，还能让观众向艺术家发送文本信息进行回应。在我发展作品的过程中，远程通信艺术作品的重点不再是图片，而是其网络的特质——其中最为重要的是对话性。在生成图像时，我不再考虑其空间形式，而是注重网络图像的形成时间，就如同是人与人进行对话一般。在遥远的地理位点之间创建视觉对话时，文本、声音和图像的发送、接收和转换的实时性至关重要。尽管这些新领域已经很令人兴奋，但我还想将远程通信延展到屏幕之外，赋予其来自空间连续性的可触感或肉身感。我想让参与者穿越屏幕，在一个遥远的社会环境中获得身临其境的感觉。

1986年，在里约热内卢的里约商业中心艺术画廊（Galeria de Arte do Centro Empresarial Rio）所举办的"巴西高科技"（Brasil High Tech）展览上，我创作了第一件远程机器人作品。在这次展览中，我使用了七英尺高的无线拟人机器人（RC Robot）作为主持人，与展览观众进行双向对话。[1]机器人的声音来自通过无线电波传送的真人声音，其运动控制也是通过无线电链路实现的。在展览期间，我在与巴西艺术家奥塔维奥·多纳西的对话性表演中使用了这个机器

图 47

爱德华多·卡茨，RC Robot，无线电遥控的远程呈现机器人，1986 年。图片展示的是卡茨举办的对话性表演中的某个时刻，一名远程参与者通过远程呈现机器人与奥塔维奥·多纳西的影像生物（地上）进行互动

人（图 47），它与多纳西的"影像生物"（表演者身着隐藏头部的服装，用有影像的屏幕取而代之）进行了互动。藏在机器人躯体里的人类，会对影像生物预先录制的话语和观众的反应实时做出即兴反应。这是一次戏剧性的互动，最终以影像生物的"自杀"和机器人的"告别"达到高潮。将其归为远程呈现作品，不只是因为其含有遥控部件，而恰恰是因为机器人成为人的宿主，还因为这个无法看到外界的人是通过机器人的躯体在与其他人对话。

完成这项工作后，我开始思考如何将远程通信经验与无线远程机器人技术相结合。1989 年，我与硬件设计师埃德·贝内特合作，远程机器人"鸭嘴兽"（Ornitorrinco）在芝加哥诞生了（图 48）。远程呈现艺术的特点是创造诸多虚构世界，其中居住着化身为电子部件的想象性生物。最重要的是，远程呈现艺术将为参与者创造出一种语境，使参与者不再从人类的尺度，而是从这些生物居民的视角来探索这些世界。

图 48
爱德华多·卡茨和埃德·贝内特，无线远程呈现机器人"鸭嘴兽"，1989 年。"鸭嘴兽"能让参与者从第一人称视角体验远程环境

"鸭嘴兽"既是这个远程呈现艺术系列的作品名称，也是其中远程机器人的名称。鸭嘴兽是一种澳大利亚卵生哺乳动物。该词很早就被选来命名远程机器人，是因为人们认为鸭嘴兽是鸟类和哺乳动物的"杂交"（hybrid）。以此命名是为了暗示有机物（动物）和无机物（远程机器人）之间的亲缘关系，并强调"杂交性"（hybridity）是一种重要的进化发展。远程机器人"鸭嘴兽"是一个与众不同的杂交体，拥有电子躯体和来自人类的远程认知装置。"鸭嘴兽"的活动涉及至少两个在地理意义上相距遥远的地点。一名或多名公众参与者，通过电话键盘上的按键对远方的装置进行操控，并在计算机或视频监视器上获得静态或动态图像形式的视觉反馈（图 49）。每件作品都是按照远程机器人而不是人的尺度制作的。[2]

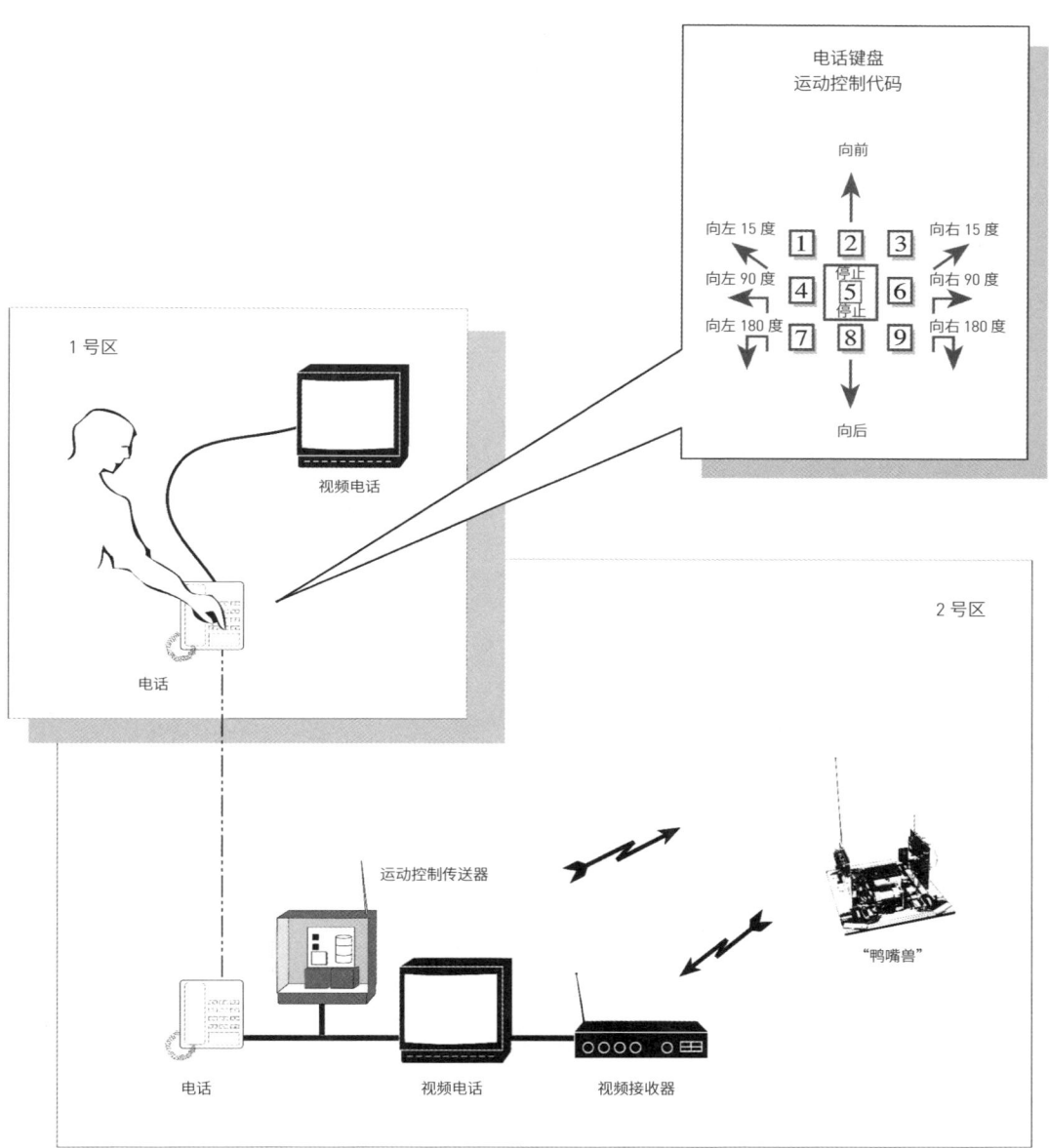

图 49
爱德华多·卡茨和埃德·贝内特,"鸭嘴兽"项目的基本图表,1989 年。参与者按下普通电话上的按键,即可实时控制远程机器人"鸭嘴兽"

《体验 1 号》(Experience 1) 是"鸭嘴兽"系列的首件国际性远程呈现作品。1990 年 1 月 11 日，它的实施连接了芝加哥和里约热内卢。我在里约热内卢，通过电话连接来控制芝加哥的"鸭嘴兽"，它当时位于芝加哥艺术学院电子和动力学区的环境里。[3] 为了突出远程存在的可触性感受，《体验 1 号》着重于促进远程机器人的身体与远程空间中物体的碰撞。1992 年 7 月 26 日至 7 月 31 日，在芝加哥麦考密克广场举行的 Siggraph'92 会议期间，远程呈现装置《科帕卡巴纳的鸭嘴兽》(Ornitorrinco in Copacabana) 在艺术展上亮相（图 50）。在体验"鸭嘴兽"的过程中，人类在某种意义上"成为"远程机器人，通过机器人的眼睛来观察一个远程的虚构空间。《科帕卡巴纳的鸭嘴兽》装置同时在麦考密

图 50

爱德华多·卡茨和埃德·贝内特，《科帕卡巴纳的鸭嘴兽》，远程呈现作品，1992 年。《科帕卡巴纳的鸭嘴兽》使参与者（a）能够通过"鸭嘴兽"的身体（b）浏览数英里之外的环境。参与者通过"鸭嘴兽"的眼睛感知到远处的环境（c）

(a)

(b)

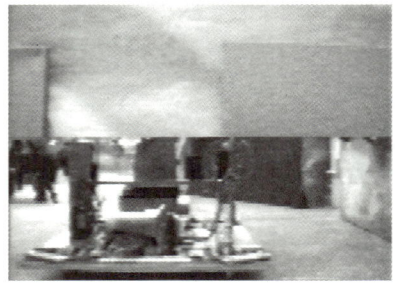

(c)

克广场（1号区）和芝加哥艺术学院动力学与电子系（2号区）展出。参观者发现这个远程环境与标题所标榜的巴西著名海滩风情相去甚远，他们所看到的是显然不甚协调的诸多分散的元素：例如，一个想要打电话的骷髅，幽默地暗示了在陈旧的远程通信基础设施中，接通电话所需的冗长时间；还有一面巨大的镜子，参观者在里面"看到自己"是"鸭嘴兽"。这面镜子反射出"鸭嘴兽"背后的空间，让许多参与者相信这个空间就在他们面前。当一些参与者在远程机器人的躯体里向前移动时，会迎面撞上镜子。在远程呈现中，参与者要从远程身体的视角锻炼新的感受力：场景和物体的识别、空间线索的选择、空间关系的识别以及穿行到某个特定位置。

身在1号区的Siggraph艺术展观众，可以按下普通电话的按键在2号区穿行，并实时控制远程机器人"鸭嘴兽"。参与者还可以通过按键，看到自己在2号区所创建的环境中的位置。这一环境是按照"鸭嘴兽"而非按人类的尺度建造的，参与者们会发现在穿行2号区时看到的景象不同于他们对传统意义上人类可栖息空间的期望。这无关于参与者们是否能够厘清2号区的实际物理尺寸和视觉特征，而是他们已经根据自己的决定，在脑海中主观地构建了一个想象性的2号空间。

"鸭嘴兽"为参与者（1号区）提供条件，使其能够远程体验在陌生环境（2号区）中的存在感。该项目让人们通过远程机器人的眼睛观看，并从远程位置实时控制机器人的空间运动。该项目使用了私人通信中常用的常规电话线，引入了"个人远程呈现"（personal telepresence）的概念，这使得远程呈现成为一种向创造性开放的，主观且个性化的体验。当参与者对远程环境进行探索，并收集到该环境的大量图像时，他或她就构建起该空间的个人心理图像，每个人的心理图像都因人而异。从这个意义上说，每个参与者都能实时创建起相异的个性化虚构环境。

触摸式电话键盘上的数字形成了一套组合代码，可供参与者使用。例如，按下并松开数字2，参与者就会实际前移约一英尺。按下并松开数字4，可使参与者左转90度。按下数字2后，再按下数字4，参与者利用这两个指令，就可以绕过障碍物。而按下并松开数字5，就会得到新的图像。

"鸭嘴兽"的运动控制系统和视觉系统能经由同一条电话线多路复用，也就是说，参与者只需使用一条电话线即可传输运动控制信号和请求并接收新图像。按下1号区的键盘数字能进行运动控制，此时键盘产生的音调会通过电话线传送到2号区的电话机上。这一信号会传输到"鸭嘴兽"，被解码并放大后，驱动电动机继电器。"鸭嘴兽"在平地上的移动速度为每分钟40英尺。滑动转向系统使其具有零转弯半径。"鸭嘴兽"的视觉系统通过900兆赫载波，将视频信号传输到连接电话线的视频调制解调器上。在1号区，另一个调制解调器将信号转换回视频，以供观看。

在"鸭嘴兽"项目语境下创作的远程呈现作品,探索了地理性参照物的"位移"(displacement)。作品添加了现有地理区域的名称,大部分参与者从未亲身到过这些区域,却加入了文化上的期待和先入之见,这些观念在一定程度上是由真正的物理距离、媒体的陈词滥调以及参与者对外国文化和外国地域的有限理解产生的。

对参与者"远程呈现"的环境中,或者使用了(也可能未使用到)与其命名地点有关的元素。显然,问题不在于也不可能是对于现有环境的模仿、重复或复制,而在于"正在成为场所的图像"(image-that-now-becomes-place)。参与者体验到的图像不是一个符号学意义上的词汇符号,而是一个地点。由于参与者无法直接进入远程环境,也不具备对环境的先验知识,他们只能根据自己的决策过程,想象性地构建起自己所体验的空间。如此一来,作品就成了瞬时的桥梁,来连接现实空间和参与者操纵("鸭嘴兽")时所形成的心理结构。

注释

1 该机器人由克里斯托万·巴蒂斯塔·达席尔瓦（Cristovão Batista da Silva）制作。
2 Eduardo Kac, "*Ornitorrinco:* Exploring Telepresence and Remote Sensing," in "Connectivity: Art and Interactive Telecommunications," ed. Roy Ascott and Carl Eugene Loeffler, special issue, *Leonardo* 24, no. 2 (1991): 233.
3 我为这件作品所做的草图发表于巴西期刊 *34 Letras,* no. 7 (1990): 80–81.

6　远程呈现艺术（1993年）

原文为《远程呈现艺术》，载于《超越边界 II》（*Entgrenzte Grenzen II*），R. 克里舍（R. Kriesche）和 P. 霍夫曼（P. Hoffman）编（奥地利格拉茨：Kulturdata 和格拉茨市文化事务处，1993年）。

本章所讨论的是基于远程通信、机器人、人机界面和计算机融合的艺术。我们可以在更为广泛的电子互动艺术框架内，对此处的"远程呈现艺术"加以理解。在最好的情况下，互动艺术不那么强调形式（构成），而是强调行为（选择、行动）；意义的协商；转变为"参与者"，需要在塑造自我的经验领域中拥有重要而积极的角色。艺术家在互动艺术中的作用不是单向地编码信息，而是定义开放式语境中的参数，并在其中开展体验。

电子艺术理论和批评很难区分赛博空间、虚拟现实和远程呈现这三个词，这造成了一定程度的困扰。本章的重点是将远程呈现作为一种新的艺术媒介，但我首先想厘清这三个词的定义。其次，我将提出远程呈现是一种新的交流体验。再次，我将指出，在一般的远程呈现，尤其是在远程呈现艺术中，真实时间比真实空间（real space）更重要。然后，我将评论远程呈现在"科学模拟"这一狭窄领域之外的文化影响。最后，我将简要讨论在 1993 年 5 月 28 日，由我和埃德·贝内特展示的远程呈现装置《月球上的鸭嘴兽》（*Ornitorrinco on the Moon*），它是国际远程通信艺术节"超越边界 II"（Entgrenzte Grenzen II）的一部分，该艺术节由理查德·克里舍和彼得·霍夫曼（Peter Hoffman）组织，在 1993 年的奥地利格拉茨举办。

在本章中，我将使用"媒介"（media）一词来指代所有能够将信息从一个点传输到另一个点的系统，包含单向和双向系统（电视、电话）。我将更为具体地使用"大众媒体"（mass media）一词，来指代从一点到多点单向传输信息的系统（电视、广播）。

赛博空间、虚拟现实和远程呈现

"赛博空间"一词源于威廉·吉布森的科幻小说《神经漫游者》，意指"从人类系统的计算机数据库中，所抽象出来的数据的图形再现"[1]。其前缀"cyber"来自"控制论"（cybernetics，源于希腊语"kubernetes"，即舵手）科学，最早在1948年由诺伯特·维纳（Norbert Wiener）提出，用于解决动物和机器的控制和通信问题。在控制论中，"信息交流"（communication of information）的概念将生物科学和物理科学结合在一起，并将自动机制以及大脑和中枢神经系统的工作原理包含于科学之中。人们在讨论自稳定控制行动和通信时，将机械学、生物学和电学等通常被分科研究的主题结合起来，并以类似的方式来看待人和机器。无论其相关性如何，用"内存"（memory）一词来描述计算机的存储单元，本身就证明了控制论的巨大影响力。控制论也在试图微妙地破坏灵魂、生命、选择和记忆等传统哲学概念的用法，正如雅克·德里达所写，这些概念"在如今仍能区分机器与人"[2]。因此，赛博空间是一个合成空间，配备了适当硬件和软件的人类可以在这里根据视觉、听觉或是触觉反馈进行表演。

杰伦·拉尼尔[3]提出的"虚拟现实"一词比"赛博空间"一词更为通用。"虚拟现实"所描述的活动领域，致力于促进人类在合成环境中的表现。这些环境是计算机数据所呈现的诸多图像。计算机术语中的"虚拟"一词（如"虚拟内存"）可以追溯至早期光学，例如光学中的"虚像"（virtual image）是指在（平面）镜子中看到的图像。称这样的图像为"虚"，是因其并非以光学方式在所见之处（即镜子后面）所形成。虚像与所谓的"实像"（real image）相对，后者实际上是在（凹面）镜子以外形成的。实像形成于光线实际进入观察者眼睛的那个点。在光学中，"虚"代表了镜内的、无法触及的东西，而"实"则是镜外的、与我们共享三维身体空间之物。如果我们像看待屏幕表面一样看待镜子表面，将其视为分隔两个空间（有形空间和再现空间）的边界，就会发现数字图像与镜面图像不同，它是在屏幕内部形成的。屏幕上的数字图像不像镜子那样需要外部照明来形成图像。屏幕上的数字图像向我们投射光线。它侵入我们的有形现实。虚拟现实融合了有形的肉身（真实）和无形的再现（虚拟）。从某种意义上说，要体验虚拟现实，就必须进入虚拟图像，也就是必须沉浸在赛博空间中。这两个概念是交织在一起的。

若论及机器人技术和远程通信结合而来的"远程呈现"，我们必须从文学和大众文化两方面来溯源。1910年，法国先锋派诗人纪尧姆·阿波利奈尔（Guillaume Apollinaire）在巴黎出版了一本短篇小说集，他在其中描述了一种能够远距离复制触觉的系统。[4]更具体地说，远程控制机器人系统的想法出现在作家菲利普·弗朗西斯·诺兰（Philip Francis Nowlan）和艺术家理查德·卡金斯（Richard Calkins）创作的连环画《公元二十五世纪的巴克·罗杰斯》（*Buck Rogers in the Twenty-fifth Century A.D.*，1929年）[5]之中。1942年，罗伯特·海因莱因（Robert Heinlein）创作的短篇小说《沃尔多》（Waldo）讲述了患有残疾的天才沃尔多·F. 琼斯（Waldo F. Jones）在环绕地球的轨道上为自己建造零重力住宅的故事。他靠着无力的肌肉，在没有重力限制的情况下，开发出能在地球进行远程操作的硬件"沃尔多斯"（Waldoes）。他建造的"沃尔多斯"拥有大小不一的机械手，手掌从半英寸到几英尺宽，这些机械手会对他的手臂和手指发出的指令做出反应："同样的电路变化使另一种大小的'沃尔多斯'受控，自动完成扫描更改，以增加或减少放大倍数，这样沃尔多在立体接收器中总能看到与他另一只手'等大'的图像。"[6]

马文·明斯基（Marvin Minsky）在撰写开创性文章《远程呈现》（Telepresence）[7]时，肯定了海因莱因的远见，并建议在这项技术的基础上发展采矿、核能、太空和水下探索等一整套经济。明斯基写道："试想如果在月球上有一个永久性的飞行器，我们就可以学到更多的东西。地月之间的光速延迟很短，足以进行缓慢但富有成效的远程控制。"[8]在同一篇文章中，明斯基还澄清了"远程呈现"一词的出处，他写道，"这是我的未来学家朋友帕特·冈克尔（Pat Gunkel）提议的"[9]。1980年的"远程呈现"似乎与海因莱因写《沃尔多》时一样不可实现，但如今已发展成为全新的领域。

从原则上讲，只有当沉浸在数字环境中的人能够远程控制在实体空间中真实的远程机器人，并从他或她的远程互动中获得反馈时，远程呈现和虚拟现实才会相吻合。输入可能来自物质世界，也会影响虚拟空间。人们还可以设想线上的沉浸式虚拟现实，即不同国家的人们可以在线上会面，并使用远程通信系统的图像投影进行互动，而这一系统可以与远程机器人相连接。

科学家们试图将"远程呈现"作为一种实用可行的媒介，将机器人与人类的体验匹配起来。其目标是让机器人的拟人化特征与人类手势的细微差别相匹配。科学家们相信，人们在寻找"操作替身"的过程中（用鲍德里亚的话来说），在戴上柔性机械骨架后，会产生一种可量化的"身临其境"的感觉。未来的远程呈现技术将常规性地执行各种动作，但我并不认为使科学家着迷的、执行特定任务的能力，会让使用远程呈现技术的艺术家也感兴趣。显然，这也不是刺激我的原因。将远程呈现作为艺术媒介的想法与技术奇迹、"身临其境"的奇妙感觉或任何以实现目标来衡量成功与否的实际应用都无关。我认为远程呈现艺术是质疑传统艺术（绘画、雕塑）和大众媒体（电视、广播）的单向传播结构的一种手段。我认为远程呈现艺术是一种在美学层面的表达方式，来呈现遥控、遥视、遥感和实时视听信息交流所带来的文化变革。我认为远程呈现艺术是对技术目的论的挑战。对于我来说，远程呈现艺术创造了一种独特的语境，邀请参与者从超越人类的视角和尺度来体验被塑造的遥远世界。

远程呈现：全新的交流体验

显然，语言符号交流的"发送者－接收者"这一陈旧模式已不足以解释网络化、协作式、互动式远程通信事件的多模态性质，而这些事件代表着艺术或我们日常事务中符号交流的特征。[10] 作为机器人学和远程信息处理的融合，远程呈现进一步增加了这一场景的复杂性。在远程呈现的链接中，图像和声音被传输，但没有"发送者"试图向"接收者"传达特定的含义。远程呈现可以是个体性或是主体间性的双向体验。

我们会提到大众媒体的"交流"意义，但如果我们仔细研究大众媒体的后勤工作，就会发现它们所产生的实际上是一种"非交流"(noncommunication)。鲍德里亚指出，大众媒体是反媒介的，因为交流是"交换……是一种交谈的互惠空间和回应"[11]。这种互惠空间与通过反馈成为可逆的"传输－接收"模式有何不同？换句话说，当任何一个电视观众打电话参与民意调查，发表自己的意见时，他或她是否处于互惠空间中？鲍德里亚对此并不认同："媒介的现有结构的整体性就是建立在后一种定义的基础之上：它们总是阻止回应，使所有的交流过程都无法进行（除了各种形式的'模拟'回应，它们本身也被整合到交流过程中，从而保持交流的单向性）。这就是媒介的真正抽象之处。而社会控制和权力体系正是植根于此。"[12] 无论是否涉及两个对话者之间的交流，远程呈现似乎都能创造出这种与大众媒体不同的互惠空间。远程呈现所创造的空间是互惠的，因为"使用者"或"参与者"所做的决定（动作、视觉、声音、操作）会影响到远程环境和（或）远程参与者，同样也会受其影响。

鲍德里亚明确提出了缺乏回应（或不负责任）的问题，但想要解决这个问题或是想要恢复远程通信媒介的回应（或责任），就必须破坏现有的媒介结构。正如他所急于指出的那样，这似乎是唯一可能的策略（至少在理论层面上），因为夺取媒介的权力或用另一种内容取代其内容，就需要维护语言、视觉和听觉话语的垄断地位。我认为，探究大众媒体的结构并创建其平行结构，来打破单向传播权威性的想法，与探索互动性的艺术家们密切相关。

自20世纪60年代以来清晰可见的一种趋势是，录像带和通信卫星成为电视语法形成的主要载体，人们以媒介事件的形式经历了许多重要的社会事件（有进步的，也有保守的）。例如，海湾战争。这并不是说这些事件成了特别节目的内容，而是对大多数国家来说，这些事件都在媒介之中发生才是新的现象。海湾战争的导弹从接近目标到爆炸致使满屏嘈杂的那一刻，都在不断传送第一视角的目标图像，这不足为奇。我们所看到的是，行动的意义不再单纯来自于行动本身，或来自于在场互动者之间的协商；如今的意义直接产生于可复制性(reproducibility)的领域和无处不在的单向图像领域。远程通信媒介似乎将一切——从自身的伪中介(pseudomediation)过程到对民众的屠杀——都抽象化了。所有的一切都变得抽象化、奇观化，甚至是娱乐化（以一种反常的扭曲性，在广告间隙中短暂播放）。

远程通信媒介消除了自身与我们称之为"现实"之间的边界，两者曾被认为全然不同且无关。鲍德里亚将这种符号（或形式或媒介）与所指（或内容或真实）之间缺乏绝对区分的稳定实体称为"超真实"（hyperreal）或"超现实"（hyperreality）。在可能是他最著名的论文《拟像的前行》（The Precession of Simulacra）中，他再次肯定了麦克卢汉的看法，即在电子时代的媒介与其内容已不再可区分。麦克卢汉知道，是新媒介或新技术带来的新模式引发了媒介或技术的社会后果，而不是某个特定的节目内容。但鲍德里亚更进一步说道，"任何字面意义上的媒介都将不存：如今它是无形的，在现实中弥散和衍射着，甚至不能再说后者被它扭曲了"[13]。可以说，媒介与现实的融合在远程呈现中尤为真实，因为人们可以从很远的地方实际操作并改变现实世界中的事物。因此，远程呈现艺术让当代文化的这一重要面向更具戏剧化，并引起人们的关注。

电视在此处尤为重要，因为它是卓越的大众媒体，是全球最具影响力的媒介。不难看出，随着高清电视、数字电视、静态和移动卫星接收器的普及化和小型化，以及光纤网络变得像随身听（Walkman）一样普遍时，电视会有更强大的影响力。我之所以提到随身听，是因为它的私人化感官体验可以被视为选择远离公共空间的社会的附带现象（epiphenomenon）。远离公共空间之处，我们通过电话交谈、电视观众的共享体验或网络互动来体验社交。越来越多在过去被认为是"直接"体验的现象在不知不觉中变成了中介化的体验（mediated experience）。"保持联系"①意味着打电话。人们在网上建立关系后才结婚。[14]从技术的视角来看，我们距离用电话通过力反馈装置远程接触某人的现实并不遥远。正如海因莱因笔下的"沃尔多"一样，我们的梦想是身临其境，但无须离开本地。我们让本地空间在不同层面上被远程行为支配，从而推动了鲍德里亚描述的"真实的卫星化"（the satellitization of the real）[15]。我们对"交流"的理解正在发生变化，因为公共空间的物理距离不会再对某些类型的身体体验（听觉、移动能力、视觉、触觉和肢体位置感等本体感觉）造成绝对的限制。

德里达在《署名·事件·语境》（Signature Event Context）一文中指出了"交流"一词的复调特性："我们也说到，在异地或远方经由通道或通路（opening）相互交流。从这个意义上说，所发生、所传递和所交流之事，并不涉及意义或象征的现象。在这种情况下，我们处理的既不是语义或概念内容，也不是符号操作，更不是语言交换。"[16]正是这种通路，这种两个空间之间的通道，界定了远程呈现艺术所创造的特殊交流体验的性质。这种通路不是（作者或参与者的）"自我表达"的语境；不是传达符号学所定义的信息的渠道；不是美学形式问题在结构上相关的图像空间；不是可以从中明确提取特定意义的事件。鲍德里亚指出，恢复媒介的责任意味着重新配置媒介的结构。这是艺术家应该进行批判

① 译者注：此处原文中作者用get in touch（保持联系）的touch（接触）已经演化为不需要实际接触举例。

性研究的领域。我与埃德·贝内特共同创作的远程呈现作品中有一条常规的电话线，参与者使用它来实时控制远程机器人，并通过远程机器人收集图像和聆听环境中的声音。我们的远程呈现作品以其分散的组织形式，对当代相关议题进行反思，但未将这些议题视为与构成作品本身的材料不同的"内容"来处理。由远程呈现艺术创造的交流活动在其自身领域内消除了"发送者"和"接收者"的两极化分类，并以前所未有的逆转方式恢复了"远程视像"一词的主要意义，使参与者能够在远程空间中移动，并由自己决定想看什么。

真实时间与距离的消失

我们处理日常事务的方式正在潜移默化中发生重大变化。这种变化的核心似乎是，真实空间和距离的概念越来越无足轻重，它们曾经的特殊地位被真实时间以及声音和图像（包括文本）的交流所取代。我认为，对这一变化的研究不能仅仅停留在接受或拒绝的层面上，因为技术恐惧症（technophobia）和技术弥赛亚主义（technomessianism）[①]永远是同一硬币的两面。我所感兴趣的是研究这些变化在多大程度上会加强已有的社会和文化准则，又在多大程度上会创造出新的准则，由此产生出的语境正是新的艺术形式的萌芽之处。

保罗·维利里奥（Paul Virilio）探讨了这些涉及图像的新社会角色和远程呈现领域的问题。他认为，经由超远距离来现场传输视频图像本身就成了一种新的场所，即"远程地形场所"（tele-topographic locale）。他指出，由声音和图像反馈回路组成的"远程桥梁"（telebridge）是远程呈现或远程现实（telereality）的起源，而真实时间这一概念则是远程呈现或远程现实的基本表现形式。维利里奥同样认为，这种"远程现实"实时地取代了物体和地点的真实空间。换句话说，我们看到真实时间的连续性取代了真实空间的连续性。我们每天都在经历这种新的状态，例如我们在办公室或工作室里通过遥控器启动家里的答录机来收取录制的信息，或者当我们从一台与远程计算机通信的自动取款机上取款。光纤、监视器和摄像机对我们的视觉和周围环境的影响将超越19 世纪时的电力——"为了看清东西，"维利里奥说，"我们将不再满足于驱散黑夜、驱散外部的黑暗。我们还将驱散时间流逝、驱散距离，以及驱散外部本身。"[17]

在赞同鲍德里亚的新信息景观知觉的基础上，维利里奥进一步提出了一个概念，即我们不再像城镇电气化之前那样，居住或共享"公共空间"。如今我们的生存或社会化领域是"公共图像"（public image），它具有易变性、功能性和奇观性，它无处不在，并控制着身份、监视、关系、记忆，以及终极的生与死。相较于梅洛-庞蒂（Merleau-Ponty）所代表的"知觉现象学"（phenomenology of perception）概念，维利里奥更反对"知觉后勤学"（logistics of perception），这一主题在科学图像的穿透性凝视和卫星监控中愈加明显，它们能即时绘制出

[①] 译者注：弥赛亚主义是相信弥赛亚会降临并拯救众人的信仰。此处技术弥赛亚主义应为技术拯救世界的心态。

病人的身体图像或敌方的领土地图。视觉战略先于攻击战略（对付病毒或军队），其本身就是强大的武器。随着实时视频在监控系统中的应用，视频技术在公寓楼中的引入，以及摄像机和视频电话的普及，社会行为正在发生改变。我们可以预见到视觉战略将更为个人化地发展。

在维利里奥看来，光电子技术所促成的数字成像和合成视觉新技术最重要的一个方面是"事实（或操作）与虚拟的融合或混淆"，即"真实的效果"（effect of the real）[18] 凌驾于现实原则之上。换句话说，如今的一切或多或少地涉及图像，不一定是传统意义上那种再现的图像，而是作为当代景观一部分的"光的图像"，就像 19 世纪末电力"侵入"城镇一样，它是一种"电子照明"（electronic lighting）。如今的图像也具有侵入性，被不同的社会群体所使用。维利里奥认为，图像的作用是"遍布各处，成为现实"。[19]

维利里奥按照清晰的历史发展划分了三种图像逻辑。在他看来，图像的形式逻辑（formal logic）是在 18 世纪的绘画、雕刻和建筑中实现的。在传统的绘画再现中，人物的构图才是最重要的，时间的流逝与此无关。时间是绝对的。辩证逻辑（dialectical logic）时代是 19 世纪的摄影和电影时代，这一时代的图像对应着过去的事件和不同的时间。最终来到 20 世纪末，视频、计算机和卫星的出现，标志着悖论逻辑（paradoxical logic）时代的到来，图像被实时创造出来。这种新型图像将速度置于空间之上，将虚拟置于真实之上，将"现实"这一概念从既定变为建构。维利里奥认为在某种程度上，新技术给我们上的一课是：现实从来都不是既定的，它一直都是被获取或被生成的。我们的图像从未真正复制现实，它们一直在为现实赋形。不同的是，在此之前我们还能以更为坚实的依据来对其进行实际区分。

我们的许多社会性体验都由远程通信向全球传播的声音和图像实现，例如普通电话和移动电话、卫星电视和有线电视、电话会议系统、传真、调制解调器、手表远程通信设备等。在所有情况下，阻碍对话者互动的不是空间距离，而是不同的时区。晚上六点的芝加哥，我无法打电话给杜塞尔多夫的朋友，因为那里是凌晨一点而他已经入睡。

自火车和电报时代起，两点之间的"最短距离"就不再是直线。在卫星和光纤时代，两点之间的最短距离是真实时间。传递信息、收发声音和图像的即时能力①（i-mmediately，或没有明显的媒介或手段？）证明了相比时间强度，空间广度的社会相关性正在降低。因此，速度不仅可用英里/小时或千米/小时来表示，还可以用比特/秒或字节/秒来表示。当我们使环境中的身体发生错位时，更多的是用时间的延迟来表达空间的连续性。

亚伯拉罕·A. 莫尔斯（Abraham A. Moles）在对操纵信息多于操纵物体的社会所面对的文化和美学状况进行讨论时指出，人类精神必须适应这种图像与现实

① 译者注：即时的原文为 immediately，与 i-mmediately 有双关含义。

互相趋于一致的新情况。我发现就应用技术而言，这一点在美国国家航空航天局（NASA）[20]正在开发的虚拟现实系统中体现得最为明显，该系统允许沉浸在赛博空间中的人远距离调节外力。莫尔斯写道："进入远程呈现时代的我们，试图在'实际呈现'和'代理呈现'（vicarious presence）之间建立等同关系。这种'代理呈现'正在摧毁迄今为止我们社会赖以建构的组织原则，我们把这一原则称为'接近法则'（law of proximity）——近距离的东西比更远、更小、更难接触到的东西（在其他因素都相同的情况下）要来得更加重要、真实和具体。从今往后，我们将向往一种生活方式，身在其中的我们与物体之间的距离将与我们的意识领域无关。在这方面来说，远程呈现也意味着每个人与其他人之间，以及每个人与世界上的任何事件之间的等距离感（feeling of equidistance）。"[21]

就像大多数消费性技术一样，这种现实与图像的融合和"等距离感"，也是最初出于战略和军事目的而进行研究的成果。远程呈现将会和电话、收音机、电视和计算机一样，在走出实验室后变得更为普及。我们不能忽视的是，即使我们的视线被新的图像所模糊，但这种图像本身就能点亮环境。由于实时远程通信设备促进了真实空间的中介过程（process of intermediation），我们共同感受到的"等距离"其实是一种媒介现象（如果还能做出这样的区分的话）。这种"等距离"既意味着接近，也意味着距离。三维的身体空间对"真实时间"的从属化（subordination）是一个抽象过程，它不断模糊着图像与现实之间的区别。它将情景喜剧、来自波斯尼亚或索马里最为悲惨的新闻和脱口秀归为一处。

远程通信系统被用于公开或变相的娱乐和监控、民主和反民主宣传以及新型监禁。远程监控适用于公共场所（例如地铁）或私人环境（例如办公楼和公寓楼）。住宅中也有远程监控系统。在海湾战争期间，美国政府发布了预先录制的视频序列，由导弹的第一角度实时传输，直到爆炸的那一刻。播出这些图像是为了彰显导弹的精确性（这显然被解读为军事优势）。视频电话还被用来控制多名关押在家的罪犯。在美国的一些州，定罪的酒驾者会在严格的电子监控下，关押于家中。每二十四小时，当地警察总部的计算机会随机给罪犯打十五次电话，命令他或她在完成一项简单的任务（如"向右转头"）后传送照片，以确认这是实时动作。电脑还要求罪犯对着酒精测试仪吹气，并发送这一测试数字的照片。

维利里奥提醒我们，远程呈现使得"远程信息场所的居民们处于造物主的地位：除了事物的跨表象（trans-appearance）的全能视觉（omnivision）之外，还增加了另一个神圣属性，即远处的全能呈现（omnipresence），一种电磁性的心灵遥感（telekinesis）"[22]。利用远程监控的社会控制已经扎根于我们的公共空间中，并侵犯了家庭的隐私。这是一个重要的现象，当代艺术必须正视它，并运用同样的工具从内部来批判其审视的目光。

更少模拟，更多刺激

如果我们不单是将虚拟性的领域视为惩罚，而是视为寻常生意，就会发现全能视觉的梦想再次覆盖到警察总部和商业世界，这一次它使用的是模拟和可视化，将不可见之物变为可见之物。在拉斯维加斯的 Siggraph'91 展览会上，我得以在"明日现实"（Tomorrow's Realities）展览上试用了几种虚拟现实系统。这是一次非常有趣的经历，因为我比较了体验近十种系统时的身体反应，让我印象最为深刻的是涉及"代理旅游"的那个系统——北卡罗来纳大学教堂山分校的《室内运动力反馈山地自行车》（*Mountain Bike with Force Feedback for Indoor Exercise*）。它使用的是十倍速自行车，后轮安装了阻力装置。当使用者在虚拟乡村中骑行时，可以转动把手来改变方向。骑行者能在头戴式立体显示器中看到合成环境，骑行阻力则会根据地形的类型进行相应改变。

令我印象深刻的并不是技术性旅行的力量，而是我的身体反应。我的整个身体都投入到骑车的活动中，这意味着我不仅被视觉驱动，也被全身的协作所推动。两块像素化的小液晶屏离眼睛如此之近，令人无法忽视。其结果是一种混合着陶醉（沉浸在赛博空间的运动美学中）和不适（我的眼睛始终无法适应屏幕，而我的身体则感到悬浮和无处支撑）的感受。但最重要的是，我在整个过程中一直与演示负责人交谈，通过语言与外部现实保持着联系。语言是连接两个世界的唯一桥梁，是帮助我保持平衡的唯一纽带，使我不至于在体验中完全晕车。语言帮助我保持清醒并且看到，我身处这个房间并被固定在真实的自行车上，却和合成自行车一起"移动"着，我听见合成世界的声音，也听见这个真人的声音，却只能看到数字景观。

我讲述这个故事，是想说明探索两个经验层面间的双向途径时的兴奋之处。在我虚拟骑车的过程中，语言并不是我和旁边那位先生在传统意义上的交流方式。实际的交谈内容并不重要。在这个特定的语境中，语言为我提供了在两个空间之间进行交流的手段，就像一扇敞开的门，将两个空间隔开又连接起来，在两个房间之间营造出等距离感。在我与埃德·贝内特共同创作的《鸭嘴兽》远程呈现作品中，我们使用远程视觉来连接两个空间。我们的远程呈现作品创造了一种情境，让参与者通过自己随意收集的图像来体验远程环境，并使用屏幕作为视觉感知的中介。

随着人们对数字网络和模拟技术的兴趣重燃，"直接感知现实还是通过中介来感知现实"的辩论再次兴起。让－路易·魏斯伯格（Jean-Louis Weissberg）在《远程呈现，新体验环境的诞生》（*Téléprésence, naissance d'un nouveau milieu d'expérience*）[23] 中指出了他所认为的虚拟现实的现象学困境。尽管这是"远程呈现"一词被误用于赛博空间表现的又一案例，也丝毫未提及远程机器人技术，但魏斯伯格的文章指出了梅洛－庞蒂对视觉的讨论与魏斯伯格所说的"NASA 实验室的应用现象学"之间的联系。梅洛-庞蒂在《眼与心》①(Eye and Mind)中批评科学的操作模式是一种建构;他还提到了潘诺夫斯基(Panofsky)对文艺复兴透视学的解读,以揭示透视学是建构世界的另一种形式。在这两个案例中,建构都是从其所产生的世界结构中抽象出来的。科学利用仪器"感知"人体无法反应的现象。透视技术促进了单目视觉(cyclopean vision),但单目视觉并不代表立体视觉(stereopsis)和人类视觉的其他方面。如果说科学思维处理的是"最'合规'的现象,那么这些现象更像是由仪器产生的,而非由仪器记录的"[24],文艺复兴时期的透视法试图建立一个"精确的构造",但它只是"世界的诗意组成中的一个特例、一个时期、一个环节,世界在它之后继续运转"[25]。梅洛-庞蒂反对笛卡尔的理性主义,他认为人们无法"明白精神何以能够绘画",事实上,艺术家是在他或她真实的身体中——不是作为功能集合体的身体,而是作为"视觉与运动的交织"——将世界转换为艺术作品的[26]。他观察到视觉与运动的不可分离性,他强调身体沉浸在可见之物中,它看到并被看到,它看到自己在看。梅洛-庞蒂写道,位置的变化构成了"可见物的分布图",这意味着在视线范围内的东西,即可见的世界,也在运动性的地图范围内,即"我的运动投射世界"。他写道:"我的运动并不是一项精神决定,一种绝对作为,它从主观隐退的深处宣告了在广延空间中奇迹般地产生的位置变化。它是我的视觉的自然延续与成熟"[27]。

艺术中的"远程呈现"这一概念本身就在渲染"在广延空间中奇迹般地产生的位置变化"。当然,这种奇迹不是通过心理指令,而是使用特定工具(远程机器人、调制解调器、电话、视频监视器、计算机、网络路由器等)实现的。这些设备在科学领域用于数据收集和其他应用,而在艺术领域则作为一种手段,用于处理在媒介时代我们知觉的复杂性。如果说我们曾经只从镜面反射、图像再现或心理回忆的角度来思考图像,那么当代语境下的电子图像则掌控着人类视觉和运动投射的地图。这就是为什么维利里奥认为"知觉后勤学"取代了"知觉现象学"。电子摄像机侵入了所有空间(包括银河系的尽头和手术中的人体),屏幕上的电子图像变得与我们景观中的其他元素不可分割。

如此,屏幕便具备了特殊的重要性。在"鸭嘴兽"远程呈现作品中,屏幕既是通往他方的桥梁,又使视觉成为可能。但是,这种视觉并没有把它所看到的东西从它所看到的地方分离开来;它也没有把空间和物体分开,所有的东西都在同一层中。这一层是黑白的、像素化的图像,它将行动分解为瞬间,邀请参与者生成"可见物的分布图"。低分辨率图像构成了通往低分辨率环境的桥梁,它吸引了人们的关注,根本不去费力伪装成商用电视机上的那种明亮屏幕。因此,与参与者配合远程机器人所做的动作一样,屏幕也是观看过程的一部分。但重要的是我们人类之所以能看见,并不仅仅是因为光线照亮了我们周围的物体,刺激了我们的视网膜,而是因为在看见之前就存在着的密码或意义网络,让我们能够将这些被照亮之物识别为有意义的形式。诺曼·布赖森(Norman

---

① 译者注:本书关于《眼与心》的翻译参考了《梅洛-庞蒂文集》,第 8 卷,《眼与心·世界的散文》,梅洛-庞蒂著;杨大春译。北京:商务印书馆,2019。

Bryson）写道："主体与世界之间插入了构成'视觉性'这一文化建构的全部话语，并使'视觉性'（visuality）有别于'视觉'（vision）这一未经中介化的视觉体验的概念。在视网膜和世界之间插入了一个符号的屏幕，这个屏幕由社会竞技场上关于视觉的所有多重话语组成。"[28] 布赖森对视觉性的语言学阐释与梅洛－庞蒂的观点不谋而合，他认为我们的眼睛"不仅仅是光线的接收器"，可见性的天赋"是通过练习获得的"。[29] 这种阐释将屏幕比喻为我们经验的中介之物，屏幕将我们的视觉捕捉到约定俗成的意义之网中。梅洛－庞蒂说，"看就是保持距离"（voir c'est avoir à distance）[30]。在《鸭嘴兽》远程呈现作品中使用视频监视器既是作为两个空间之间的门或通道，也是我们对智性世界（Intelligible world）的中介体验的一种隐喻。作为一件艺术作品，《鸭嘴兽》关注的不是科学模拟，而是促进对"在场－不在场"体验的美学刺激。

月球上的鸭嘴兽

自从艺术家们开始表达对月亮的迷恋以来，月亮本身可能并没有发生什么变化。扬·凡·艾克（Jan van Eyck）和丁托列托（Tintoretto）等画家在画作中加入了月亮，胡安·米罗（Joan Miró）和马克斯·恩斯特（Max Ernst）等现代前卫艺术家亦是如此。然而，自从我们实现了终极的月球幻想，即在月球表面行走，并将这一壮举通过电视直播呈现给震惊（和难以置信）的全球观众后，我们与这一地球卫星的关系无疑发生了巨变。1969 年，约瑟夫·科苏斯写道："人们可以在数小时或数天内，而不需要数月来环绕地球。我们拥有影院、彩电，以及拉斯维加斯的灯光或纽约的摩天大楼等人造奇观。全世界都能被看到，全世界都可以在客厅里观看人类登月。"当然，我们不能期望艺术或绘画和雕塑作品能在体验之上与之抗衡。[31] 登月转播引发的全球动员，其意义不亚于登月本身。它证实了远程传输图像对集体意识的影响，同时也传达了明确的政治信息。月亮曾是诗人们的古老缪斯，它不再是遥远的象征，也不再是距离的象征，它是我们探索苍穹的一个步骤。

随着摄影技术的发展和电子媒介的进一步普及，我们有能力把从未体验过的太空经验进行可视化。这些图像在我们的潜意识中根深蒂固，以至于人们可以梦见自己在月球上，并在睡梦中唤起精确的月球图像。远程呈现作品《月球上的鸭嘴兽》并没有试图复制月球的荒凉景象，而是探讨了远程构建现实的过程。换句话说，它试图研究在进入遥远的物理定位时所使用的媒介，如何左右人们对该地点的理解。

《月球上的鸭嘴兽》（图 51）在芝加哥和格拉茨两地展出，采用了实时影像静帧和声音。其基本结构与之前的《鸭嘴兽》装置类似：格拉茨的参与者按下常规电话的按键时，就能实时控制芝加哥的远程机器人"鸭嘴兽"的视觉和运动。电话键盘上的数字可被视为空间坐标（按 1 向左转，按 2 向前走，按 3 向右转，

图 51
爱德华多·卡茨和埃德·贝内特,《月球上的鸭嘴兽》,连接芝加哥和奥地利格拉茨的远程呈现作品,1993 年。远程机器人处于一个使用空间声音的环境中。不同的声音从扬声器中传出,其中包括"我记得那天……"的循环录音

以此类推)。当参与者按下 5 时,芝加哥的"鸭嘴兽"就会停止,并请求将图像发回给在格拉茨的他或她。"鸭嘴兽"能对请求做出实时响应,但由于常规电话线路的带宽问题,从响应到远程参与者的屏幕上形成图像大约需要 6 秒钟的时间。这种延迟是美学经验的固有组成部分:地球与月球之间的单向远程通信的延迟时间约为 3 秒,地球与火星之间的单向远程通信的延迟时间约为 11 分钟。

这件作品的重要组成部分是声音。朝下悬挂的扬声器遍布于整个空间,并传出不同的声音,包括合成声音、一段现场广播和我自己声音的循环录音"我记得有一天……"。每段录音或现场广播都至少通过两个相距较远的扬声器播放。这样一来,这些声音不但没有起到空间标识的作用,反而使人迷失方向。制造建筑的模糊性是一种策略,目的是破坏经验的书面意义,激发参与者来自由探索这种构造出来的情境。

艺术中的远程交流反映了文化模式的重要变化:真实空间被真实时间所支配。这里的月亮并不是地球的天然卫星。在这个装置中,月球只不过是众多图像中的一种,参与者可以随意移动,偶遇令人意外的元素(如木偶、雷诺阿复制品、保龄球、关于进化的幻灯片),将它们移出原位并重新排列空间,让物体掉落,任意探索未知的空间。

6　远程呈现艺术(1993 年)　　113

这种探索产生了一种"主观性制图"。参与者根据沿途收集的样本，自发尝试空间地图的绘制。这些样本不是从人类的视角收集的，而是从远程机器人"鸭嘴兽"的视角（距离地面约两英尺）收集的。因此，每次经历所产生的"可见物的分布图"都是独一无二的，与其他参与者所探索的路径不同。每种心理地图都是每种经历所独有的，也就是说，每个参与者都形成了不同概念上的实际空间。因此，实际空间间接倍增，也证实了真实数据的不稳定性。

在《鸭嘴兽》远程呈现作品中，实际空间的特征（地理位置、尺寸、颜色、材料等）都是次要的。这个空间就是我所说的"低分辨率环境"，也就是为黑白的、移动的、像素化的视角而特别创造的空间。同样，远程行动是真实的，但对参与者来说，这一切都是以图像的形式发生的，图像就是场所。参与者只能通过在实时移动远程机器人的过程中所收集的图像，才能进入空间。实际的空间并未被设想为经由人的身体进行在地性体验，其本身也不作为一个装置。更为重要的是通过电话线所实现的短暂而转瞬即逝的远程体验。

一种新的艺术已经出现，它涉及我们这个时代的文化性、物质性和哲学性状况。这种新艺术的关键要素是实时互动装置、机器人学和远程通信活动。这三个参数在远程呈现作品中互相结合，预示着进一步的发展。

注释

1 William Gibson, *Neuromancer* (New York: Ace Books, 1984), 51.
2 Derrida, *Of Grammatology*, 9.
3 杰伦·拉尼尔:"我创造了'虚拟现实'这个词。这个词最初指的是使用头戴式显示器和手套的系统,这些显示器和手套通过网络连接在一起,人们可以在虚拟世界中体验共享的聚会场所,并能在其中使用模拟工具设计世界。我创造这个词是为了将这种技术与'虚拟环境'系统进行对比,在'虚拟环境'系统中,你关注的是外部世界,而不是人体或人与人之间产生的社会现实。"见 Lanier's interview with Tim Druckrey, reproduced in *Digital Dialogues: Photography in the Age of Cyberspace* 2, no. 2 (1991): 114.
4 Guillaume Apollinaire, "L'amphion faux-messie ou histoires et aventures du baron d'Ormesan," in *L'hérésiarque et cie* (Paris: Stock, 1984), 238–54.
5 Philip Francis Nowlan and Richard Calkins, *Buck Rogers au vingt- cinquième siècle* (Paris: Pierre Horay, 1977), 46.
6 Robert A. Heinlein, *Waldo and Magic, Inc.* (New York: Ballantine Books, 1990), 133.
7 Marvin Minsky, "Telepresence," *Omni*, June 1980, 45–52.
8 Minsky, "Telepresence," 48.
9 Minsky, "Telepresence," 47. 更多关于帕特·冈克尔,见 David Stipp, "Patrick Gunkel Is an Idea Man Who Thinks in Lists," *Wall Street Journal*, June 1, 1987.
10 Eduardo Kac, "Aspects of the Aesthetics of Telecommunications," *Siggraph '92 Visual Proceedings*, ed. John Grimes and Gray Lorig (New York: ACM, 1992), 47–57.
11 Baudrillard, "Requiem for the Media," 128.
12 Baudrillard, "Requiem for the Media," 129.
13 Baudrillard, *Simulations*, 54.
14 Tracy LaQuey with Jeanne C. Ryer, *The Internet Companion* (Reading, Mass.: Addison-Wesley, 1992), 8.
15 Jean Baudrillard, "The Ecstasy of Communication," in *The Anti-Aesthetic: Essays on Postmodern Culture*, ed. Hal Foster (Seattle: Bay Press, 1983), 128.
16 Jacques Derrida, "Signature Event Context," in *Limited Inc.* (Evanston: Northwestern University Press, 1990), 1.
17 Paul Virilio, *L'inertie polaire* (Paris: Christian Bourgois, 1990), 72.
18 Paul Virilio, *La machine de vision* (Paris: Galilée, 1988), 128.
19 Paul Virilio, interview, in "The Work of Art in the Electronic Age," special issue, *Block*, no. 14 (1988): 7.
20 Scott S. Fischer, "Virtual Environments: Personal Simulations and Telepresence," in *Virtual Reality: Theory, Practice, and Promise*, ed. Sandra K. Helsel and Judith Paris Roth (Westport, Conn., and London: Meckler, 1991), 101–10. 费舍尔写道:"目前 VIEW 系统被用于与模拟的远程机器人任务环境进行交互。系统操作员可以调用远程任务环境的多幅图像,这些图像代表了来自自由飞行或远程机器人安装的摄像平台的视角。三维声音提示提供了近距离物体和事件的距离和位置信息。切换到远程呈现控制模式后,操作员的广角立体显示屏与远程机器人三维摄像系统直接相连,可实现精确的视角控制。操作员通过触觉输入手套技术和语音命令,可直接控制机器人手臂和灵巧的末端执行器,它们似乎与自己的手臂在空间上相对应。"(107)
21 Abraham A. Moles, "Design and Immateriality: What of It in a Post-Industrial Society?" in *The Immaterial Society: Design, Culture and Technology in the Postmodern World*, ed. Marco Diani (Englewood Cliffs, N.J.: Prentice-Hall, 1992), 27–28.
22 Virilio, *L'inertie polaire*, 129. 维利里奥创造了"跨表象"一词(108),以表明在这个实时传感感官表象的时代,让我们看到的不再仅仅是光,而是光的速度。维利里奥:"透明性不仅是凝视瞬间所见物体的外观。它突然变成了远距离瞬间传输的表象;因此,我提出了'真实时间'的'跨表象'一词,而不仅仅是'真实空间'的'透明性'(TRANSPARENCY)。"
23 Jean-Louis Weissberg, "Téléprésence, naissance d'un milieu d'expérience," *Art Press Spécial*, H.S., no. 12 (1991): 169–72.
24 Maurice Merleau-Ponty, "Eye and Mind," in *The Primacy of Perception and Other Essays on Phenomenological Psychology, the Philosophy of Art, History and Politics*, ed. James M. Edie (Evanston: Northwestern University Press, 1964), 160.
25 Merleau-Ponty, "Eye and Mind," 174–75.
26 Merleau-Ponty, "Eye and Mind," 162.
27 Merleau-Ponty, "Eye and Mind," 162.
28 Norman Bryson, "The Gaze in the Expanded Field," in *Vision and Visuality*, ed. Hal Foster (Seattle: Bay Press, 1988), 91–92.
29 Merleau-Ponty, "Eye and Mind," 165.
30 Merleau-Ponty, "Eye and Mind," 166.
31 Joseph Kosuth, "Art After Philosophy" (1969), in *Idea Art: A Critical Anthology*, ed. Gregory Battcock (New York: Dutton, 1973), 88.

7 互联网上的远程呈现艺术：《伊甸园中的鸭嘴兽》和《稀有之鸟》（1996 年）

最初发表于《列奥纳多》第 29 卷，第 5 期（1996 年）。

远程呈现和虚拟现实为艺术性实验开辟了新的领域。远程呈现的科学研究侧重于远程机器人技术和远程操作。商业虚拟现实技术的发展使人们能够以沉浸式或第二人称的视角体验合成环境。这些技术和其他技术的混合体以激进的方式来批判媒介景观和当代生活的各个面向，帮助电子艺术家为当代艺术描绘了新的方向。

未来的远程呈现和虚拟现实技术将更为融合，这种融合会使得沉浸式虚拟环境中产生的行为影响到物理现实，反之亦然。这些技术在艺术中的应用也是如此，但我们尚能对这两者进行客观的区分。从这个意义上说，我在本章中提及与远程机器人有关的"远程呈现"一词，指的是远程控制在远距离物理空间中的非自主机器人，而"虚拟现实"则被理解为和纯粹数字世界的创造和体验有关。

对远程呈现和虚拟现实这两种技术的过程进行比较，能进一步厘清其区别。虚拟现实依赖于幻觉的力量，赋予合成世界中的观察者一种真实存在的感觉。虚拟现实使实际上只有虚拟（即数字）存在之物在感知上变得"真实"。而远程呈现则常常通过远程通信链路将个体从一个物理空间传送到另一个物理空间。远程通信和机器人技术可以将运动控制信号的传输和接收，与听觉、视觉、触觉和力反馈进行结合。远程呈现是对物理性的、可触的实体存在进行虚拟化。

从这个角度来看，虚拟现实技术和远程呈现技术几乎是截然相反的。但这两种技术的兴起表明，人类能动性的新领域以相同的强度涵盖了电子空间和物理空间。在特定情况下，数字世界或合成世界可能会"等同于"可触性现实，因为远程呈现和虚拟现实技术都能投射人类行为，并超越平常和即时的范围。

互动、远程呈现和网络生活

在整个社会范围内引介远程虚拟技术，会重塑我们在全公共域的行动和互动。从机械印刷到摄影，从电报到电话，从留声机到电影、广播、电视、个人计算机和互联网，新技术的社会引介一直影响着文化感性（cultural sensibility）[①]。新的信息技术为文化作品的生产、传播和接收塑造了新的语境，也为人们理解熟悉的场景提供了新的方式。它们引入新的交往形式和意义协商方式，从而拥有改变社会的能力。新型多媒体元素融合了远程通信、实时计算和全球网络，正逐渐融入我们的符号交换系统。显然，当全动态影像（30帧/秒）在宽带数字线路上普及时，电话和电子邮件信息将大为改观。对话将变成多媒体式的，包括触觉反馈在内的远程呈现体验也将变得稀疏平常。技术将继续向身体迁移，进行重新配置、延展并将其传输到远程站点。

新的远程呈现艺术以超越时空障碍的方式，延展了真实时间中的人类存在范围，重新定义了对人类潜能的理解。通过活动、系统和瞬时装置，这一新艺术在媒介景观和网络生活（netlife, n-life）[1]领域运作，并连接了人体与计算机等电子设备。视觉艺术中的"在地之物"（local objects）的主导地位[2]为远程呈现的非物质体验提供了空间。我们曾在几十年前讨论过艺术物的非物质化过程[3]，如今则有必要承认非物质艺术的存在。非物质艺术并不意味着没有任何物质载体的艺术；相反，它意味着对远程虚拟领域的探索和对参与者体验的重视。

艺术家们使用他们时代的工具，将可见和不可见的技术融合在一起，构造出合成和远程呈现的环境，物理边界在其中被部分消除，取而代之的是虚拟和远程操控。这就产生了新的非形式元素的协同作用，如虚拟空间和现实空间的共存、远程机器人操控、行动的同步性、实时远程控制、远程机器人的身体共享以及网络协作。远程呈现装置《伊甸园中的鸭嘴兽》同时包含了所有这些元素。

伊甸园中的鸭嘴兽

1994年10月23日（经过一年多的实验），全球公众在互联网上体验了网络远程呈现装置《伊甸园中的鸭嘴兽》（图52）。该作品将互联网的"无的空间"（placeless space）与西雅图、芝加哥和列克星敦的物理空间连接起来。该作品由这三个活跃参与的节点和全球各种观察节点组成（图53）。来自美国各城市和多个国家（包括芬兰、加拿大、德国和爱尔兰）的匿名观众通过 Listserv 群组和口口相传获得了活动信息，他们在网上由"鸭嘴兽"的视角看到了位于芝加哥的远程装置。他们还可以由"鸭嘴兽"的眼睛看见彼此。

位于芝加哥的移动无线远程机器人"鸭嘴兽"，同时受到列克星敦和西雅图参与者的实时控制。这些远程参与者共同使用"鸭嘴兽"的身体，并使用网络从

[①] 译者注：感性（Sensibility），是人类经由感官，对于某种事物产生直接感觉与情绪的一种能力，相对于理性的概念。这个概念在18世纪起源于英国，是在对"知识是如何获得"这个课题进行讨论时产生的。它也被当成道德哲学的人性基础之一。

(a)　　　　　　　　　　　　　(b)

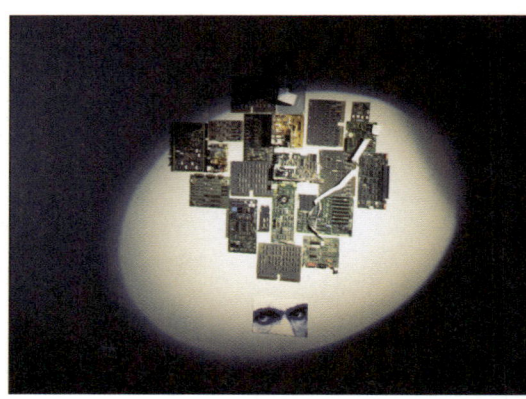

(c)　　　　　　　　　　　　　(d)

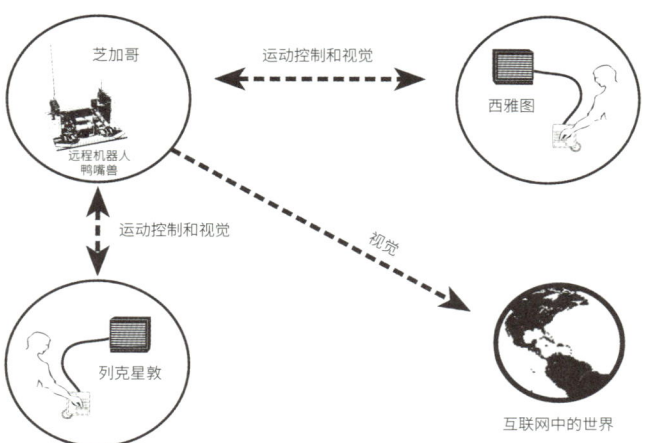

图52（上）
爱德华多·卡茨和埃德·贝内特，《伊甸园中的鸭嘴兽》，互联网上的远程呈现作品，1994年。在线参与者（a和b）共享了位于芝加哥的远程机器人（c）的身体，并体验了用淘汰的媒介所构建的物理环境（d，细节）

图53（左）
《伊甸园中的鸭嘴兽》的示意图，1994年

"鸭嘴兽"的眼睛看到远程装置。参与者们通过常规电话连接（三方电话会议）实时控制远程机器人。

装置空间被分为互相关联的三个部分。比重最大的视觉主题是曾被视为创新媒介的过时性（obsolescence）及其在技术景观中的存在。陈旧的唱片、磁带、电路板和其他元素主要被用于展现其外观、质地和规模，而非功能。这件作品是对我们所处的后工业环境的直接评论，产品在这一环境中被废弃的速度比用户理解和掌握其功能的速度还要更快。艺术家使用剧场灯光来增强视觉体验和控制装置特定区域的阴影投射。空间中策略性地放置了一些小物件，例如被远程机器人推来推去的塑料球，一台用电源线悬挂在天花板上并以不可预测的方式摆动的圆形自动风扇，一个眼睛会发光的静态小机器人（仔细看发现它是旋转风扇），以及一面能够让参与者"看到作为远程机器人'鸭嘴兽'的自己"的镜子。这些物品让观众在探索空间的过程中惊喜不断，也有助于传达这个"过时的远程天堂"所营造的氛围。

这篇文章提出的主要议题之一是，互联网需要成为共享的社会空间，而非信息传递系统这一文化需求。正如盖尔特·洛文克（Geert Lovink）在1995年林茨电子艺术节的小组讨论中所提出的，当成百上千的观众或读者登录网站时，他们完全不知道彼此身处同一个服务器中。[4] 因此，在市场上被宣传为促进社会互动的技术仍然是作为产品传播技术而被开发和实践的，它是电视所特有的社会孤立状态的维持者。共享"鸭嘴兽"身体的参与者的共同意识已经揭示了这种体验的社会意义。他们无法全然按照个人意愿，必须通过合作才能控制"鸭嘴兽"的身体。

远程呈现：远程通信作为远程能动性的空间

在《伊甸园中的鸭嘴兽》所产生的互动性和参与性语境中，交流性相遇不是通过书面或者口头交换，而是通过参与者共享的媒介体验产生的节奏而进行的。观众和参与者被邀请处于同一个身体中，从自身之外的角度来共同体验被发明的远程空间，个人控制、物理存在和地理位置暂时变得无关紧要。该作品是通过互联网体验的，因此电子空间从"再现媒介"（representation medium）转变为"远程能动性媒介"（a medium for remote agency）。

这类网络远程呈现装置通过融合远程机器人技术、远程参与、地理分散式空间、传统电话系统、手机电话、实时运动控制和网络视频会议，产生了新形式的互动艺术——这种艺术不遵从形成媒介景观的单向结构。随着广播和电视等媒介景观由模拟化转向数字化，大众媒体的独白式话语（一对多）将会通过伪互动（pseudointeractive）的小工具来更新其系统和影响范围，并试图吸收和改造在网上真正实施的多向对话（多对多）。同样显而易见的是，更多的人将在计算机内部和外部之间的世界里生活、互动和工作。交流和远程呈现技术的扩展将推动人类、植物、动物和机器人之间的新型界面形式。[5]"鸭嘴兽计划"在追求这一策略的同时，也坚持打破朝向标准的稳定化这一趋势。"鸭嘴兽"所探索的混合型美学提倡对媒介景观的霸权配置发起替代性方案。

随着近地轨道卫星、便携式卫星天线、虚拟视网膜显示器、手表电话、全息视频以及大量新技术发明的出现，新的媒介将继续激增，但它们不能成为人际交流出现品质性飞跃的保证。《伊甸园中的鸭嘴兽》创造的环境，让匿名参与者感知到，只有通过共同体验和非等级合作，才能逐步或逐帧构建出新的现实。在这个新的现实中，时空距离变得具有相对性，虚拟空间和真实空间变得具有对等性，语言障碍可能会暂时被消解以获得共同体验。

稀有之鸟

我利用远程通信媒介来打破它们的单向逻辑，创造出优先考虑对话性交流的体验。

在《稀有之鸟》（图 54）中，当参与者走进房间时就会看到一个非常大的鸟舍。[6]参与者会在鸟舍前看到一个虚拟现实头盔。观众也会注意到鸟舍中三十只飞动的小鸟（斑胸草雀，又称斑马雀，体型非常小，大部分为灰色）和一只栖息于树枝上的大鸟也就是热带金刚鹦鹉之间形成了鲜明对比。这只金刚鹦鹉和其他金刚鹦鹉一样，长着剑形的尾巴、尖尖的翅膀、弯曲有力的喙和艳丽的羽毛。在观察鸟类行为时，观众会注意到金刚鹦鹉——鸟舍中最有号召力的鸟儿——似乎一动不动。只有它的头在动，因为它实际上是远程机器人。由于金刚鹦鹉的眼睛位于头部的两侧，视野几乎没有重叠，因此它的侧视能力比前视能力强。为了适应人类的立体视觉，我将机器人的眼部装置和猫头鹰的眼部特征进行了融合。由于这只金刚鹦鹉的眼睛位于头的前部，因此它被称为 macowl①。

观众被邀请戴上耳机后进入鸟舍。观众现在从 macowl 的视角来感知鸟舍，并从其视角观察自己在这种情况下的处境。macowl 的眼睛是两台 CCD 摄像机。当观众（即现在的参与者）左右移动头部时，远程机器人 macowl 的头部也会相应移动，从而使参与者能够从 macowl 的视角看到鸟舍的整个空间。真实空间立即转变为虚拟空间。该装置与互联网永久连接（图 55）。远程参与者能通过网络从远程机器人 macowl 的视角观察展厅空间。远程参与者还可以通过互联网使用麦克风触发远程机器人 macowl 的发声装置，展厅中就会听到 macowl 的声音。空间中的声音（通常是人声和鸟声的组合）会传回给网上的远程参与者。

该作品可被视为对"异国情调"（exoticism）这一可疑概念的批判。此概念更多地揭示了语境的相对性和观察者的有限觉察，而不是被观察对象的文化地位。

① 译者注，macowl 是 macaw 和 owl 的混合，也就是金刚鹦鹉和猫头鹰的词根组合，此处选择保留原词。也可以译为"猫头鹦鹉"。

图 54

爱德华多·卡茨，《稀有之鸟》，互联网上的远程呈现作品，1996年。一只色彩斑斓的大型远程机器人金刚鹦鹉（a）与 30 只小鸟共享鸟舍。在地（b）和远程（c）参与者从金刚鹦鹉的视角体验这个空间。参与者采用珍稀鸟类（d）的视角，将远程机器人所体现的"他者"形象戏剧化

(a)

(b)

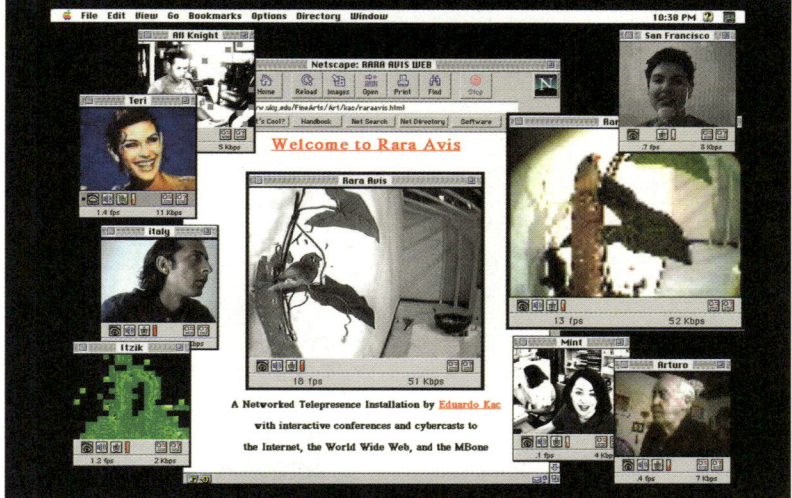

(c)

(d)

7　互联网上的远程呈现艺术：《伊甸园中的鸭嘴兽》和《稀有之鸟》（1996 年）　　121

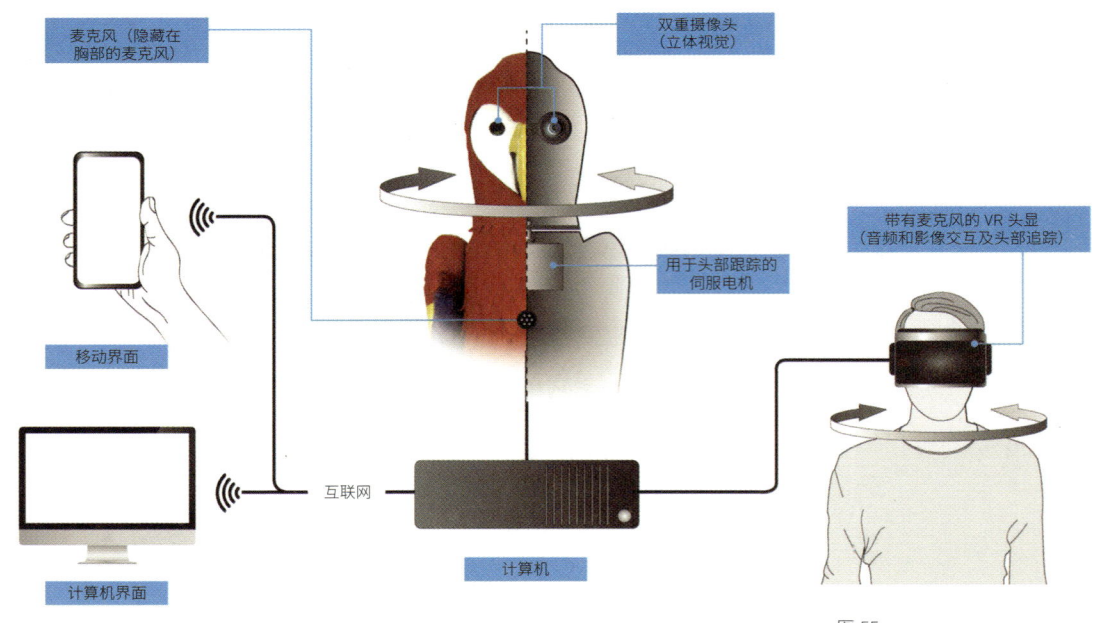

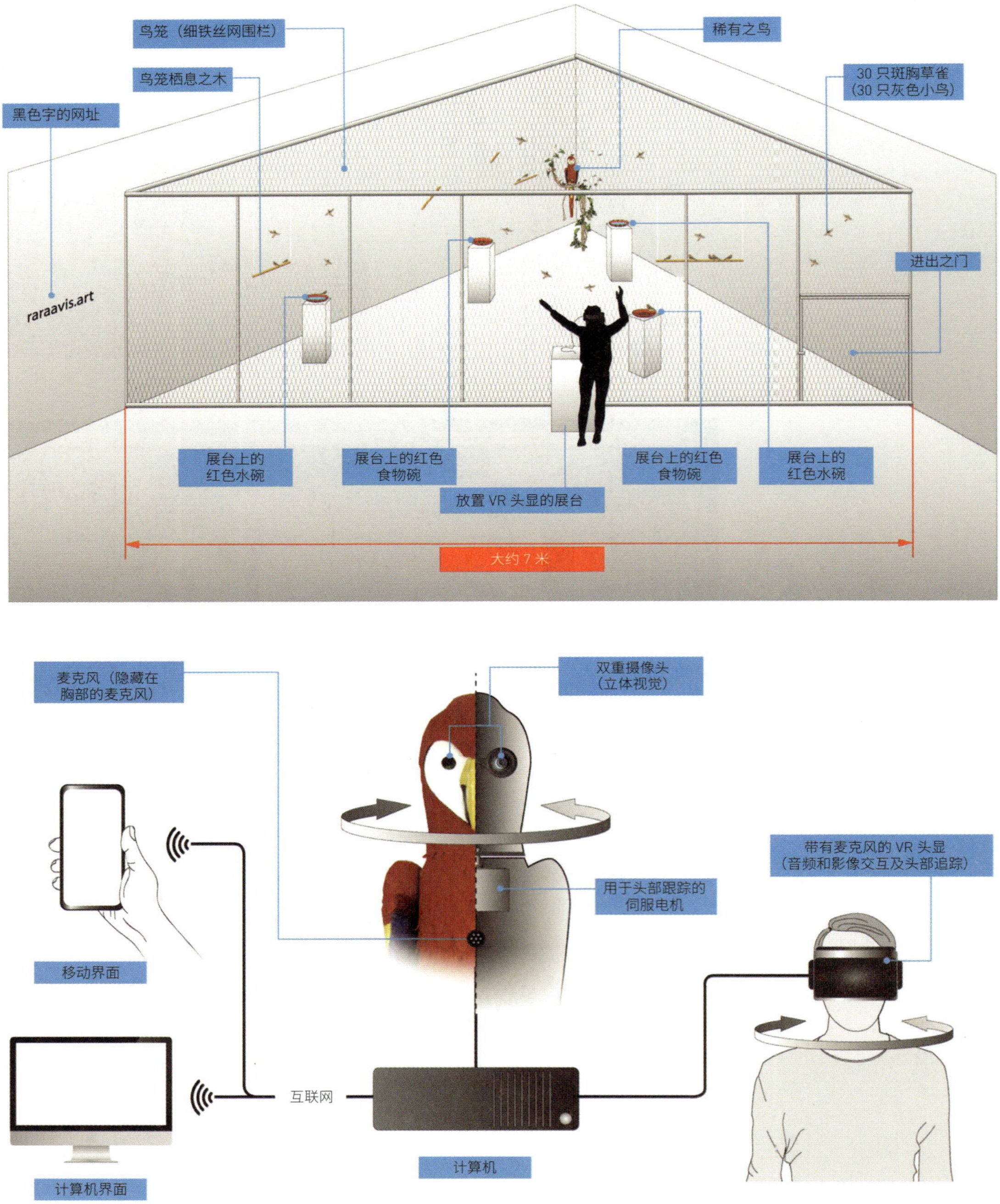

图 55
《稀有之鸟》示意图，1996 年

① 译者注，在计算机领域中，灰度（Gray scale）数字图像是每个像素只有一个采样颜色的图像。这类图像通常显示为从最暗黑色到最亮白色的灰度，尽管理论上这个采样可以呈现任何颜色的不同深浅，甚至可以是不同亮度上的不同颜色。灰度图像与黑白图像不同，在计算机图像领域中黑白图像只有黑白两种颜色，灰度图像在黑色与白色之间还有许多级的颜色深度。

这种"异类""他者"的形象由远程机器人 macowl 具身体现，而参与者短暂地采用珍稀鸟类视角的事实则将其进一步戏剧化。该装置使在地参与者既能代理性地身入笼中，又能物理性地身处笼外，因此也解决了认同和他异性的问题；装置将观众投射到这只珍稀鸟类的身体中，它是鸟舍里独一无二的品种，与其他鸟类差异显著（在尺度、颜色和行为上）。参与者看到了仿佛被囚禁在笼中的自己，因此同时成为观察者和被观察者，在两种截然不同的主体位置之间陷入了无解的循环。在《稀有之鸟》中，奇观变成了镜像，迫使观众通过所谓的异域生物之眼来观看自己。

这件作品创造了一个相互依存的自组织系统，这个系统中的在地参与者、动物、远程机器人和远程参与者在没有直接指导、控制或外部干预的情况下进行互动。由于这件作品结合了物理和非物理实体，它将即时的知觉现象和高度觉察进行了融合，其对象是那些影响着我们，但不在眼前、身处异地的事物。在地和在线的参与者同时体验了这个空间。鸟舍的在地生态受到了互联网生态的影响，反之亦然。

远程呈现艺术将远程行动引入了基于网络的当代艺术剧目之中。网络拓扑学（network topology）是艺术创造性的一个领域。正如绘画的肌理或线条的韵律创造了画面的特殊品质，网络拓扑学也有助于创造线上作品的特殊品质。《稀有之鸟》的拓扑结构经过精心设计，旨在揭示赛博空间之外的社会等级制度和不平等现象是如何重现于网络的。当 macowl 视角的视频从亚特兰大空间上传网络时，其中一只眼睛采集的图像被数字化为灰度图像①（使用免费软件 CU-SeeMe），而另一只眼睛则被数字化为彩色图像（使用商业版本 Enhanced CU-SeeMe）。虽然任何网民都可以下载这一软件并参与作品的互动部分，但只有购买了商业版软件的人才能取得彩色作品的制作权。随后，灰度图像被自动上传到"稀有之鸟"网站，很容易访问。这一点很重要，因为相比网络视频会议，人们更容易上网（并对此感到舒适）。[7] 彩色图像被转发到 MBone，即网络的组播区，只有极少数的人才能访问。一些人以灰度模式体验了亚特兰大的空间，而另一些人的体验则截然不同，他们能以彩色模式和更快的帧速率观看。那些以彩色模式登录的用户可以看到以黑白模式登录的用户，但不可逆。[8] 在地理分布上，《稀有之鸟》特意没有对远程或本地的参与者提供完全相同的体验，从而揭示了物理世界中的差异性也很容易在网络世界中重现。《稀有之鸟》融合了主体和客体，连接了物理和虚拟，整合了电子物和生物；它创造的互动域中，现实作为差异性协商而出现。

注释

1 我的远程互动装置《传送未知状态》(*Teleporting an Unknown State*, 1994-1996) 实现了"网络生命"(netlife) 的概念,即依赖网络活动生存的生命。该作品于 1996 年 7 月 22 日至 8 月 9 日在新奥尔良当代艺术中心 (Contemporary Arts Center in New Orleans) 举办的 Siggraph'96 艺术展"桥"上展出。见 Jean Ippolito et al. (eds.), *Siggraph'96 Visual Proceedings* (New York: ACM, 1996). 网络部分, 见 http://www.ekac.org/teleporting.html。

2 M. Fried, "Art and Objecthood," *Artforum* 5, no. 10 (1967): 21; F. Colpitt, *Minimal Art: The Critical Perspective* (Seattle: University of Washington Press, 1990), 67–73.

3 L. Lippard, (ed.), *Six Years: The Dematerialization of the Art Object from 1966 to 1972* (1973; repr. Berkeley and Landon: University of California Press, 1997). 另 见 Oscar Masotta's lecture "Despues del Pop: Nosotros Desmaterializamos" (After Pop: Dematerialization), presented at the Instituto Di Tella on July 21, 1967. The lecture was first published in Oscar Masotta, *Conciencia y estructura* (Buenos Aires: Editorial J. Alvarez, 1968), 218–44.

4 见 K. Gerbel and P. Weibel, *Mythos Information—Welcome to the Wired World* (Vienna and New York: Springer-Verlag, 1995).

5 R. Weiss, "New Dancer in the Hive," *Science News* 136, no. 18 (1989): 282–83; P. Fromherz and A. Stett, "A Silicon-Neuron Junction: Capacitive Stimulation of an Individual Neuron on a Silicon Chip," *Physical Review Letter* 75, no. 8 (1995): 1670–73.

6 《稀有之鸟》的首次展出是作为展览"界外：八位东南部艺术家新作"(Out of Bounds: New Work by Eight Southeast Artists) 的组成部分，由安妮特·卡洛齐 (Annette Carlozzi) 和朱莉娅·芬顿 (Julia Fenton) 策划。见 K. Maschke, ed., *Out of Bounds: New Work by Eight Southeast Artists* (Atlanta: Nexus Contemporary Art Center, 1996). 网络部分, 见 http://www.ekac.org/raraavis.html.《稀有之鸟》还在另外三个地方展出：得克萨斯州奥斯汀亨廷顿艺术馆 [现为杰克·布兰顿艺术博物馆（Jack Blanton Museum of Art）]，1997 年 1 月 17 日至 3 月 2 日；葡萄牙里斯本贝伦文化中心（Centro Cultural de Belém），1997 年 4 月 11 日至 5 月 8 日；巴西阿雷格里港的马里奥·金塔纳文化中心（Casa de Cultura Mário Quintana），1997 年 10 月 2 日至 11 月 30 日 [作为南方共同体视觉艺术双年展（I Bienal de Artes Visuais do Mercosul）展览的一部分]。

7 当然，这种情况一定会改变，因为网络视频会议本身会越来越普及。

8 科幻小说家尼尔·史蒂芬森（Neal Stephenson）在其小说《雪崩》(*Snow Crash*, 纽约：Bantam 出版社, 1993 年) 中提出了通过使用较高或较低的色彩深度和帧率来表现社会和技术的不平等。例如，他描述了"日本商人的头像，通过他们的高级设备精致地呈现出来"，以及"黑白人——通过廉价的公共终端进入元宇宙（Metaverse）的人，以生硬、颗粒状的黑白呈现出来"(41)。关于 MBone 的简明解释, 见 M. R. Macedonia and D. P. Brutzman, "MBone Provides Audio and Video across the Internet," *IEEE Computer* 27 (Apr. 1994): 30–36. 关于 MBone 的详细讨论, 见 Vinay Kumar, *MBone: Interactive Multimedia on the Internet* (Indianapolis: New Riders, 1996).

ます # 8 机器人艺术的起源与发展（1997年）

原载于《数字反思：艺术与技术的对话》（*Digital Reflections: The Dialogue of Art and Technology*），约翰娜·德鲁克（Johanna Drucker）编，特刊，《艺术杂志》（*Art Journal*）第56卷，第3期（1997年）。

当电子媒介逐渐渗入文化的各种面向之中时，我们需要考虑机器人学/机器人技术在当代艺术——包括影像、多媒体、表演、远程通信和互动装置中的角色。我将在本章中提出一个用于理解和分析机器人艺术（robotic art）框架的定义。我将讨论20世纪60年代的三件重要作品，它们勾勒出了"艺术中的机器人学"（robotics in art）的起源，并为机器人艺术发展的三个主要方向奠定了基础。我还将论述当代机器人艺术作品所提出的众多议题，并阐明它们与这三件早期作品所确立的主要路径之间的关系。

定义的问题

"艺术中的机器人学"中最存疑的议题之一，就是如何定义"机器人"。一方面，来自不同文化的神话传统使得问题更加复杂。这些传统造就了奇妙的合成生物们，例如古希腊故事中的加拉蒂亚（Galatea）[1]——被女神阿佛洛狄忒赋予生命的雕像；或是犹太传说中的"魔像"（Golem），即人类用泥土捏成的不能说话的类人（anthropoid）。[2] 另一方面，最近的文学传统提供了自动机（automata）、机器人、赛博格、人型机器人（androids）、远程机器人和复制人等虚构形象。文学中引人入胜的人造生物曾激发了全世界读者的想象力，在此仅列一部分：玛丽·雪莱（Mary Shelley）的《弗兰肯斯坦》（*Frankenstein*，1818年）、维利耶·德利勒-亚当（Villiers de l'Isle-Adam）的《未来的夏娃》（*Future Eve*，1886年）、古斯塔夫·梅林克（Gustav Meyrink）的《魔像》（*Golem*，1915年）、卡雷尔·卡佩克（Karel Capek）在戏剧《R.U.R.》中的机器人（该剧于1922年向全世界引介了捷克语的"机器人"一词）、罗伯特·海因莱因的《沃尔多》（1940年）、艾萨克·阿西莫夫（Isaac Asimov）的《可人儿》（*Cutie*，1941年）。[3]

而电影中所出现的机器人则进一步扩展了文学中的机器人经典：弗里茨·朗（Fritz Lang）的《大都会》（*Metropolis*，1926 年）、弗雷德·威尔考克斯（Fred Wilcox）的《禁忌星球》（*Forbidden Planet*，1956 年）、乔治·卢卡斯的《星球大战》（*Star Wars*，1977 年）、雷德利·斯科特（Ridley Scott）的《银翼杀手》（*Blade Runner*，1982 年）。电视又进一步普及了数字伴侣（the computing companion）[①]，例如欧文·艾伦（Irwin Allen）的《迷失太空》（*Lost in Space*，1965 年）；赛博格，例如哈维·贝内特（Harve Bennett）的《六百万美元的男人》（*The Six Million Dollar Man*，1974 年）；复杂的人形机器人以及肉身与电子的邪恶混合体——继吉恩·罗登贝里的《星际迷航》（*Star Trek*，1966 年）之后的《星际迷航：下一代》（*Star Trek: Next Generation*，1987 年）。

另一个方面的问题是，科研和工业应用中机器人的操作性定义。20 世纪 60 年代初，第一台工业机器人出现在美国，仅用 20 余年就在全球工业设施中占据了一席之地。[4] 这些可编程的机械手能轻松地处理重复性任务。它们提高了生产效率，并促使人们继续研究提效。从这个角度看，机器人显然是一种由计算机控制的先进机电设备。

使用机器人技术或对机器人技术感兴趣的艺术家，不能忽视对机器人和人造生命形式的神话性、文学性或工业性的定义，然而这些定义也并非适用于任何给定的机器人艺术作品。[5] 每个艺术家都以其特定方式来探索机器人技术，并发展出将机器人与其他媒介、系统、语境和生命形式混合的策略。

艺术家们不断突破艺术的极限，他们将机器人技术作为一种新的媒介，并挑战对机器人的理解——质疑我们在构思、制造和使用这些电子生物时的前提条件。总体来说，机器人对大众的吸引力具备了尚未被开发的社会性、政治性和情感性的影响。如果要在当代艺术语境中正确理解这些影响，就必须将其与行为塑造的新美学维度结合起来（艺术家不仅要创造机器人的形态，还要创造机器人在回应外部或内部刺激时的动作和反应），并在物理空间或远程空间中开发出前所未有的互动交流场景（物体能"感知"观众和环境）。

此处所重点提到的作品规避了机器人的狭义定义——（除了）或许还有行为优先于形式的原则。相比坚持狭义的定义，更为重要的是我们有机会追溯策略间的相似之处，这些策略时而强调电子生物（"机器人艺术"），时而强调有机体和电子的结合（"控制论艺术"），或是将人类主体远程投射到远程机器人上（"远程呈现艺术"）。这些艺术形式不仅相互有直接联系，还在某些作品中出现了混合。

"艺术中的机器人学"之诞生

虽然早在 20 世纪 40 年代，人们就已开发出非商业性机器人的原型，并主要用于娱乐和科研，[6] 但直到 20 世纪 60 年代才出现了第一批机器人艺术作品。20

[①] 译者注：直译为"计算伴侣"，有歧义，此处译为"数字伴侣"。

① 译者注：系留遥控（tethered remote-control）是指通过系留线将设备与地面控制站连接，实现远程控制和数据传输的技术。

② 译者注：全称为 Cybernetic Spatiodynamic Sculpture，控制论空间动力雕塑。

世纪 50 年代和 60 年代发展起来的动态艺术因将雕塑从静态形式中解放出来并重新引入机器，而成为艺术辩论的核心。[7]1957 年，金山明（Akira Kanayama）使用了模拟和系留遥控①装置，作为具体派（Gutai）绘画实验的创作手段；而在此语境中尤为重要的是尼古拉斯·舍费尔（Nicolas Schöffer）在 1956 年的《CYSP 1》②（图 56）。这件开创性的模拟电子互动作品由光电池、麦克风和稳态调节器（即能够对环境输入做出反应的机器）组成，会根据观察者的存在而产生不同的运动。[8]《CYSP 1》是第一件能够在展厅或室外的三维空间中进行实

图 56
尼古拉斯·舍费尔，《CYSP 1》，控制论雕塑，1956 年。这件开创性的互动作品根据观察者的存在而产生不同的运动［由埃莱奥诺尔·舍费尔（Eléonore Schöffer）提供］

8　机器人艺术的起源与发展（1997 年）　　127

际移动的艺术作品。舍费尔的作品从机电领域进入电子领域,在动力学和机器人学之间架起了一座桥梁。1959 年,舍费尔在巴黎的工作室现场,向同城直播的电视节目《机器人控制论》(Robocybernétique),完整记录了这一作品的过渡特性。在 20 世纪 60 年代中后期创作的三件艺术作品深受这一实验性语境的影响,它们所开辟的新方向,将复杂的互动和行为问题置于优先地位。这三件作品成为机器人艺术发展史上的里程碑:白南准和阿部修也(Shuya Abe)的《机器人 K-456》(Robot K-456,1964 年)、汤姆·香农(Tom Shannon)的《蹲伏》(Squat,1966 年)和爱德华·伊纳托维奇(Edward Ihnatowicz)的《森斯特》(The Senster,1969—1970 年)。虽然每件作品都意义重大,但若将它们并置后重新审视,就会发现其中蕴含的特殊意义,因为它们还构成了新美学议题的三角,不断为机器人艺术的主要方向提供信息。白南准和阿部修也的《机器人 K-456》,是一件幽默且充满政治色彩的作品,引入了远程控制的问题。香农的《蹲伏》是第一件混合了有机与无机的互动艺术作品,它提出了创造"生物控制论实体"的问题。在伊纳托维奇的《森斯特》(也是一件互动作品)中,我们发现了数字化控制的行为自主性的第一个艺术实例。艺术家用软件为机器人分配给定的人格,随后机器人会对人类和不断变化的环境做出自主反应。

白南准与阿部的这件以莫扎特钢琴协奏曲(克歇尔编号[①] 456)命名的二十通道遥控拟人机器人首次在私人空间(在贾德森音乐厅表演的《机器人歌剧》,与夏洛特·摩尔曼合作演出)和街头进行表演,这两次表演都是 1964 年的第二届纽约前卫艺术节(the Second Annual New York Avant-Garde Festival)的一部分。在白南准的引导下,K-456 在街道上穿行,通过它的嘴巴(无线电扬声器)播放约翰·肯尼迪的就职演说录音,并喷撒豆子。在视频中,我们可以清楚地看到机器人的眼睛(玩具飞机螺旋桨)、向前拖动的双腿,以及旋转的泡沫塑料乳房的奇妙动感。[9] 白南准以独特的幽默感来处理机器人艺术,将这些创造物视为对人类的滑稽写照,而不是恐惧(失去工作、被消解身份)的来源。当反思机器人在经济中的作用,以及机器人在艺术和工业中的差异时,他说:"现在,我的机器人……一般来说,创造机器人是为了减轻人们的工作……但我的机器人是为了增加人们的工作,因为我们需要五个人才能让它移动十分钟,你看。哈哈。"[10]

1982 年,惠特尼美国艺术博物馆举办白南准的回顾展时(图 57),K-456 被重新启用。艺术家在展览上演了一场 K-456 的撞车事故。在这场名为《二十一世纪的第一场灾难》(The First Catastrophe of the Twenty-First Century)的表演中,艺术家从展台移下 K-456,引导它走到了第七十五大街和麦迪逊大道的交叉口。在横穿马路时,机器人和艺术家比尔·阿纳斯塔西(Bill Anastasi)驾驶的汽车"意外"地发生碰撞。白南准用该行为艺术,暗示了失去人类控制的技术在相撞时可能产生的问题。"碰撞"后的 K-456 又被放回博物馆的展台。[11]

汤姆·香农的作品所带来的接触则不那么具有创伤性。香农的《蹲伏》(图 58)

① 译者注:克歇尔编号是奥地利音乐学家克歇尔对莫扎特的音乐作品所做的编年式编号。系统通常用缩写 K 或 KV 表示,例如《G 大调弦乐小夜曲》的编号为 K.525。

图 57

白南准和阿部修也,《机器人 K-456》,无线电控制机器人,1964 年。在 1982 年,白南准将机器人从纽约惠特尼美国艺术博物馆的展台移出(该机器人是博物馆举行的白南准回顾展的一部分)并带到室外进行表演。[摄影:乔治·广濑(George Hirose)]

是在《机器人 K-456》之后仅仅两年创作出来的,是一件连接活体植物与机器人雕塑的控制论系统。[12] 在这种早期的控制论互动艺术形式中,香农利用人体的电势来触发有机的开关。当观众触摸植物时,电流会被放大,并启动机器人雕塑的电动机,雕塑随之移动。当人体触碰植物时,"蹲伏"会收缩,并伸出三条腿和两条臂,引发波浪形的运动和嗡嗡声、鸣叫声。如果观众再次触碰植物,雕塑就会回到静止状态。

触觉参与对《蹲伏》至关重要，但在伊纳托维奇的作品中，引发反应行为的关键是观众的声音和接近。爱德华·伊纳托维奇（1926—1988年）也许是三位先驱中最不为人所知的，他从波兰移民到英国，在牛津大学罗斯金绘画和美术学院学习后，此后在相对封闭的英国工作。1969年至1970年间，他创作了《森斯特》（图59），一个举止害羞的计算机控制仿生机器人。[13] 从1970年到1974

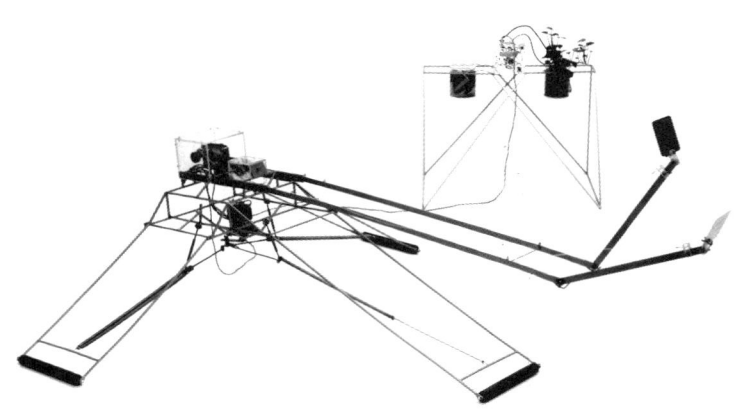

图58（上）
汤姆·香农，《蹲伏》，控制论装置，1966年。这件作品将一株活体植物连接到动态雕塑上。（汤姆·香农提供）

图59（下）
爱德华·伊纳托维奇，《森斯特》，计算机控制雕塑，1969—1970年。[奥尔加·伊纳托维奇（Olga Ihnatowicz）提供]

年，这件作品在荷兰海因霍芬的飞利浦永久展厅"演化"（Evoluon）展出，之后被拆除。"森斯特"仿照龙虾螯的形状建造，长约 15 英尺，高约 8 英尺，占地 1000 立方英尺。它的头部装有灵敏的麦克风和运动探测器来提供感官输入，并由飞利浦微型计算机进行实时处理。"森斯特"的上半身由六个独立的电动液压伺服机械组成，具有六自由度①。"森斯特"能在一到两秒钟内对动作和声音做出反应，将头部轻轻移向低于特定频率的持续性声音。原始的影像资料显示，当机器人向孩子们移动时，孩子们会拍手并欣喜若狂地观看。如果出现巨大的声音和剧烈的动作，机器人就会远远躲开，使自己免于伤害。这件作品的感性和明显智能化的行为，吸引了大量观众。当时，关于艺术中的计算机使用争论仍主要围绕着静态或连续图像的创作，以及使用静态或移动绘图仪来制作这些图像，而伊纳托维奇则将基于软件的参数行为与硬件实体在真实空间中融合，推出了第一件由计算机控制的机器人艺术作品。换句话说，《森斯特》是第一件由数据处理（而非雕塑元素）触发空间表达（其选择、反应和动作）的实体作品。

一种艺术形式的兴起

1974 年，诺曼·怀特（Norman White）创作了《家庭》（Ménage），一件由五个光扫描机器人组成的装置。这个装置包含了四个在天花板上沿着各自轨道来回移动的机器人和一个位于地上的机器人。每个机器人都有一个扫描仪（使机器人趋向强光源）和一个安装在中心位置的聚光灯。天花板上的机器人自身都携带强光源，会趋向于凝视彼此。这一设置看似简单，但是在它们自身的电动机将彼此拉开后，会继续发生凝视锁定的相互作用，并引发更多的动态行为。如果说在之前的三件前卫作品中，艺术家们都是使用单个机器人，那么怀特则试图创造一个具有集体行为的小型机器人群。如果说白南准、香农和伊纳托维奇对机器人艺术的贡献仅限于之前讨论过的作品，那么怀特则是第一位多年来始终倡导将机器人技术作为一种艺术形式的艺术家，[14] 并创作了大量形态各异、引人入胜的作品，其中最著名的是《无助的机器人》（Helpless Robot，图 60）。这个机器人最初制作于 1985 年，它可以与观众对话，请求观众帮助它旋转，或多或少得到一些帮助后，它就会及时改变自己的行为。诺曼·怀特认为《无助的机器人》是未完成态（可能无法完成），自 1985 年以来，他对其进行了多次修改。1988 年，《无助的机器人》首次公开展出。1997 年，它被两台由怀特编程的计算机协作操控，其中一台计算机负责跟踪旋转部分的角度位置，并通过红外线运动探测器阵列来检测人类的存在；另一台计算机则根据过去发生的事件分析这些信息，并生成恰如其分的语音回复。这件作品幽默地颠覆了机器人与人类的两极关系，要求人类去帮助那些传统意义上被设计为人类助手的电子生物。

在互动环境中使用传感器和微控制器（即嵌入式数字控制器）[15]的艺术家，还

---

① 译者注：自由度是根据机械原理，机构具有确定运动时所必须给定的独立的广义坐标系数。六自由度是指物体在空间具有六个自由度，包括沿 x、y、z 三个直角坐标轴方向的移动自由度和绕这三个坐标轴的转动自由度。

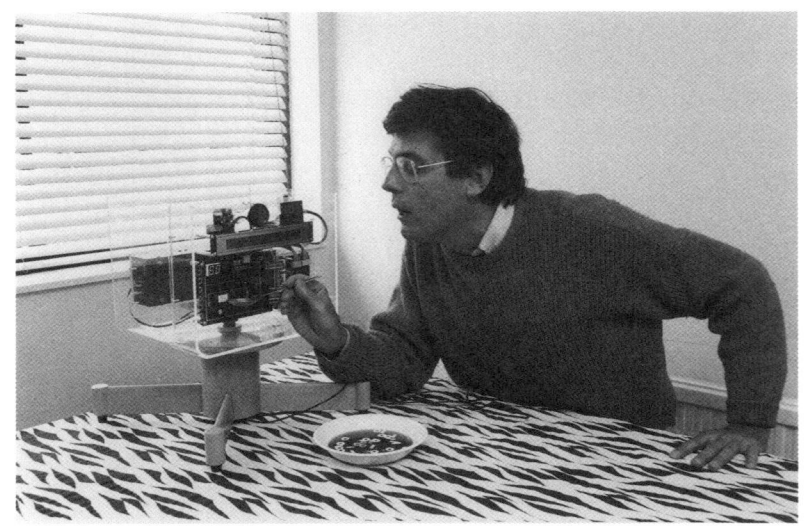

图 60
诺曼·怀特,《无助的机器人》,互动式机器人,1985 年开始创作。(诺曼·怀特提供)

有詹姆斯·西莱特(James Seawright),他以反应式动感雕塑[16],如《守望者》(Watcher,1965—1966 年)和《搜寻者》(Searcher,1966 年),以及早期互动装置(他称之为"反应式环境"),如《电子围栏》(Electronic Peristyle,1968 年)和《网络 III》(Network III,1970 年)而闻名。后者是一件开创性的交互式计算机装置,其中一台数字微型计算机(PDP8-L)将观众在压敏板上的运动转化为天花板上闪烁的灯光图案。20 世纪 80 年代,西莱特开发了由计算机控制的机器人作品,这些作品在与环境和公众的互动中实现了复杂的行为。他的《电子花园 2 号》(Electronic Garden #2,1983 年)由五朵计算机控制的机器花组成。这些电子花最初作为室内花园被安装在公共场所中,能够对温度和湿度等气候参数做出反应。观众也可按下按钮,修改在定制微处理器中所安装的程序,从而改变花朵的行为。这些电子花暗示了人类、自然和技术和谐共处的可能性,同时也将反应灵敏的电子产品比作观赏植物,使其诗意化。在此概念的基础上,西莱特在 1984 年创作了《家居植物》(House Plants,图 61),这是两朵由电脑控制的机器花。[17]《家居植物》利用计算机(定制的微处理器),赋予了电子植物对环境的反应式行为。较高的植物会在夜间张开四片花瓣,对光照度的变化做出反应;而较矮的圆顶植物则随着小圆盘的开合发出奇特的声响。这两种植物都显示出动态的闪烁光模式:较高的植物在花瓣内侧(打开时可见),而较矮的则在其球形顶部的表面。如果将这两种植物放置在展厅环境中,它们就会同时展示自己的行为。控制论植物学是艺术家在多件作品和同一件作品的不同版本中所探索的主题。

图 61
詹姆斯·西莱特,《家居植物》,机器人雕塑,1984 年。与许多植物一样,这些机器花朵也会对光照度的变化做出反应。(詹姆斯·西莱特提供)

向戏剧性和表演性拓展

机器人艺术强调行为,因此其领域迟早会拓展到戏剧性和表演性活动。在 20 世纪 70 年代所出现的这一代使用机器人技术的艺术家中,最杰出的两位是马克·波林(Mark Pauline)和斯泰拉克。1980 年,波林成立了生存研究实验室(Survival Research Laboratories,SRL),这是一个位于旧金山的合作团队。从那时起,他们就开始创造多台机器的表演,并结合了音乐、爆炸、无线电控制装置、暴力和破坏行动、火、液体、动物身体部位和有机材料。[18] 两位早期的主要合作者是马修·海克特(Matthew Heckert)和埃里克·沃纳(Eric Werner)。自 1980 年以来,SRL 就开发了多种机器和机器人,并在欧洲和美国举办各种表演,其数量和种类之多,在此无法一一列举。这些作品以粗俗暴力和混乱编排为特征,并往往以宣泄式的自我毁灭盛宴达到高潮。这些充满不适、恐惧和实际性破坏的机器人奇观是对社会议题的评论,尤其是关于意识形态控制、滥用武力和技术统治。例如,在 1981 年,波林将动物标本机械化,唤起了弗兰肯斯坦式的恐惧,并暗示了技术超越人类的力量。《拉波特》(*Rabot*)的制作方法是将机械外骨骼嫁接到死兔子的整个身体上,使其向后行走。这些以及其他强有力的机器、动物与机器的混合体、机器人或计算机控制的设备,激活了 SRL 声势浩大、富有争议的缭乱活动,如 1995 年 11 月在旧金山举办的《犯罪浪潮》(*Crime Wave*,图 62),或 1997 年 3 月在得克萨斯州奥斯汀举办的《对精心设计的人工物的意外摧毁》(*The Unexpected Destruction of Elaborately*

8 机器人艺术的起源与发展(1997 年) 133

图 62
生存研究实验室,《犯罪浪潮》表演中的场景,1995 年 11 月 28 日在旧金山实现。图中展示了"奔跑机器"攻击受害道具的场景。(由马克·波林提供)

Engineered Artifacts)。十五年后,我们可以在 SRL 作品的语境下,重新审视白南准在 1982 年设计的事故,它所强调的是不受人类控制的撞击所带来的技术美学原则。

相比之下,斯泰拉克的作品则着眼于自己的身体。他在右臂上安装了第三只(机械)手臂,是为了将他的悬吊活动[19]扩展为复杂的表演,由此演化出对赛博格和后人类的隐喻,并提出在高度技术化的环境中进化和适应的问题。[20]《第三只手》(*The Third Hand*,图 63)是由腹部和腿部肌肉激活的一只五指机械手;1981 年在今仙电机(Imasen Denki)[①]的协助下,按照加藤一郎(Ichiro Kato)的原型制作而成。1981 年,斯泰拉克首次进行了机器人表演,其中包括《第三只手》(田村画廊,东京)和《十舞》(*Deca-Dance*,驹井画廊,东京)。在表演《第三只手》时,艺术家左手拿纸,尝试了用右手和第三只手同时书写"第三只手"一词的可能性。在《十舞》中,他实验了人类和机器人的编舞姿势。在《多手书写》(*Hands Writing*,1982 年)中,斯泰拉克尝试用三只手共同书写"进化"(EVOLUTION)一词。自 1981 年以来,斯泰拉克一直在创作"增强身体"(amplified body)的表演,他将人体与电子设备和远程通信系统连接,扩大了人体的力量和范围。在这些表演中,他将"第三只手"与许多其他技术组件相结合,包括传统医学中使用的传感设备。有时,斯泰拉克也会使用工业机械臂进行表演。他还使用假肢技术连接身体,实现远程和直接的肌肉刺激,使艺术家做出无意识的姿势和身体动作。

同样在戏剧或表演环境中,开拓肉体与机器混合体这一沃土的,还有巴塞罗

① 译者注:这是一家日本的机械设备制造公司。

那艺术家马塞尔.利·安图尼斯·罗卡。1992 年，作为争议性表演团体——拉夫拉前卫剧团（La Furadels Baus）的创始人之一，罗卡与塞尔吉·若尔达（Sergi Jorda）合作了《肉人琼》（*Joan, l'Hombre de Carne*）。这是一个真人大小的人形机器人，外面包着猪皮，装在玻璃盒子中（图 64）。机器人的各个部分（头部、手臂等）会随着环境声音或参与者的掌声而移动。我看到"琼"是

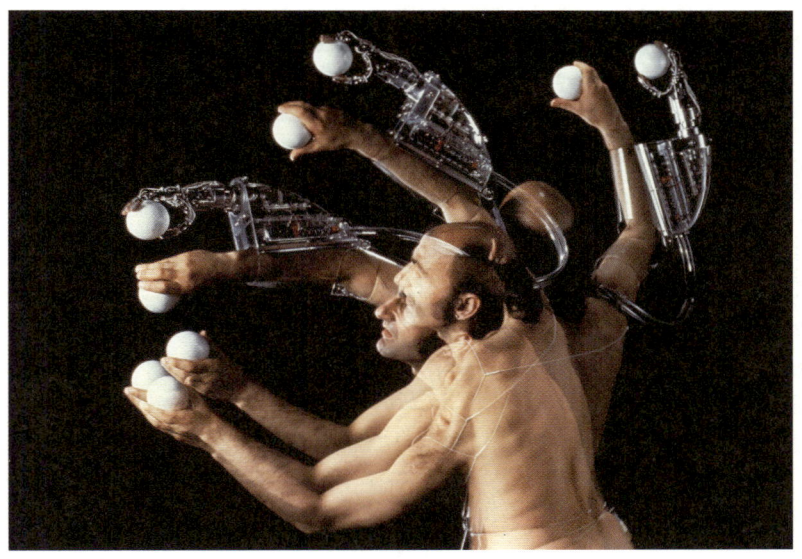

图 63（上）
斯泰拉克，《第三只手》，机械臂，1981 年。斯泰拉克创作了多场表演，他在右臂上安装了第三只（机械）手臂，催生出赛博格和后人类的隐喻。（由斯泰拉克提供）

图 64（下）
马塞尔.利·安图尼斯·罗卡和塞尔吉·若尔达，《肉人琼》，1992 年。（由马塞尔.利·安图尼斯·罗卡提供）

在 1996 年，在赫尔辛基附近塔皮奥拉的奥措画廊（Otso Gallery）举办的"元机器：身体何在？"（Metamachines：Where Is the Body?）机器人艺术展上。[21] 近距离观察这件作品时，人们会被缝合线所吸引，它们将猪皮与聚酯躯体拼接成人形。机器人坐在一张普通的木椅上。但机器人手指末端的指甲等细节和鞋子等普通配件，都给人留下另类的印象。其表情显得相当困惑。当互动机器人和公众一起运动时富有生机，为精彩的画面增添了一丝探索感，因为人类会根据"琼"的动作改变自己的行为。

机器人技术与远程通信

使用机器人技术的几位艺术家，并未将作品的体验局限于个人化的直接感知领域。物的缺失刺激出一种特殊的体验：它增强了对远方的感知，却削弱了本地的视觉感知。远方为表演、机器人技术和互动艺术创造了新情境。我希望将远程通信艺术推向更具物理性的领域，因此，自 1986 年以来，我一直在开发"远程呈现艺术"，将机器人技术和远程通信结合到新形式的交流体验中，让参与者能够将自身的存在投射到地理上的远方。其他艺术家也在此基本前提下，取得了非常吸引人的成果。

1993 年，奥地利 X-Space 小组——格弗里德·斯托克和霍斯特·霍特纳（Horst Hörtner），以及阿诺德·福克斯（Arnold Fuchs）、安东·迈尔霍夫（Anton Maierhofer）、沃尔夫冈·莱尼施（Wolfgang Reinisch）和尤塔·施米德尔（Jutta Schmiederer）创作了互动机器人装置《再见再见》（Winke Winke），[22] 并在格拉茨唯一的摩天大楼——格拉茨的邮政大楼顶层上进行了首次展出。1993 年 11 月 3 日至 7 日，我在国际电子艺术研讨会（the International Symposium on Electronic Art, ISEA）期间的明尼阿波利斯艺术与设计学院看到了这件作品。该项目参考了远程通信网络最早的形式之一：光学电报（the optical telegraph，1794 年），即电报的前身。参与者走近一台位于展厅或其他公共空间中的计算机终端，它与放置在建筑物屋顶的机器人是相连的。观众在终端上输入的每一条信息，都会被机器人翻译成国际航海信号系统的手势，机器人通过移动连接在手臂上的旗帜来实际产生这些手势。在另一个屋顶上，在机器人的直线视线范围内，一台带长焦镜头的摄像机记录下了《再见再见》产生的手势。照片输入计算机后，计算机读取旗帜的位置，并将手势转换成文字。数字远程通信与光学电报相辅相成，寓意着新的开始。"winke winke"是奥地利婴儿用语，意为"再见"或"拜拜"。

1995 年，肯·戈德堡、约瑟夫·桑塔罗马纳（Joseph Santarromana）、乔治·贝基（George Bekey）、史蒂文·根特纳（Steven Gentner）、罗斯玛丽·莫里斯（Rosemary Morris）、卡尔·萨特和杰夫·维格利合作了万维网远程呈现装置《远程花园》。[23] 万维网上的任何人都能在《远程花园》（图 65）里，用工

图 65
1995 年，肯·戈德堡等人制作了《远程花园》，互联网上的远程呈现装置。该作品使网络参与者能够使用工业机械臂在花园中播种和浇水。（由肯·戈德堡提供）

业机械臂给真实生长着的花园播种和浇水。这个直径六英尺的花园里，很快就长满了万寿菊、辣椒和矮牵牛。参与者成为这个虚拟合作社的"成员"，还可以通过在线聊天讨论合作社政策。该项目探索了万维网社群的演变，特别是它们与农业革命的关联，而农业革命则为文化社区创造了条件。

同样在 1995 年，妮娜·索贝尔（Nina Sobell）和艾米丽·哈泽尔（Emily Hartzell）与纽约大学先进技术中心的工程师和计算机科学家合作，创作了《爱丽丝坐在这里》（Alice Sat Here）。在这件作品中，在地参与者操控着配备摄像头的轮椅，并陆续上传到万维网。[24] 索贝尔、哈泽尔与纽约大学的工程师和计算机科学家合作所创作的这件远程呈现装置，最初在纽约里科／马雷斯卡画廊展出。在地参观者可以坐上轮椅，并操控爱丽丝的宝座（也就是轮椅），远程参观者则可以控制摄像机的方向。展厅前窗的显示器中播放着从安装在轮椅上方的无线摄像机视角所拍摄的实时影像；影像随后以连续静帧的形式展示在万维网上。前窗的触控板环绕着显示器。在地参与者按下触控板的同时，也控制了宝座上的摄像头：他们本人的图像会被显示器顶部的小型摄像头捕捉。在上传万维网之前，小摄影头将在地参与者的图像与由轮椅上所安装的摄像机的视角捕捉到的图像进行叠加。该作品探索了参与者在物理空间和赛博空间之间摇摆时（对观察、操控和图像捕捉）的多层次控制。

8　机器人艺术的起源与发展（1997 年）

持久的关注

如果说远程呈现艺术是将人类的认知过程置于远程机器人的躯体之上，那么我们同时会发现，艺术家们也在追求机器人躯体在空间中的自主性问题。例如，西蒙·彭尼（Simon Penny）于 1996 年创作了自主机器人"小癫痫"（Petit Mal）[25]，并于同年在前文提过的展览"元机器：身体何在？"展出。这件作品的标题是一个医学术语，指瞬间失去意识。作为自主性机器人艺术作品，它探索了建筑空间，它追逐人并对人做出反应。它的行为既非模拟人类，也非模拟动物，而是其电子特性所独有的。它有三个超声波传感器和三个体温传感器，能够感知附近是否有人的存在。"小癫痫"的设计轻巧、耐用、有效，具有"实验室原型"的外观特征。艺术家在机器人的一些部位盖上家用印花布，意在改变它的外观。"小癫痫"由一对自行车车轮组成，用于支撑一对悬挂在单轴上的摆锤。摆锤上部装有处理器、传感器和逻辑电源。摆锤底部则装有电动机和电动机电源。摆锤上部能使传感器保持垂直，偶尔也会有加速度所导致的摆动。"小癫痫"可在公共环境中自主运行数小时，而后需更换电池。

一种艺术形式的成熟

本文所列出的作品表明，机器人技术自 20 世纪 60 年代被首次引入，并作为一种艺术形式逐渐成熟的同时，它也被迅速挪用并融合了其他形式，如表演、装置、舞蹈、大地艺术作品、戏剧和远程呈现作品。玛格特·阿波斯托洛斯（Margot Apostolos）、特德·克鲁格（Ted Krueger）、肯·里纳尔多（Ken Rinaldo）、奇科·麦克默特里（Chico MacMurtrie）、艾伦·拉斯（Alan Rath）、马丁·斯潘贾德（Martin Spanjaard）、乌尔里克·加布里埃尔（Ulrike Gabriel）、路易-菲利普·德默斯（Louis-Philippe Demers）和比尔·沃恩（Bill Vorn）等艺术家正在发展着复杂而迷人的机器人艺术作品。[26] 正如白南准、香农和伊纳托维奇最早提出的那样，远程控制、控制论实体和自主行为，是艺术中的机器人学的三个主要发展方向。艺术创作的自由促进了机器人的多样性，因此理解这个三角框架对于我们继续探索机器人艺术的历史、理论和创作至关重要。

注释

1 Geoffrey Stephen Kirk, *The Nature of Greek Myths* (London: Penguin, 1990).

2 Moshe Idel, *Golem: Jewish Magical and Mystical Traditions on the Artificial Anthropoid* (Albany: State University oaf New York Press, 1990).

3 Mary W. Shelley, *Frankenstein; or, The Modern Prometheus:The 1818 Text* (Oxford and New York: Oxford University Press, 1998); Villiers de l'Isle-Adam, *Tomorrow's Eve* (Urbana: University of Illinois Press, 1982); Gustav Meyrink, *Two German Supernatural Novels:* The Golem *and* The Man Who Was Born Again (New York: Dover, 1976); Karel Capek, *R.U.R: Rossum's Universal Robots and the Insect Play* (New York and Oxford: Oxford University Press, 1961); Robert Heinlein, *Waldo and Magic, Inc.* (New York: Ballantine Books, 1990); Isaac Asi- mov, "Reason," in *I, Robot* (New York, Bantam Books: 1991), 56–81.

4 Kuni Sadamoto, ed., *Robots in the Japanese Economy: Facts about Robots and Their Significance* (Tokyo: Survey Japan, 1981); Frederik Schodt, *Inside the Robot Kingdom: Japan, Mechatronics, and the Coming of Robotopia* (New York: Kodansha International, 1988); Daniel Hunt, *Understanding Robotics* (San Diego: Academic Press, 1990).

5 Jack Burnham, *Beyond Modern Sculpture* (1968; repr., New York: George Braziller, 1982); Jasia Reichardt, *Robots: Fact, Fiction, and Prediction* (New York: Penguin Books, 1978), 48–61; Derrick Kerckhove, "L'espace de la robotique en art," in *Esthétiques des arts médiatiques,* ed. Louise Poissant (Montreal: Presse Uni- versitaire du Québec, 1995), 1:271–77.

6 Alfred Chapuis and Edmond Droz, *Automata: A Historical and Technological Study* (New York: Central Book Company, 1958).

7 Frank Popper, *Origins and Development of Kinetic Art* (Greenwich: New York Graphic Society, 1968).

8 Nicolas Schöffer, *Nicolas Schöffer* (Neuchatel: Editions du Griffon, 1963), 50.

9 Nam June Paik, *A Tribute to John Cage* (1973; 60 min.).

10 Willoughby Sharp, "Artificial Metabolism—An Interview with Nam June Paik," *Video 80*, no. 4 (1982): 14.

11 John Hanhardt, "Non-Fatal Strategies: The Art of Nam June Paik in the Age of Postmodernism," in *Nam June Paik: Video Time, Video Space*, ed. Toni Stoos and Thomas Kellein (New York: Abrams, 1993), 79. 汉哈特捕捉到了白南准独特的幽默感，他引用了艺术家在某次电视采访中的一段话：K-456 "已经二十岁了，却还没有举行成人礼"。

12 《蹲伏》记录在 Pontus Hulten, *The Machine as Seen at the End of the Mechanical Age* (New York: Museum of Modern Art, 1968), 193. 另见于 Burnham, *Beyond Modern Sculpture*, 5. 有关香农作品的完整目录，见 Catherine Monnier, ed., *Thomas Shannon* (Geneva: Galerie Eric Franck, 1991).

13 Jonathan Benthall, *Science and Technology in Art Today* (London: Thames and Hudson, 1972), 78–83; Edward Ihnatowicz, "Towards a Thinking Machine," in *Artist and Computer*, ed. Ruth Leavitt (New York: Harmony, 1976), 32–34.

14 Derrick de Kerckhove, "Les robots de Norman White," *Art Press* 122 (1988): 21–22; Norman White, "A casa dos espelhos," in *A arte no século XXI*, ed. Diana Domingues (São Paulo: Unesp, 1997), 45–48.

15 微控制器是一种微处理器，带有内置程序存储器、RAM 和一些外围设备（如串行通信电路和定时器）。

16 有关西莱特 1965 年至 1968 年作品的介绍，见 James Seawright, "Phenomenal Art: Form, Idea, and Technique," in *On the Future of Art*, ed. Edward Fry (New York: Viking, 1970), 77–93. ；另见 Douglas Davis, "James Seawright: The Electronic Style," in *Art and the Future*, 153–56.

17 Cynthia Goodman, *Digital Visions: Computers and Art* (New York: Abrams, 1987), 135, 138–43.

18 C. Herman and K. Ludacer, "Rare Animals Trying to Breed: An Interview with SRL," *Lightworks*, no. 17 (1985): 17–21; Alfred Jan, "Survival Research Laboratories," *High Performance* 8, no. 2 (1985): 32–35; Mark Pauline, "Interview with Mark Pauline," *Re/Search*, nos. 6–7 (1991): 20–41. 另见生存研究实验室的网站：http://www.srl.org。

19 Stelarc, *Obsolete Body Suspensions* (San Francisco: Contemporary Art Press, 1984).

20 Stelarc, "Prosthetics, Robotics and Remote Existence: Postevolutionary Strategies," *Leonardo* 24, no. 5 (1991): 591–95; "Parasite Visions: Alternate, Intimate and Involuntary Experiences," *Art and Design*, 12, no. 56 (1997): 66–69.

21 借此机会，我和马塞尔. 利·安图内斯·罗卡决定分享我们的笔记，并起草了一份题为"机器人艺术"的联合声明，发表在《列奥那多电子年鉴》(*Leonardo Electronic Almanac*) 第 5 卷，第 5 期（1997 年）上。有关罗卡作品的更多信息，见 Giuseppe Savoca, *Arte estrema* (Rome: Castelvecchi, 1999), 117–30. 另见 Claudia Giannetti, *Arte facto y ciencia* (Madrid: Telefonica, 1999).

22 Jutta Schmiederer, ed., *Cross Compilation* (Graz: X-Space, 1994), n.p. 这是一份自出版的画册，记录了该小组 1991 年至 1994 年期间的工作。

23 Ken Goldberg et al. "The Tele-Garden: An Interactive Art Installation on the World Wide Web," in *Siggraph Visual Proceedings* (New York: ACM, 1995), 135; "Telepistemology on the World Wide Web," in "Telepresence," ed. Eduardo Kac, special issue, *YLEM* 17, no. 9 (1997): 3.

24 Nina Sobell and Emily Hartzell, "ParkBench Public-Access Web Kiosks," *Siggraph Visual Proceedings* (New York: ACM, 1996), 135; Nina Sobell and Emily Hartzell, "VirtuAlice," in "Telepresence," ed. Eduardo Kac, special issue, *YLEM* 17, no. 9 (1997): 5.

25 K. D. Davis, "Dystopic Toys," *World Art*, no. 1 (1996): 30–33.

26 Margot Apostolos, "Robot Choreography: Moving in a New Direction," *Leonardo* 23, no.1 (1990): 25–29; L. Brill, "Art Robots: Artists of the Electronic Palette," *AI Expert,* Jan. 1994, 28–32; Ted Krueger, "Autonomous Architecture," *Digital Creativity* 9, no. 1 (1998): 43–47; Ken Rinaldo and Mark Grossman, "The Flock," in *Siggraph Visual Proceedings* (New York: ACM, 1993), 120; Louis- Philippe Demers and Bill Vorn, "Espace Vectoriel," in *Siggraph Visual Proceedings* (New York: ACM, 1993), 122; Martin Spanjaard, "Adelbrecht," in *Siggraph Visual Proceedings* (New York: ACM, 1993), 166; Mark Dery, *Escape Velocity* (London: Hodder and Stoughton, 1996), 131–36; Laura McGough, "Prosthetic Aesthetics," *Mesh*, nos. 8–9 (1996): 11–13.

9 火星直播（1997年）

写于1997年7月4日，历史性的火星登陆日。最初发表于《列奥纳多电子年鉴》第5卷，第7期（1997年）。

今天，1997年7月4日，对于艺术来说是个令人激动的日子。尽管人们自20世纪80年代中期以来就始终在探索远程呈现艺术，但在今天，火星探路者号（Mars Pathfinder，图66）航天器的登陆将远程呈现带向了大众。这一历史性事件重燃了大众对于距离的戏剧性和远程呈现的文化内涵的想象，并一改电视娱乐和新闻广播的麻痹安抚效用。在地球的下午，探路者号从火星表面发送了有史以来第一批电视直播图像。第一批从阿瑞斯谷区域传回的图像是小型灰度图像，在电视上的分辨率比较低。这一批播出的图像出现在计算机屏幕的一个小窗口内，该窗口浮动在计算机桌面上的众多窗口之间。播出的画面似乎表明，一名摄影师已经将摄像机对准了电脑显示屏，迫不及待地等待并即时转播了NASA计算机屏幕上出现的第一幅画面。CNN的播音员欣喜若狂，她一反新闻播报的常态，明确表现了自己在首次目睹时的激动心情。

在已经习惯电视和电影里华而不实的数字特效的公众眼中，这些静帧图像也许没有吸引力，但事实上它们却具有深远的意义，它们以近乎实时的连续性超越了真实的空间（距离地球1.19亿英里）。它们的意义不在于影院性质的娱乐功能，而在于我们集体性远程呈现在了火星表面，由此增强了对宇宙的觉察。这些照片不是科幻场景的再现，而是我们进入另一个全然不同的世界的真实窗口。远程存在的感觉非常强烈。"我们就在那里！"NASA的任务控制人员喊道。

与之前的登月一样，探路者号任务最引人注目之处并非是技术上的突破，而在于数百万人同时观看了第一批图像的播放（并很快上传到NASA网站）。每幅编码图像的传送大约需要11分钟。NASA团队花了近30分钟将数据流处理成彩色图像。当第一批彩色图像揭开神秘面纱时——CNN在图片到达后近一小时才播放——我突然意识到，此时此刻，在我的家中，我所看到的正是一小时前太阳系第四颗行星表面的样子！21年前，"维京号"（Viking）让我们第一次看到这颗红色行星。而今天，通过这种近乎实时的体验，"探路者"号让我们拥有

了身临火星的感觉。虽然航天器飞往火星需要花 7 个月,但远程指令、远程响应和图像检索都近乎是即时性的(考虑到行星之间的相对距离),让我们重新感受到了超越物理空间物质限制所产生的亲临感。

这是史上第一次将能完全移动的无线远程机器人(旅居者漫游车)送去另一个星球进行探索,是远程呈现和太空计划历史上真正的里程碑。漫游车本身有 2 英尺长、1.5 英尺宽、1 英尺高。"探路者号"拍摄的着陆点照片将用于确定"旅居者"漫游车的探索路径。在部署完毕后,漫游车将以每分钟 2 英尺的速度自动导航并穿越不同的地形。在这次任务中,将发生独特的人机互动。人类的认知过程被远程投射到机器人身上,机器人可以自主感知周围环境,并做出符合自身最大利益的决定(例如,防止自己从悬崖上意外坠落)。

我今天所目睹之媒介事件的美学意义其实非常重要,但参与项目者和电视观众都未关注。这次远程呈现活动所独有的美学特征包括:空间和时间的相对性(花 7 个月到达,花 11 分钟传送一张照片);人机界面的性质(远程操作和自主性的结合);远程空间协商和导航(地形的不可预测性,远程存在的感觉);远程操作(对机器人的远程控制);图像的捕捉、传输、接收、处理和展现;图像的即时性;所有这一切在电视上进行现场直播(远程控制的一对一体验与电视的公共空间之间的融合);以及这一远程呈现事件对集体意识的影响。我认为,以上这些都具有极高的美学价值,须在当代艺术中继续加以探索。

图 66

1997 年,火星上的远程机器人"旅居者"(Sojourner)。这张照片由火星探路者号着陆器拍摄,揭示了这颗红色星球在过去更温暖、更潮湿的痕迹,显示了被各类岩石覆盖的洪水过后的平原。照片中,探路者号远程机器人旅居者(左下)依偎在一块绰号为"Moe"的岩石上。地平线上可以看到两座小山的南峰,被称为"双峰",距离着陆器大约 1 公里(0.6 英里)。(由 NASA/JPL 提供)

很显然，这一历史性事件在美学层面上向大众引介了远程呈现技术，这预示着个人化的远程呈现将在未来的日常生活中变得不可或缺。我们在这颗红色星球上的存在感，通过远程机器人并最终通过人类而不断被强化，很容易预见到的是，网络摄像头能使我们轻松而有规律地在线观察火星表面，就像观察北美城市的天际线一样。未来社会的许多领域中也会发展出其他形式的个人化远程呈现。例如，医生可以使用远程机器人进行远程手术，远在异地的文件能得到千里之外的个人签名原件。如今的艺术家们可以使用与探索太空时相同的工具——远程呈现、远程操作和网络，来直接回应如此重量级的事件。没有任何物体能与今日所发生事件的体验性相提并论。

CNN 现场直播的第一批图像，让人很难辨别出这是一种地貌。在科学和艺术中，你可以去认知无法辨认之物。对遥远而陌生地形的认知，加上间歇性的视觉反馈，引导并将继续引导着对航天器所着陆之处的洪水干涸地貌的远程探索。当"探路者号"将小型漫游车"旅居者"部署在诱人的深红色地形之中，它将在火星表面（及以下）寻找生命迹象，无论这生命是否拥有智能，存在于现在还是过去。但我不需要更多的证据，因为在今天的火星表面，我已经"远程呈现式"地看到了智能生命的清晰迹象：我们自身。

10 对话式远程呈现艺术与网络生态学（2000 年）

> 原载于《元机器：身体何在？》，展览目录（芬兰：奥措画廊，1996 年）。此修订和加长版本载于《花园中的机器人：互联网时代的远程机器人技术与远程认识论》（*The Robot in the Garden: Telerobotics and Telepistemology in the Age of the Internet*），肯·哥德堡编（剑桥：麻省理工学院出版社，2000 年）。

纽约的巴基斯坦裔出租车司机，使用布鲁克林的视频电话亭，与身在伊斯兰堡的妹妹通话。玻利维亚拉巴斯的土特产摊位能接受信用卡支付。尼日利亚的村民使用卫星移动电话服务与附近村庄的亲戚通话。身在鹿特丹的英国艺术家在网上购买了一本开普敦的二手书店才有的书。这些并非是虚构的情景，而是发生在全球的日常事实，新闻媒体将其作为全球化的标志加以报道。在整个 20 世纪 90 年代，世界见证了全球自由贸易企业和互联网的蓬勃发展，互联网不仅反映了政治和经济的变化，还在创造以英语为通用商业语言的跨国文化上居功甚伟。这些迹象表明，曾被称为帝国主义的事物已经跃升至更为复杂的版本。

人、想法、物、影响力和金钱越加频繁地流动于两地或多地之间。散落于世界各地的熟人、同事、朋友和家人频繁地使用电子邮件、聊天软件和视频会议软件来协同工作、来表达情感或仅仅是保持联系，以加强社会和家庭纽带。因此，我们有了这样的观念：社群可以是分散但相互关联的群体，可以在多个地点同时存在和发展。我们还敏锐地意识到世界经济和生态的相互关联性，著名的案例包括：20 世纪 90 年代横跨亚洲、俄罗斯和拉丁美洲的金融风暴；旅行和商业运输的增加所导致的病毒和昆虫的全球性地理变位及其严重后果等。

新技术既消解了物理距离，又重新确认了物理距离。这一情况所提出的相关问题是：远程通信技术——包括远程呈现、互联网以及两者的结合——如何影响我们获取和创造知识的方式。归根结底，问题不在于这些技术如何作为我们探索本地或远程世界的中介，而在于它们如何实际塑造我们所居住的世界。任何技术都蕴含着文化和意识形态参量，这些参量最终会塑造由该技术所获得的感官数据或抽象数据。望远镜技术和远程通信技术也不例外。在科学领域中，研究课题的选择，数据的提取、积累和处理，以及之后数据所探索的界面，都是数据本性所不可分割的一部分。它们并非是不会干扰体验的独立元素。恰恰相反的是，它们总是在调节我们由仪器和媒介而获得的知识。它们是不可分割的。在科学领域，我们看到的是驱动力，来制造能够进行更"精确"测量的仪器；而在艺术领域，我们则可以自由地、批判性地探索这些仪器和媒介是如何帮助界定由此产生的现实的性质。在科学中，剔除不可重复的事物才能产生知识，而在艺术中，不可重复的事物则因其产生美学知识的独特性而备受赞美。显然，使用科学仪器进行批判性创作的艺术家，必须了解科学领域是如何创造意义的。

自1986年开始创作互动远程呈现艺术作品以来，我一直在探索该现象的各个面向。我的远程呈现作品无关乎身临其境（即在远程现场）。它所研究的是，我们以特定的方式（即通过特定的远程机器人身体、特定的界面和特定的网络拓扑结构）体验远程现场，将会如何改变在航行于远程空间时所联想到的"现实"。在下文中，我将介绍自己在远程呈现艺术中的若干关键性想法。在讨论远程呈现技术与艺术的关系之后，我还将谈谈20世纪90年代自己的远程呈现作品的发展状况。

远程呈现与艺术

当我们思考哪些载体塑造了当代的经验时，会发现一份令人震惊的清单：全球化经济、数字文化、线上关系、赛博空间中的多重身份、有机生命与人工生命的融合、微芯片植入、生物遥测（Biotelemetry）、新基因的读写、肉身的可塑性、DNA计算机、卫星电话、异种移植[①]、天体生物学[②]、可穿戴技术、神经假体[③]、远程呈现、盗版、外源遗传物质的专利和商业化、新算法和真实的病毒。新的制图学正在产生，数字技术生成的世界地图能显示出基于任意定义的共享系统（如使用区域锁定功能的DVD区域代码）和特殊网络链接（如基于路由器连接的MBone和互联网2拓扑图）所重新配置的轮廓。艺术还能通过以下方式，参加到更为广泛的文化辩论之中，例如借用其他社会领域（如商业、医学、军事）所使用的工具；揭示这些发展的标准方法中所存在的罅隙；提出具有替代性思维方法的新模式。

远程呈现（即远程信息处理技术与远程物理行为元素的结合）是这个复杂环境中的重要参量。远程呈现技术作为一种执法手段、一种医疗技术、一种科学和娱乐工具正在被发展。[1]由于出现了肉身存在感的远程投射，我们正在经历着文化感知上的转变。远程机器人身体上的"在场－离场"波动性互作，产生了新的美学问题，也摆脱了具象与抽象、实体与观念等形式僵化的二分法。（人的、机器人的、动物化的或其他）身体经由有机系统和控制论系统的协同作用得到

① 译者注：异种移植（xenotransplantation 或 xenografting）指将一个物种的组织移植到另一个物种体内。

② 译者注：天体生物学（Astrobiology），指研究天体上存在生物的条件及探测天体上是否有生物存在的学科。

③ 译者注：神经假体（neuralprosthesis）是用于替代由于疾病或受伤而受到损伤的运动、感觉以至认知模态的人工装置。

拓展后，超越了图像风格和再现政治（representation Politics），在当代艺术中重新获得了意义。远程呈现艺术为艺术的一元论体系提供了对话性的替代方案，并将远程通信链路转化为连接远程空间的物理桥梁。远程机器人和远程操作的人类——我称之为"远程博格"（teleborgs）——成为物理化身，它们使得（单个或多个）个体也能够积极地探索远程环境或社会环境。

远程呈现艺术向我们表明，从社会、政治和哲学的角度来看，我们无法直接看到的周遭事物与我们能看到的事物，具有同等的相关性。我们的卫星以同等的轻松姿态探测着宇宙深空和地球上的偏僻地区，展现了前所未见的美景，并为我们在宇宙中的存在提供了新的启示。远程控制的飞机穿越不毛之地，识别并收集有价值的数据。远程机器人处理爆炸装置，开掘海洋，清理核灾难。远程遥控机器人对红色星球的表面之下进行检测，来证实对可能存在的外星生命的猜测。太平洋的天气系统影响着大西洋中的生命。非洲的病毒能在北美传播扩散并引发死亡。纳米机器未来能在血液中工作，让我们产生出身体是"合成药剂之宿主"的概念。军事战斗在联网的沉浸式模拟器中上演，并迅速取得胜利。黑客攻击（即通过网络进行远程数字攻击），不断破坏着最安全的数据保护系统。智能炸弹会寻找目标，并向我们展示弹道的实时视频，直到爆炸。我们受到"远程"的影响，正如我们受到那些未在视觉和身体上有所体现的集体行动的影响。

远程呈现艺术强调真实的远程物理环境的现象学境况，削弱了赛博空间的形而上学倾向。远程呈现艺术加入到构建远程感官的规范和效果之中，发展出基于行动者缺席而扩展行动的美学。远程呈现艺术带来的分布式视觉将熟悉的和非常规的事物融为一体，从而以更和谐的方式，接受构成我们脚下不断变化的地面和头顶上动荡不安的空气之间的差异。当光纤像蚯蚓一样在土壤中穿行，当数字编码的电波像鸟群一样从空中掠过时，新的生态正在形成。这种新的生态结合了碳和硅。为了在日益标准化的界面（促进心理过程的统一化）和商业巨头的中心化控制（选择减少）所造成的失衡中生存下来，并在这个充满敌意的媒介环境中让情感和智力得以成长，我们要做的不单单是在适应中生存。我们与远程机器人、转基因生物、纳米机器人、虚拟化身、生物机器人（biobots）、克隆人、数字生物群、杂交生物、人造动物（animats）、网络机器人和其他物质或非物质的智能能动者（Intelligent agents）的协同关系，决定了我们承受网络世界中那些瞬息万变的环境状况的能力。远程呈现艺术能提供新的认知模式与感知模式，并为数字网络生态中的社会能动性提供新的可能。

在芬兰突变的鸭嘴兽

在远程呈现艺术发展了十年之后，我开始扩展主体间性互动的语境，并将人类之外的生命形式包含进来。我的目标是利用远程机器人技术创造人和非人之间的共识体验。我还开发了能够实现人类远程操作的作品,这些作品促进了远程虚拟领域的对话性互动。在下文中,我将介绍并讨论自 1996 年以来我所创作的远程呈现作品。

1996 年,芬兰赫尔辛基附近的奥措画廊举办了展览"元机器:身体何在?",远程机器人"鸭嘴兽"在展览中发生了突变:它接收了当时仍在制作中的远程机器人"乌拉普鲁"(Uirapuru)的组件,尤为特别的是其中的新芯片、新摄像头和一块定制设计能使其做出新行为的电路板。这件名为《网络机器人鸭嘴兽八十纳秒环游世界,从土耳其到秘鲁再返回》(*Ornitorrinco, the Webot, Travels around the World in Eighty Nanoseconds, Going from Turkey to Peru and Back*,图 67)的装置作品被分隔在两个相隔遥远的空间,并以意想不到的方式与万维网连接。公众首先会在奥措画廊的地板上看到这件作品,而"鸭嘴兽"则在地下巢穴中进行着探索。这件作品以批判的眼光审视了我们对信息网络的盲目信任和期望,这件作品看似明了易懂,实则不然。

在楼上的空间里,参与者看到了投影在墙上的万维网界面(Netscape 浏览器)和嵌入式实时(30 帧/秒)彩色视频反馈。熟悉 1996 年网络状况的人都知道,由于带宽的限制,这在技术上是不可能实现的。但它做到了。[2] 参与者在视频窗口外点击(向左/向右、向前/向后),就可以实时浏览鸡窝,并以"鸭嘴兽"的视角与火鸡和人类互动。公众们积极参与,以为自己身处网络中。其实不然。他们的一举一动都不断产生着新的图像,而他们一开始并不知道,这些图像被自动抓取并上传到网站(他们自己无法在展厅访问该网站,只能从家中访问)。换句话说,线上的公众可以看到参与者在线下展厅里的一举一动。后者并不知道在线监视系统的存在。该作品的拓扑结构是特意设计的,由此揭示通信媒介使我们与自己的言行分离。[3]

在参与者不断探索作品时,他们的角色发生了微妙而显著的变化。虽然他们在一楼是被控制者,但在体验作品的过程中,他们又成了积极的主体。他们在遥远的空间中穿梭,做出选择,与火鸡互动。从通往展厅地下室的楼梯下来,他们发现自己面对着四英尺高的玻璃墙。此时,他们不情愿地放弃了积极主体的角色,变成了沉思的客体——他们自己也成为多重凝视的焦点。他们被一楼的"鸭嘴兽"体内的参与者、火鸡以及世界各地登录的远程万维网观众所注视。

构成"鸡窝"的各种元素是对当时万维网的发展状况所进行的具有元批判性、甚至颇具幽默感的评论。该空间的顶部悬挂着一张位于地板和天花板中间的全覆盖式粗线网。本地观众只有透过网才能看到鸡窝。类似交通标志的涂鸦遍布整个空间,对当时所流行的"信息高速公路"之喻进行了幽默的评论。例如,"向左转"和"走这边"的箭头都指向拐角,而"走错路"的两侧则分别有箭头指向左右。

图67

爱德华多·卡茨和埃德·贝内特,《网络机器人鸭嘴兽八十纳秒环游世界,从土耳其到秘鲁再返回》,互联网远程呈现作品,1996年。远程机器人"鸭嘴兽"与芬兰的两只火鸡共用一个巢穴(a)。在地和在线参与者(b)可以从远程机器人(c)的角度体验环境

(a)

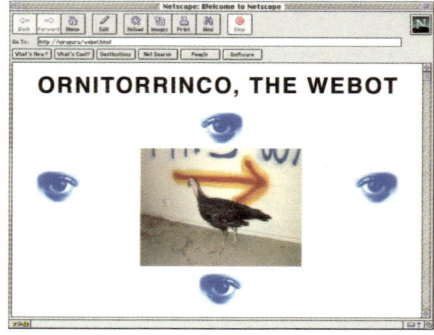

(b)

(c)

两只火鸡在宽敞的鸡窝里忙忙碌碌，和"鸭嘴兽"共处一室并进行互动。"火鸡"一词与标题中的"土耳其"和"秘鲁"等词产生了微妙而滑稽的共鸣。这两个词代表了两个不同的国家和同一种鸟——前者是英语，后者是葡萄牙语：也是我最常用的两种语言。文化参照物的移位和主体的分散一直贯穿于"鸭嘴兽"的生活，它在这件作品中又有了新的体验。"鸭嘴兽"在芬兰的突变，探索了主体与身体的分离，以及相对性和想象性的地理环境——在它装满干草的鸡窝中还有一个巨大的塑料地球。"鸭嘴兽"作为网络机器人环游了"地球"，偶尔也用直接的身体接触拨动"地球"。

这项工作非常重要的一点是，确保火鸡在空间中感到舒适，能自在地待在与网络机器人共享的小窝里。我咨询了饲养火鸡的芬兰农民，他们表示在此之前火鸡们与其他 70 多只同类共同生活在狭窄的笼中，几乎没有活动空间，它们会很喜欢这种前所未有的自由和异常宽敞的空间。在展览期间，省级和市级政府的兽医对火鸡进行了正式问诊，确认它们身心健康愉悦。

火鸡们经常去看墙上的图画，与人类的举止有些相似（出乎所有人的意料）。墙上的涂鸦既是对信息高速公路的讽刺，也是鸡窝的装饰，谁也没想到火鸡们会在意这些涂鸦。有时，火鸡们会在涂鸦（这些涂鸦要么是标志，要么是我为火鸡、埃德·贝内特和自己所创作的漫画）前停下来，花时间沉思。这种行为的出现很耐人寻味，有点类似人类化身为网络机器人时与火鸡之间的互动。

火鸡们还会整理空间，把干草撒到自己满意的地方。火鸡们感到自在的另一迹象是，它们在整个空间里到处拉屎。这造成了奇特的状况，因为远程机器人"鸭嘴兽"从未和生物共处一室过。大多数人认为这是个麻烦，但事实上网络机器人很欢迎排泄物。排泄物让地板变得更滑，网络机器人的行动会更加顺畅。这减少了网络机器人电动机的压力，降低了电池需求，为一整天的活动节省能量。这个关于羽毛、电路板、网络服务器和粪便的故事，寓意着当人类、机器人、动物和互联网之间的和谐关系岌岌可危时，网络生活或许并不止于表面所见。

远程呈现服装

我在 1995 年开始构思《远程呈现服装》(Telepresence Garment，图 68)，并在 1996 年完成了这件作品。创作这件作品的初衷是为了探索技术包裹身体、压制自我控制以及屏蔽身体对环境的直接感官体验的方式。《远程呈现服装》所表现的不是人寄居在机器人身上，而是机器人化的人体成为另一个人的寄居体。《远程呈现服装》绝非是对远程呈现技术的能力进行乌托邦式或逃避式描绘，而是这些问题的象征。

作品所探讨的关键问题是光学性和认知性之间的鸿沟，也就是说，由周围环境

图 68

爱德华多·卡茨,《远程呈现服装》,半弹性织物和皮革头罩,缝有视频电路和音频接收器,1995—1996 年。穿上该服装的参与者成为远程人类的寄居体。远程参与者通过对其右耳低语来发出指令,并从其左眼的视角来观察世界。[摄影:余安娜(Anna Yu)]

主导的直接感知领域和那些虽是非物理存在却仍以多种方式直接影响着我们的事物之间的摇摆。穿戴者可以发出声音,但不能进行对话,因为头罩紧紧地贴在穿戴者的脸上。鼻子是唯一暴露的肉体部分,鼻子上盖着有弹性的深色合成材料。呼吸并不容易,行走也不可能,因为衣服底部的结迫使佩戴者四肢着地,移动迟缓。

服装包含三个部分。"收发器头罩"的左侧缝有连接电路板的 CCD,右侧缝有音频接收器。CCD 与穿戴者的左眼对齐。穿戴者在服装之下穿有直接与皮肤接触的"发射器背心",它与头罩相连接,能按照穿戴者左眼的视角,无线传输彩色视频(30 帧/秒)。

《远程呈现服装》没有修饰或延展身体,反而将身体与环境隔绝开来,暗示了技术向身体迁移所带来一些最严重的后果。穿戴者脱下服装后,身体的感觉就会增强。这件"成衣"(prêt-à-porter)突出了"穿戴"(to wear)一词的其他含义:因长期或频繁的使用而损坏、减弱、侵蚀或消耗;使人疲劳、疲倦或筋疲力尽。1996 年,在俄罗斯圣彼得堡举行的第四届圣彼得堡双年展上,我与埃德·贝内特共同展示了对话式远程呈现项目《撒哈拉的鸭嘴兽》(Ornitorrinco in the Sahara,图 69),这也是《远程呈现服装》系列的首次公开展示。[4]

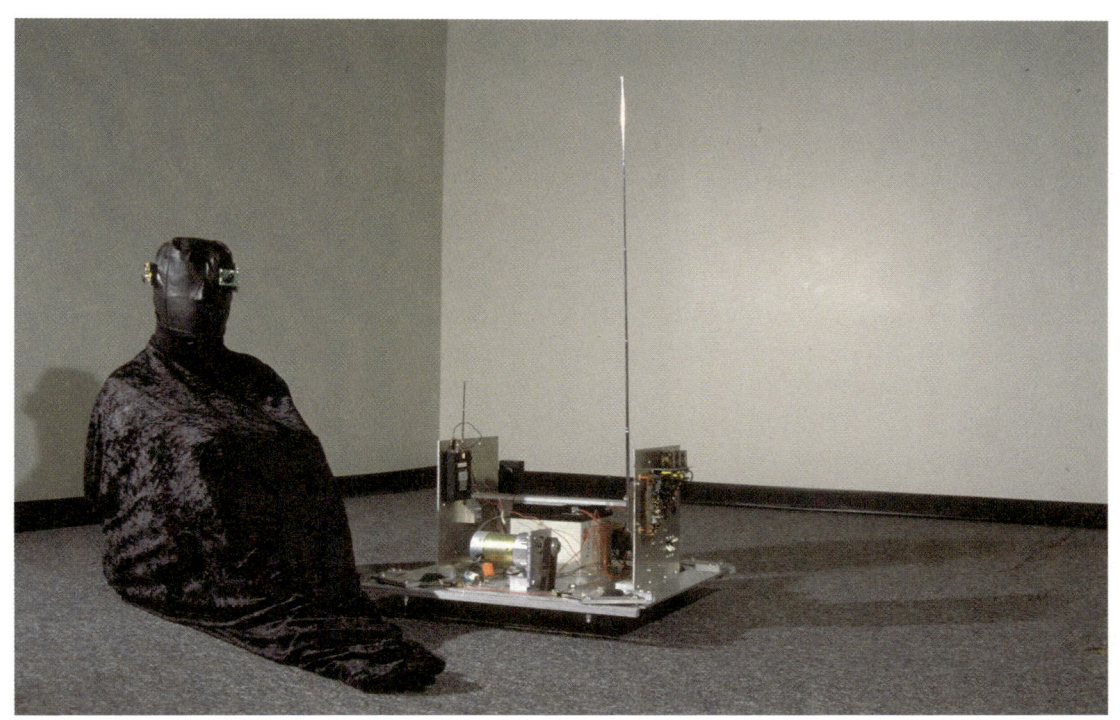

图 69
爱德华多·卡茨和埃德·贝内特,《撒哈拉的鸭嘴兽》,1996 年,芝加哥与俄罗斯圣彼得堡之间的远程呈现作品。通过视频电话连接,圣彼得堡的参与者远程呈现在芝加哥的鸭嘴兽身上,他们与另一个远程呈现在穿着远程呈现服装的人身上的人进行互动。(摄影:余安娜)

撒哈拉的鸭嘴兽

《撒哈拉的鸭嘴兽》中的"对话式远程呈现活动"指的是两个远程参与者的对话,他们通过两个非自己的身体在第三地进行互动。上述活动是在芝加哥市中心的艺术学院大楼公共区域举行的,事先没有向设施使用者发布通知,由实时连接市中心、圣彼得堡历史博物馆(双年展赞助商)和芝加哥阿尔多·卡斯蒂略画廊(Aldo Castillo Gallery)的网络节点组成。通过这些远程通信端口,遥远的人类主体将自己的意志和愿望投射到同样遥远的、完全可移动的无线远程机器人和远程博格上进行互动。

圣彼得堡双年展的总监之一,德米特里·舒宾(Dmitry Shubin)使用黑白视频电话(从圣彼得堡历史博物馆)控制无线远程机器人"鸭嘴兽"(位于芝加哥),并从远程机器人的视角接收反馈(以连续视频静帧的形式)。与此同时,我自己的身体也被无线远程呈现服装所包裹,这一被剥夺权利的身体被阿尔多·卡斯蒂略画廊的艺术家兼艺术史学家西蒙娜·奥斯特霍夫(Simone Osthoff)通过电话控制。在项目期间,当远程机器人和远程博格都被远程控制时,独特的对话式远程呈现情境逐渐出现了。

因为远程呈现服装的存在，人类主体变为人形客体，成为远程操作员指令的直接执行者。此时的人体看不到任何东西，也几乎听不到任何声音，只能艰难地发出声音。"无肢体服装"极大地限制了人体的四肢运动。因为这件服装，呼吸也变得需要耐心，温度升高使得汗水不停地滴落，大多数感觉要么消失，要么减弱。人体只能依靠本能和来自远程能动者的关心与合作。这种对话性语境导致了空间上的无知觉和害怕受伤的恐惧感，又与被无视和脆弱性叠加后的痛苦相结合。我的动作并不受自己控制，就像一具被外力操控的尸体。

在之前的"鸭嘴兽"远程呈现作品里，地理变位的概念是一个重要元素。远程机器人"鸭嘴兽"从未离开过芝加哥，但它去过传说中的科帕卡巴纳海滩、人迹罕至的月球和神话中的伊甸园。它还曾环游世界，从土耳其到秘鲁，再从秘鲁回到土耳其。这一次，它来到了荒凉的撒哈拉沙漠。活动名称《撒哈拉的鸭嘴兽》巧妙地处理了人迹罕至的荒芜之地与美国最大城市之一的市中心大楼公共空间在周末清晨的景象，这两者对比之间的内在矛盾。[5] 非洲沙漠所传达的与世隔绝之感以及游牧行为，被转化成远程主体的临时远程游牧体验。

西蒙妮·奥斯特霍夫控制我身体的行为时，我很担心自己会撞到墙和柱子，或不小心进入电梯，或撞到路人或远程机器人（它被圣彼得堡的德米特里·舒宾操控着）。奥斯特霍夫顾虑到我的感官缺失，因此语速缓慢，时常停顿，仿佛通过具有心灵感应的触觉来指挥身体，[6] 就像一个人进入黑暗空间后，犹豫不决地试图触摸周围的物体，希望重新获得对环境的空间感知。起初舒宾并没有什么想法，他不断变化着远程机器控制者的行为，时而把自己推进大厅，时而在空间的其他区域穿梭，并与我（即我身上的奥斯特霍夫）直接相遇。有时，两者还会发生身体接触，反复强调着这种代理性相遇的有形现实。

认识的不可能性：蝙蝠的生命体验

《比夜更黑》(*Darker Than Night*，图 70) 是一件远程呈现艺术作品，它探索了"人类－机器－动物"界面和远程呈现作为共情（empahty）关系中介的方式。1999 年 6 月 17 日至 7 月 7 日，该作品在鹿特丹动物园的蝙蝠洞中实现。在这个互动作品中，参与者、远程机器蝙蝠（蝙蝠机器人）和三百多只埃及果蝠[7] 共处于一处人类无法直接进入的自然栖息地。这个直径 15 米，高 20 米的洞穴始终笼罩在黑暗之中。

《比夜更黑》有两个彼此独立的区域：第一个区域是远程呈现区（在地公众可以通过该区域远程观看洞穴）；第二个区域是洞穴本身，蝙蝠机器人在洞穴中不断用超声波扫过整个空间。在第二个区域，公众可以看到洞穴和玻璃墙后面的蝙蝠机器人。

蝙蝠机器人是装置的核心部分，长 17 英寸。它的头部装有一个小型声呐装置、

图 70

爱德华多·卡茨,《比夜更黑》,远程呈现作品,1999 年。参与者(a)、蝙蝠机器人(b)和三百多只埃及果蝠(c)共享一个洞穴(d),并通过声波发射和频率转换(e)意识到彼此的存在。[摄影:余安娜和罗布·维南达尔(Rob Veenendaal)/布罗·卢克索(Buro Luxor)]

(a)

(b)

(c)

(d)

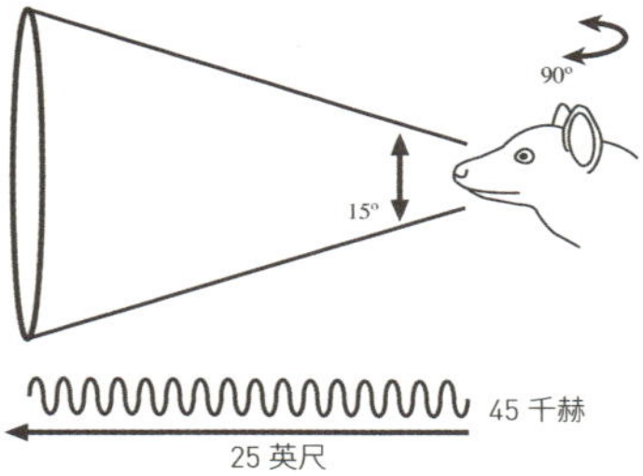

(e)

10 对话式远程呈现艺术与网络生态学(2000 年) 153

一个将蝙蝠回声定位（echolocation）呼叫转换成可听声音的频率转换器，以及一个可使其头部旋转的电动颈部。[8]

声呐装置以 45 千赫的频率扫描空间，连接电脑使其接收数据后，向公众提供视频输出。[9] 参与者使用虚拟现实头显，借由蝙蝠机器人这一远程呈现媒介进入洞穴。头显上的温度传感器能够读取参与者的身体温度，由此激活洞穴中的蝙蝠机器人。从参与者到蝙蝠机器人经由了隐喻式的"能量转移"，在 300 只果蝠看来，蝙蝠机器人的行为简直不可预测。[10] 参与者们戴上虚拟现实头显后，其视野就会转为蝙蝠机器人的声呐视角，他们会看到蝙蝠机器人的超声波展示：由白点组成的半圆代表洞穴之壁。中心的大白点代表蝙蝠机器人的位置。移动的白点代表蝙蝠机器人的声呐所遇到的障碍物，也就是当时恰好在蝙蝠机器人范围内飞行着的埃及果蝠。果蝠们有规律地在空间中飞行，因此白点不断变化着。

这一作品将参与者聚集起来并促进了跨物种的对话式体验。埃及果蝠在洞穴中的行为和生物声呐影响着参与者，而参与者经由蝙蝠机器人而实施的行为和远程声呐也在影响着埃及果蝠。两个群体都能够听到对方的声音并跟踪对方，因此逐渐意识到了彼此的存在和行为。

《比夜更黑》所强调的是，那些阻碍个体去超越孤立和自我反思经验的屏障。[11] 蝙蝠，作为很少被人了解、神秘莫测的飞行哺乳动物，代表了个体意识中所存在的神秘性和微妙差别。

乌拉普鲁：亚马孙上空的远程虚拟之眼

1999 年 10 月 15 日至 11 月 28 日的 ICC 双年展期间，远程呈现作品《乌拉普鲁》（图 71）在东京的 ICC 和 Web 展出。乌拉普鲁（歌鹪鹩，*Cyphorhirius arada*）既是一种亚马孙的鸟类，也是传说中的生物。[12] 亚马孙雨林中的乌拉普鲁鸟在每年的交配和筑巢时节歌唱，只有十天左右，且只在清晨。在图皮人的传说中，乌拉普鲁的歌声是如此美妙，其他鸟类都会停止歌唱来聆听它的歌声。在另一版传说中，人死后会变成被施法的乌拉普鲁，在寂静的森林开始新的生命。还有一种传说是，对于那些以乌拉普鲁作为护身符，或者喝下混有乌拉普鲁骨灰的卡乌姆（一种当地的古老酒种类）的人，乌拉普鲁会为其带来爱情或幸福。乌拉普鲁的故事还有很多版本，诸多作曲家对乌拉普鲁的民间传说和旋律进行了再创作，例如海托尔·维拉－洛博斯（Heitor Villa-Lobos）的《乌拉普鲁，交响诗》（*Uirapuru, Symphonic Poem*，1917 年）、奥利维耶·梅西安（Olivier Messiaen）的《我信肉身之复活》（*Et exspecto resurrectionem mortuorum*，1964 年）和汤姆·伊斯特伍德（Tom Eastwood）的《乌拉普鲁》（*Uirapuru*，1983 年）等。无论在传说还是现实中，乌拉普鲁都是稀世之美的象征。

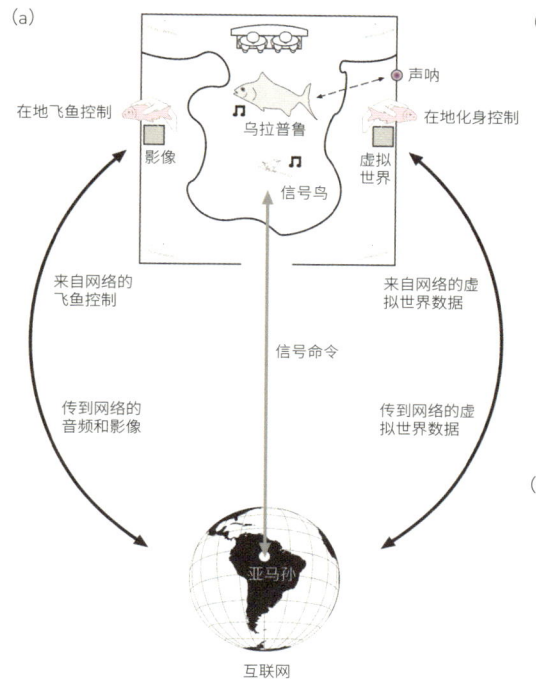
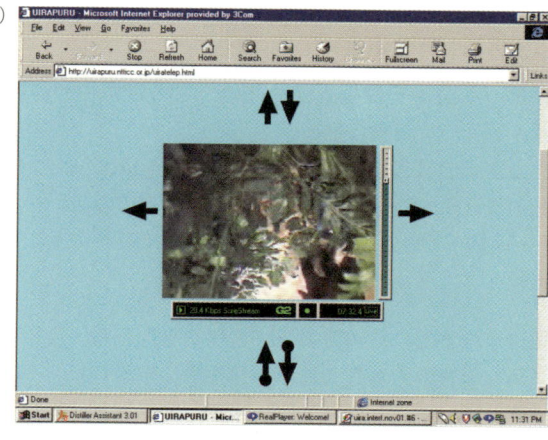
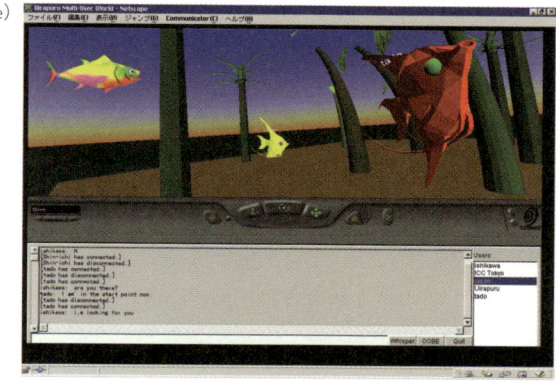

图 71

爱德华·卡茨,《乌拉普鲁》,互联网远程呈现作品,1996—1999 年。该作品将远程呈现、多用户虚拟现实和网络连接到单一的体验领域(a)。一条飞鱼在画廊中的森林上空盘旋(b),对本地(c)和网络(d)指令做出反应。在这些视角下的音频和视频上传至网络。本地和远程参与者在虚拟世界中与飞鱼的化身互动(e)。六只"信号鸟"(pingbirds,机器鸟)在展厅中随着互联网流量的节奏唱着亚马孙鸟歌(f)。(摄影:余安娜)

10 对话式远程呈现艺术与网络生态学(2000 年)　　155

我一直对乌拉普鲁的故事及其真实与传奇的双重身份着迷。我在互动式远程呈现作品《乌拉普鲁》中，创造了自己版本的传说。在我的个人神话中，乌拉普鲁是一条盘旋于森林上空的飞鱼，它为森林中的居民歌唱，并为他们带来好运。我的乌拉普鲁会在接待远方的灵魂时唱歌。乌拉普鲁的森林里住着一种神奇生物"信号鸟"，它们的旋律会随着全球网络流量的节奏摆动。乌拉普鲁自己的灵魂寄居在一条虚拟鱼身上，它会在虚拟空间中飞行并与其他虚拟鱼进行在线互动。因此，乌拉普鲁的行为会增加网络流量，并使"信号鸟"更频繁地歌唱。

我这一版本的乌拉普鲁传说结合了本地与远程、虚拟与实体的同步体验，重塑了乌拉普鲁作为真实动物和神话生物的双重身份。飞翔的远程机器鱼是一种本地界面和网络控制的"飞艇"。本地界面是鱼状物，可以在三维空间中被自由操控和移动。当参与者控制它时，乌拉普鲁就会在展厅中相应地移动。[13] 展厅中的传感器会跟踪远程机器鱼在三维空间中的运动，并将数据发送到 VRML 服务器。因此，乌拉普鲁的化身会根据展厅中远程机器鱼的移动而在虚拟空间中相应地移动。人们可以在画廊中观看从远程机器鱼的视角所拍摄的视频，它也会在网页端实时播放。

在《乌拉普鲁》中，画廊空间的物理结构与网页界面直接对应。在展厅中，当参与者走近乌拉普鲁森林，就必须选择左行还是右行。由于树木密集，她不能径直走进空间。同样，当参与者进入乌拉普鲁的网页界面时，她也必须选择点击左或右。没有中间的可点击选项。如果参与者选择走向画廊左侧，她就会发现一个泛红的土黄色基座。基座的顶部是一个平板显示器，上方是鱼形界面。平板显示器上的视频（全帧，30 帧／秒）展示了从飞行着的远程机器人乌拉普鲁所不断变化的视角所看到的树冠顶部。这就是远程呈现入口。如果参与者走向画廊右侧，会发现相同的设置。不过右侧的设备是虚拟空间入口。平板显示器上的图像以默认登录的化身视角显示虚拟世界，画廊中的参与者就可以在虚拟世界中飞行，并看到同一世界里的其他在线参与者。线上的操作与画廊的空间设置相对应，点击左侧能开启远程呈现入口，点击右侧则会打开虚拟空间入口。

乌拉普鲁的在线远程呈现界面是屏幕中间的矩形窗口，窗口会显示远程机器人乌拉普鲁视角下的实时视频流。窗口右侧有一个用于动态音量控制的竖条，在线参与者可以用它来改变从远方的画廊所传入的、与视频同步的亚马孙鸟鸣音频流的音量。该窗口周围有六个 Java 按钮。在线参与者点击按钮，可以控制远程机器人乌拉普鲁的飞行模式：向上／向下、向左／向右、向前／向后。

乌拉普鲁的在线多用户虚拟现实界面则是一个拥有数字森林的窗口。树木汇聚在棕色的浮动方块上，该方块与六米见方的画廊空间相对应。参与者被要求从右下角的鱼类列表（蓝、红、绿、黄）中选择化身，或者输入能够自己挑选化身的网址。在使用所选化身登录虚拟世界后，参与者会看到世界下方的聊天窗口（左下方）和参与者列表（右下方）。参与者可在虚拟世界中自由移动，朝任何方向前进，或穿越任何物体。

画廊中的参与者每次只能体验一个入口，他必须走到空间的另一侧才能体验另一个入口。线上的参与者则可以在前后台同时打开两个入口，并互相切换。

展厅中的远程呈现界面和虚拟界面都有一个底座，底座顶部是平板显示器，上方是鱼形界面。这条鱼大约八英寸长，内含三维跟踪装置，可以向本地计算机提供有关其位置、方向和移动的信息。当参与者在远程呈现装置上自由操控鱼形界面时，远程机器人乌拉普鲁就会相应地在展厅中实时飞行（上/下、左/右、前/后）。当参与者在多用户 VRML 站上抓取和移动鱼形界面时，他们的化身也会在虚拟世界中相应地移动（向各个方向移动）。

本地和远程参与者能随时了解彼此的行动。由于远程机器人视角的视频不断在传输，因此无论谁控制飞行的远程机器人，线上参与者都可以从上方（远程机器人的视角）看到在地画廊的参观者。当远程机器人在不受本地控制的情况下自行移动时，画廊参观者就会意识到乌拉普鲁的身上有人在线。同样，当一条贴有"ICC 东京"标签的鱼在虚拟世界中移动时，在线参与者也会意识到有一位本地参与者在其中活动。如果在地参与者在虚拟世界中看到了除乌拉普鲁之外的其他鱼，他们会知道此时此刻有人在线参与。用户在登录前输入的自选标签会一直出现在他的化身上方，清楚地显示出他是参与者名单中的哪位。

远程机器鱼盘旋在森林上空，森林中栖息着六只色彩斑斓的信号鸟。信号鸟是一种远程机器鸟，它们会根据发送到位于亚马孙地区（雨林所在地）服务器上的 ping 命令来唱歌。[14]ping 命令是互联网核心 UNIX 系统的常规组成部分。它能向指定地址发送数据包并等待响应。它被用于监控往返时间，因此是对互联网活动的直接测量。《乌拉普鲁》获得的互联网流量越多，远程机器鸟就会越频繁地歌唱。

为了营造沉浸式的声音体验，我们策略性地在画廊空间中放置了信号鸟。我们在展厅的四个角落各放置了一只鸟，在中间位置安放其余的两只鸟。飞行的远程机器人也是信号鸟系统的一部分，它所携带的扬声器能从上方提供额外的声源。为了彰显雨林中乌拉普鲁歌声的稀有性，人们能听到乌拉普鲁歌声的时间只有信号鸟时长的 40%。这意味着，按照游客停留的时长，他可以听到所有其他信号鸟的鸣叫，但可能只听到一次乌拉普鲁的歌唱，或者根本听不到。

《乌拉普鲁》将虚拟现实与远程呈现进行了线上融合。虚拟现实为参与者们提供了可以进行视觉体验的纯粹的数字空间，参与者也能在其中活动，例如飞鱼所栖息的 VRML 森林。远程呈现则提供了进入远程物理环境的权限和入口，例如"亚马孙森林"。这片森林由 20 多棵人造树组成，树顶栖息着色彩鲜艳的信号鸟。展厅中信号鸟的旋律体现了互联网的信息流。在地或在线的参与者都直接增加了互联网流量，从而帮助提高信号鸟的合唱频率。在展厅后侧，沿着隐藏在森林中的小路，有一条长椅等待着在地观众。观众被邀请在此处休息，并欣赏乌拉普鲁和亚马孙信号鸟的歌声。

结论

本章所讨论的作品创造了对话性和多逻辑的远程呈现体验。这些作品表明，人类和其他哺乳动物、植物、昆虫、人造生物和鸟类生物（就像"鸭嘴兽"的芬兰鸡窝中那些温血、产卵、有羽毛的脊椎动物一样）共同创造网络生态学是非常有必要的。网络生态学拓展了人类的潜能，是我们进行数字游牧的驱动力。我们的当务之急是提出替代性方案，促进数字性与模拟性的融合，从而带来前所未有的超媒介、远程通信和后生物体验。远程呈现正是这样一种替代性方案。远程呈现作品摆脱了当代艺术以往的分类标准——例如身体艺术、装置艺术、偶发艺术、影像艺术、行为艺术和观念艺术——它能够促进当代体验的相对主义观点，与此同时，创造出新的行动、知觉和互动领域。

注释

1 见 "Robo-Shots," *New York Times Magazine*, July 19, 1998, 13; John W. Hill and Joel F. Jensen, "Telepresence Technology in Medicine: Principles and Applications," *Proceedings of the IEEE* 86, no. 3 (1998): 569–80; Samuel Rod and Allan Pardini, "Telepresence and Virtual Environment Applications at Hanford," *Nuclear News* 39 (Jan. 1996): 34–36; "LunaCorp Flies Rover to the Moon," *Washington Post,* Aug. 12, 1997; Michael D. Wheeler, "Robotic 3D Imager to Brave Chernobyl," *Photonics Spectra,* Aug. 1998, 34, 36.

2 一方面，这种看似矛盾的效果对大众媒体的社会公信力如何部分源自其技术可靠性进行了批判。另一方面，它也指向了网络技术的未来，届时家庭带宽将达到 TB 级，可以实现 30 帧 / 秒的流媒体播放。实现这一效果的方法是在基座内安装三个组件：计算机、双输入视频编辑器和处理器，以及投影仪。编辑器将来自"鸭嘴兽"的实时输入嵌入到模拟 Netscape 浏览器的多媒体应用程序中。基座上的开口可以将模拟界面投射到墙上。点击界面会发出无线运动控制信号，由"鸭嘴兽"实时解码。公众看不到任何电线对该系统的成功至关重要。

3 有两个普通案例可以说明这一点。例如，当我们打电话时，我们不知道我们的话是传到了卫星，还是传到了海底电缆，或是通过微波链路传到了我们的头顶上（或者在通话中传到了以上所有地方）。当我们使用信用卡购买产品时，我们不知道有关交易的信息（金额、日期、所选产品的性质、所选品牌）存储在何种数据库中。

4 除展览画册外，双年展还出版了一本关于电子艺术的评论著作。见 Eduardo Kac, "*Ornitorrinco* and *Rara Avis*," in *The Visuality of the Unseen*, ed. Dmitry Golinko-Volfson (Saint Petersburg: Borey-Print, 1996), 111–22.

5 由于芝加哥和圣彼得堡有 9 个小时的时差，活动在清晨举行。

6 我创造了"远程共情"（telempathy）这个词，用来指代在一定距离内产生共情的能力。

7 该物种是以在埃及金字塔中采集到的标本命名的。埃及果蝠是群居动物，穴居。蝙蝠群多达数千只。它们栖息在洞穴最黑暗的地方，紧密地挤在一起，通常用一只后脚悬挂着。它们是已知唯一会回声定位的果蝠。它们用舌头发出的低频点击声进行回声定位。埃及果蝠的回声定位主要使用 30 千赫到 80 千赫的恒定频率。大约有 300 只埃及果蝠生活在鹿特丹动物园的洞穴中。蝙蝠主要在下午进食时活动。早上，洞穴会被清理干净。公众可以透过玻璃窗看到蝙蝠。玻璃窗前有两根木质结构梁，上面挂着食物（香蕉、橘子）。蝙蝠机器人也挂在其中一根横梁上。

8 回声定位——主动使用声呐（声呐导航和测距）——使蝙蝠能够用声音"看"东西。蝙蝠使用生物声呐的声音或频率范围是人类所听不到的。人类的听力范围从大约 200 赫兹（或每秒 200 个周期）到 20000 赫兹（或每秒 20000 个周期）不等。蝙蝠的听力可以达到超声波范围，即大约 20 万赫兹。大多数蝙蝠的生物声呐工作频率为 25000 至 100000 赫兹，简称 25 千赫至 100 千赫。有关蝙蝠的超声回声定位的经典文献是 Donald Griffin, *Listening in the Dark: The Acoustic Orientation of Bats and Men* (Ithaca and London: Cornell University Press, 1986). 这是 1958 年原文的重印本，格里芬在书中证明了蝙蝠发出高频声音来探测环境中的物体，并提出了回声定位一词来表示"这种对远处物体的感知"（77）。该术语首次出现在格里芬的论文 "Echolocation by Blind Men, Bats, and Radar," *Science* 100 (1944): 589–90.

9 当参与者戴上虚拟现实头显时，蝙蝠机器人就会发出回声定位的叫声，并将头部旋转 90 度。它会发出 15 度角、射程 25 英尺的超音束波。蝙蝠机器人的信号发射峰值为 45 千赫。

10 我的意思是，蝙蝠机器人并非不间断地（一天二十四小时）发出声呐信号，而是只有在接待参与者时才发出叫声，只要参与者戴着耳机它就会一直发出叫声。其结果是，蝙蝠机器人的动态行为取决于人类的参与。由于蝙蝠机器人的叫声在埃及果蝠的听力范围之内，我们可以确定果蝠听到了它的叫声。因此，我们可以说，蝙蝠机器人在洞穴中的行为体验是以参与者的远程存在为条件的，也就是不断变化着的状态。

11 托马斯·内格尔（Thomas Nagel）在他的经典文章《作为一只蝙蝠是什么样？》(What Is It Like to Be a Bat?) 一文中，反对以"唯物主义、心理物理识别或还原"为基础来解释意识。在内格尔看来，"经验的主观性"意味着，作为一个特定的有机体，是存在某种东西的。在这种情况下，蝙蝠有助于阐明意识问题，因为蝙蝠与人类缘关系密切，但其活动范围和感觉器官（即生物声呐）却与人类截然不同。在内格尔看来，经验与特定观点的联系非常紧密。归根结底，可观察到的事实知识是不充分的：人类不可能真正了解蝙蝠作为蝙蝠的感受。内格尔在文章的最后呼吁建立一种"不依赖于共情或想象的客观现象学"。这种"客观现象学"试图向那些无法获得这些经验的人描述经验的主观特质。内格尔的这篇文章首次发表于 1974 年，转载于 *Mortal Questions* (New York: Cambridge University Press, 1979), 165–80.

12 关于真实的鸟，见 Helmut Sick, *Ornitologia Brasileira, uma introdução*, vol. 1 (Rio de Janeiro: Editora Nova Fronteira, 1997); Johan Dalgas Frisch, *Aves Brasileiras,* vol. 1 (São Paulo: Sabiá; Dalgas-Ecoltec Ecologia Técnica e Comércio, 1980); and Rodolpho von Ihering, *Dicionário dos animais do Brasil* (Brasília: Ed. Universidade, 1968). 关于乌拉普鲁的传说，见 Luís da Câmara Cascudo, *Dicionário do folclore*

brasileiro, 2d ed. (Rio de Janeiro: Ministério da Educação e Cultura/Instituto Nacional do Livro, 1962), 756–57.

13 远程机器人乌拉普鲁有三个螺旋桨：两侧各一个，一个在底部。在展示过程中，一个向前的指令会使两侧的螺旋桨朝同一方向（顺时针）转动。后退指令则使两个螺旋桨逆时针转动。左右指令使一个螺旋桨顺时针转动，另一个螺旋桨逆时针转动，反之亦然。向上和向下指令则分别使底部螺旋桨顺时针和逆时针转动。画廊中的声呐会跟踪乌拉普鲁的移动，并指示 VRML 服务器相应地移动乌拉普鲁的化身。如果没有发出指令，就是因为没有人控制它，乌拉普鲁的化身会以一种模式飞行，从树冠上方飞到森林底部，然后飞出空间，再回到树冠上方。

14 该服务器的 IP 地址属于亚马孙的公司 Netium，为 200.241.125.15。根据全球网络流量的节奏，这些"信号鸟"唱出了真实的亚马孙鸟类的歌声。被选中为信号鸟配音的鸟类有棕褐鹩鹩、灰胸林鹩、南美白颈鸫、灰翅尖声伞鸟、棕胸蚁鸫和黑顶鹩鹩。每种鸟的叫声大约会持续二十秒钟。

第三部分

生物艺术

11 生物远程信息学和生物机器人学的涌现：生物学、信息处理、网络和机器人学的融合（1997年）

本章由以下文章整合而成：《人类理解论》（Essay Concerning Human Understanding），《列奥纳多电子年鉴》第3卷，第8期（1995年）；《传送未知状态》，载于让·伊波利托（Jean Ippolito）等（编），《Siggraph 视觉论文集》，"桥"部分（纽约：ACM，1996年）；《A-阳性》（A-positive），载于ISEA '97：第八届国际电子艺术研讨会，1997年9月22日—27日（芝加哥：芝加哥艺术学院，1997年）；《时间胶囊》（Time Capsule），手册，Casa das Rosas，巴西圣保罗，1997年。

生物学由生命科学向信息科学的转变，引发了对于生物技术在伦理、心理、经济、文化层面的诸多争议，无疑也影响着我们曾称之为"视觉艺术"的领域。和人们通常所认为不同的是，生物技术并非新概念。自有文字记载的历史之初，人们便用微生物来产生化合物，例如用发酵的果汁制作醋和酒精饮料。当代生物技术与以往的不同在于，基因工程和相关程序的不断发展使人们能在微观层面对生物体进行精确操控。而分子生物学的独特之处在于其目标更为广泛，也更具野心。其包罗万象的产物经常使公众感到震惊，例如果蝇各部分长出眼睛，无头青蛙，具有鹌鹑行为的小鸡，以及老鼠背上长出人耳，等等。[1] 在微观层面，则出现了将农业垃圾转变为酒精燃料的细菌，以及用在检测到污染物时会发光的基因改造的微生物芯片。[2] 在哺乳动物层面，转折点是1996年的克隆羊多利，随后是1998年的克隆小鼠和奶牛。[3] 仅凭这些案例，我们就能清楚地看出生物技术文化的复杂性。

这种文化转换的另一面向是生物学向信息科学的转变。人们以符号学和传播理论来理解遗传事件，使生物符号学（biosemiotics）这一领域得以发展，[4] 它所研究的是生命系统中的交流和意义。生物符号学认为"交流"是生命的基本特质。它强调语境和意义，是基因决定论[①]的一剂解药。然而，传统的符号学因其传统主义（conventionalist）的特性，无法直接应用于生物学系统中。皮尔斯（Peirce）[5] 强调符号载体所唤起的人类意识之中的对象再现。西比奥克（Sebeok）[6] 在定义动物符号学（zoosemiotics）或是在进行动物视觉、听觉、化学信号研究时，都超越了人类的意识和语言能力范畴。而提到植物时，人们常常认为它没有思维或者意识[7]，却似乎可以解读信号[8]，因此我们需要拓宽对于解读（interpretation）的定义（使其不要过于拟人化），并将交流研究的范围扩展到跨物种互动、"生物远程信息学"（biotelematics）和"生物机器人学"（biorobotics）（这两个术语是我创造的，分别用于定义"生物学和远程信息学"的结合，以及"生物学和机器人学"的结合）。

我坚信在这些领域的尝试为艺术开辟了未知疆域。我将讨论四件使用了生物过程或者生物界面的作品来论述我在这个领域的工作，它们分别是《人类理解论》[②]（1994 年）、《传送未知状态》（1994—1996 年）、《A-阳性》（1997 年）和《时间胶囊》（1997 年）。在第一件作品的情境中，一只金丝雀和六百英里外的植物（喜林芋）使用常规电话进行对话。第二件作品中，生物体通过互联网进行真实的光合作用并生长。第三件作品，是人类和机器人通过两个静脉注射装置进行对话式交流。第四件作品，则涉及湿性界面（wet interfaces）和人类植入记忆微芯片的问题。我在已有的交流系统的常规操作中，使用多种媒介创造出混合体，让参与者进入涉及生物元素、远程机器人技术、跨物种互动、光、语言、远方、时区、视频会议，以及通过网络进行信息交换与转化的情境之中。这些作品常常依赖于偶然性、不确定性和参与者的介入，鼓励对话式互动，并直面关于身份、能动性、责任和交流的各种可能性等一系列复杂问题。

远程跨物种交流

我和中村郁夫（Ikuo Nakamura）在列克星敦、肯塔基和纽约之间共同创作了《人类理解论》（图 72），这是一个现场、双向、互动、远程、跨物种的声音装置。1994 年，在我的展览"对话"（Dialogues）中，这件作品在线上、美术馆和画廊中同时展出。1994 年 10 月 21 日到 11 月 11 日之间，《人类理解论》在列克星敦肯塔基大学的当代艺术中心和纽约科学大厅同时向公众展示。[9]

当代艺术中心的中央放着宽敞舒适的白色圆筒形笼子，其中有一只黄色的金丝雀，笼子顶上放置着电路板、扬声器和麦克风。金丝雀和这些设备之间隔着有机玻璃，设备连着电话系统。在纽约，植物的叶片上放着电极，用来感应鸟鸣。植物的微电压波动则由一台运行着互动性脑波可视化分析（IBVA）软件的苹果计算机进行监测。讽刺的是，该程序曾用于探测人类精神活动，如今却被用

[①] 译者注：基因决定论认为人的物质特征和精神特征大部分是由基因决定的。
[②] 译者注：此处应是致敬哲学家约翰·洛克（John Locke）的同名著作。

图 72
爱德华多·卡茨和中村郁夫，《人类理解论》，连接肯塔基州列克星敦和纽约的生物符号学作品，1994 年。该作品探讨了跨物种交流：金丝雀（a）通过网络（c）与六百英里外的植物（b）进行对话

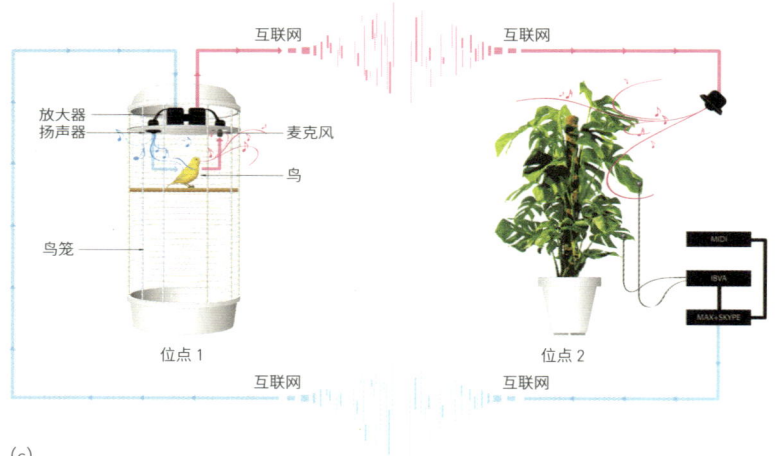

来检测不具有意识的生物的生命活动。来自植物的信息被输入到另一台运行着 MAX 的苹果计算机中，MAX 控制着 MIDI 音序器。电子声音本身是预录的，植物对鸟鸣的反应能实时决定该声音的顺序和时长。

当这件作品公开展出时，鸟和植物之间每日会进行数小时的互动，人类也会与鸟和植物进行互动。只要人类一站在鸟和植物边上，就会改变它们的行为。人越靠近，鸟和植物就会不断变化行为来增加互动，其反应是鸟鸣更多，植物发出更多声音，或者保持安静。

这个装置通过单独笼居的动物和另一物种成员的远程对话，将交流和远程通信在人类生命中的作用进行了戏剧化展示。展厅中的跨物种交流体验，反映了我们自身对于互动的渴望，以及对于寻求接触和保持联系的愿望。这件互动装置既是为非人类所创作，也体现了人类的孤立和孤独，以及交流的可能性。这件作品突显了人类与非人生物之间通过电子媒介进行交流的复杂性，也揭示了我们自身交流经验中的各个面向。这种互动就像人类对话一样充满变化且不可预测。

生物远程信息直播

这件名为《传送未知状态》（见图73）的生物远程信息装置，将新奥尔良当代艺术中心与互联网连接起来（1996年8月4日至9日），它是1996年Siggraph艺术展中"桥"的一部分。《传送未知状态》结合了生物的生长和互联网（远程）活动。漆黑的房间中的基座装有土壤，土壤中的种子能从中吸取养分。远方的参与者回复邮件通知后，会通过互联网触发光照，使这颗种子在完全黑暗的环境中进行光合作用并得以生长。这件装置创造了互联网作为生命保障系统的体验。

在地观众进入展厅时会看到一个装置：视频投影仪悬挂在天花板中，向下的镜头正对着土壤中的种子。观众无法看到投影仪，只看到天花板的圆洞中投射出的圆锥形光束。圆形的孔洞和与之齐平的投影镜片，使人想到阳光照入黑暗的情景。而在遍布全球的遥远之处，匿名者们将数码相机对准天空拍摄，将阳光传输回展厅。远方各处的镜头所捕捉到的光子在展厅的投影仪中被重新释放。来自陌生国度的实时传送的视频图像，被剥除"再现价值"（representational value）后，成为实际光波阵面的传输器。展览期间，植物的缓慢生长过程向全世界进行网络直播，所有参与者都可在网上看到其生长的过程。计算机屏幕作为能看到所有活动的图形界面，以非物质形式被直接投影到暗室的土壤温床上，使种子和光子流之间有直接的物理接触。

这件作品的网络拓扑诗学，极大地颠覆了广播标准和通信工业被强加管制的单向模式。《传送未知状态》不是将特定信息从一个点传递给多个被动接受方，而是创造了新的情境，使遥远国度的参与者们把光传送到新奥尔良当代艺术中心的一个点。这种分布式协作尝试显现出互联网生态和网络社群的伦理。

在展览期间，匿名参与者们的远程集体行为决定着光合作用。互联网上的出生、成长和死亡形成了一系列可能性，伴随着参与者对于作品的贡献而不断展现。网络中的协作行动和责任感对于生物的生存来说至关重要。当1996年8月9日展览结束时，植物已经长到18英寸高。我小心地将它移植到当代艺术中心前门的一棵树旁。

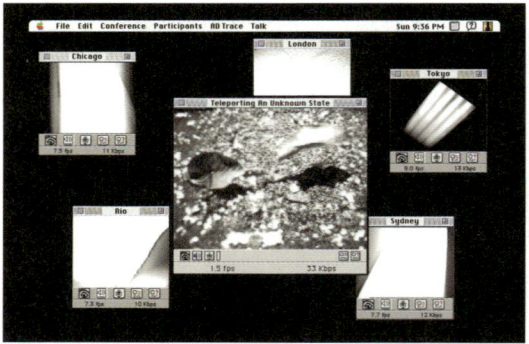

(a)

(b)

(c)

(d)

图 73

爱德华多·卡茨,《传送未知状态》,互联网上的生物远程信息作品,1994—1996 年。该装置创造了互联网作为生命保障系统(a)的体验。在一间漆黑的房间里,装有土壤的基座为一颗种子提供着养分(b)。通过悬挂在基座上方,朝向基座的视频投影仪,远方的参与者通过互联网触发光照(c),使这颗种子能够在完全黑暗的环境中进行光合作用并生长(d)

1998 年 10 月，我在斯洛文尼亚马里博尔市的 KIBLA 美术馆创作了《传送未知状态》的网页版。[10] 参与者能在线上看到九宫格图像，中间是植物图像，周围则是八个城市的实时天际线图像。中间图像是马里博尔市展厅暗室中的植物和土壤，不断自动更新（为网上参与者提供反馈）。周围八张图像由网上参与者们随机激活后，被即时投影到展厅中育有种子的土壤上。图像在网格的位置反映了它们各自在全球的真实定位，如标准地图所示。我将马里博尔标在中心，围绕它的其他位置是：温哥华（左上）、芝加哥（左）、墨西哥的卡波卢西亚（左下）、巴黎（中上）、南极洲（中下）、莫斯科（右上）、东京（右）、悉尼（右下）。

中间图像由独立的摄像机服务器（带有嵌入式 Web 服务器的摄像机）自动拍摄后上传，并盖上马里博尔当地日期和时间的数字印戳。投射在植物上的中间图像，汇聚了由网上参与者们传送来的光。周围八张图则是应网民的请求以互动方式上传。作品的起始状态是中间图像被黑色方形包围（当参与者提出请求时，这些方形会被实时图像填充）。如果参与者在登录时看到黑色图像，可能是由于他所选择的地区此时正好天黑，或者是上一位网上参与者没有选择相应的图像。网络参与者一旦选定某个图像，该图像就会同时在线上和展厅被激活五分钟，之后仍被黑色方形代替，以便后来的参与者重新做出选择。这一新版本可以让网上参与者无间断地使用八个不同地点的天光，来促进斯洛文尼亚暗室中的一株植物生长，并监测其过程。2001 年，由纽约的国际独立策展人协会（ICI）组织、史蒂夫·迪茨策划的展览"远程信息连接：虚拟拥抱"中展出了该作品的一个更新的版本。

对话式生物机器人学

1997 年 9 月 24 日，作品《A-阳性》（图 74）在芝加哥 Gallery 2 举办的 ISEA '97 艺术展览上实现。[11] 这件作品是我和埃德·贝内特共同创作的，探索了人体与混合机器间的微妙关系，作品融合了生物元素，并从这些元素中提取了感官功能和新陈代谢功能。在作品所创造的情境中，人类与机器经由连在透明管上的静脉注射针，进行直接的物理接触并互相滋养。我将这种新的混合生物性机器人称为"生物机器人"，并将致力于研究和构建生物机器人的领域称为"生物机器人学"。"生物机器人学"不是指将生物性准则（源于动物行为学、神经生物学等领域）实施于机器工程中，我将其精确定义为创造出的机器人体内具有真实的、活跃的、湿性的生物元素。由于使用了人类红细胞，为作品《A-阳性》所创造的生物机器人被命名为"静脉机器人"（phlebot）。

在《A-阳性》中，人体为机器人输血来提供维持生命的养分；生物机器人接受了人体的血液，并从中提取足够的氧气来支撑一小簇不稳定的火焰——火是生命的原型象征。作为交换，生物机器人通过静脉注射系统向人体提供葡萄糖。

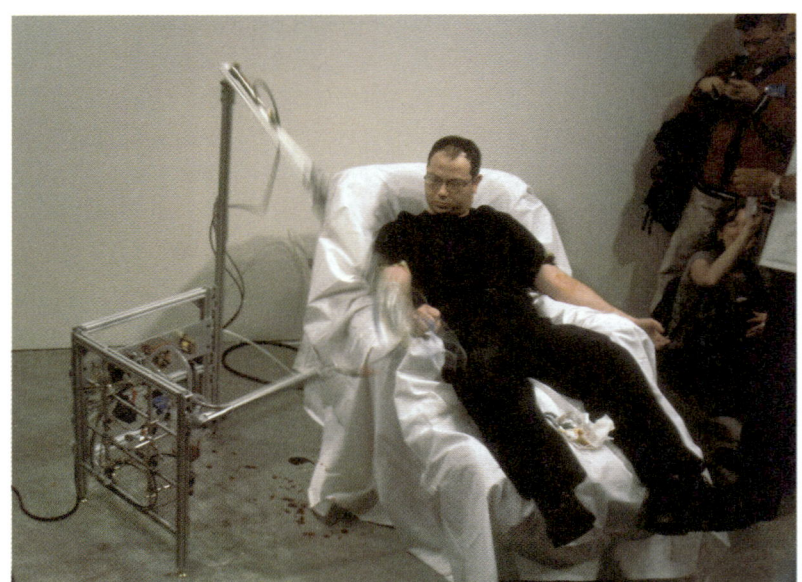

(a)

(b)

图 74
爱德华多·卡茨,《A-阳性》,生物机器人作品,1997 年。该作品创造了这样一种情境:人类和生物机器人通过静脉注射系统进行直接的物理接触,并相互滋养(a)。生物机器人接受了人类的血液,并从中提取了足够的氧气来支持一小簇不稳定的火焰(b),这是生命的原型象征。(摄影:卡洛斯·法东)

这一对话式作品所创造的互动模式与传统场景大相径庭，因为后者通常将机器人描绘成奴隶，进行着人类无法完成的繁重而重复的任务；然而，这个项目中的人类却将自己的血液赠予生物机器人，与之形成了共生交换。从某种意义上，这件作品具有对话性，通过展现一个循环着人类血液以及拥有明确自我意志的机器人，对未来生物机器人的类生命特质进行了思辨。

这件作品使用了生物数字化的人/机界面，并打破肉身的神圣边界，让人们关注在生物学、计算机科学和机器人学结合的背景下人类身体的境况。我们不再将身体视为隔绝于技术景观之外的孤岛，也未曾在对生物识别监控的抵制中失败。非具身性（disembodied）的 DNA 成为一种计算工具，人造血液则在人体的血管中循环起来。一位由数学家转业的生物学家曾成功展示过 DNA 计算机，它为计算机科学和分子生物学同时开启了新的可能性。[12] 这台计算机不再使用电子脉冲，而是用脱氧核糖核酸（DNA）或核苷酸来复制处理器的操作。那些影响了我们想象力与感受力的技术（例如纳米技术和基因工程等），也会渗透进我们的皮肤和血液，甚至促成独特的治疗形式。微型电子设备（植入物）以及新型化合物正在侵入（并共居于）生物体的物理结构。人造血液就是由类似红细胞的化合物制成，能将氧气从肺部输送到身体其他部位，并将二氧化碳输送回来。此类发展表明，技术正微妙地渗透进我们的身体之中。《A-阳性》中所创建的对话式情境正是通过原型生物网络的四个连接点，将人类和机器人连接起来。[13] 人们从血液中提取氧气并释放到密封舱后，它就会支持瓦斯的微弱燃烧，并出现象征性的"纳米火焰"（nanoflame）。

"身体"一直是艺术的传统主题，如今它仍令我们着迷，但原因和过去大相径庭。我们不再将身体描绘成和"环境"（背景）相对的主导者或者特权者（形象），而是研究它将如何进入数字文化的政治和心理层面。当我们意识到技术和身体的距离是如此接近，或是技术已经如何深入到身体内部时，就会发现机器人科学的"主奴模式"已经不再适用。这一模式认为机器人即是奴隶，拥有奴隶一词的所有含义，并固执于某些生物必须提供劳力的观念，只不过这次轮到电子生物。[14] 我们很容易找到托词认为机器不具备有机生命、类人智能或者自由意志，但是随着电子设备和计算设备越加频繁地出现于人体中，以及机器人学和计算机科学对生物学研究的不断加速，人和机器的差距正在逐渐缩小，远超我们所愿意承认或接受的程度。因此，我们应该讨论"机器人学的伦理"[15]并重思在生物机器人的前沿中关于机器本质的许多假设。

我们不再是机器的主人，但我们也不会受其摆布。《A-阳性》摒除了机器人的奴性隐喻，提出了新的生态系统，将居住在"后自然万神殿"中的新生物和有机设备均纳入其中，它们可以是生物性的（变异体）、生物合成的（基因工程）、无机的（机器人）、算法的（人造生命）或者生物机器人的（机器/生物混合体）。

记忆与数字记忆术：生物植入和远程测量

1997 年 11 月 11 日，《时间胶囊》（图 75）在巴西圣保罗的文化中心 Casa das Rosas 制作完成。这件分布式作品连接了在地活动装置、特定场域的介入（该场域既是我的身体也是一个远程数据库）、电视和网站实况直播。作品因微芯片而得名，在微芯片的生物相容性玻璃中，密封着编程识别码、集成线圈和电容器。作品的时间尺度介于瞬时和永恒之间：完成微芯片植入的基本流程只需几分钟，而植入物则近乎永久。和其他埋在地下的时间胶囊一样，这个数字时间胶囊位于皮肤之下，也将自身投向未来。

图 75

爱德华多·卡茨，《时间胶囊》，在电视和互联网上直播的生物远程通信作品，1997 年。这件作品通过植入微芯片（a）来探讨湿性界面和人类保存数字记忆的问题。作品包括一个微芯片植入物（b），七张泛黄的照片（c），一次电视直播（d），一次网络直播（e），对植入物的交互式远程机器人网络扫描（f），一次对远程数据库的介入（g），以及包括植入物的 X 光片在内的其他展示元素（h）。（摄影：卡洛斯·法东）

(a)

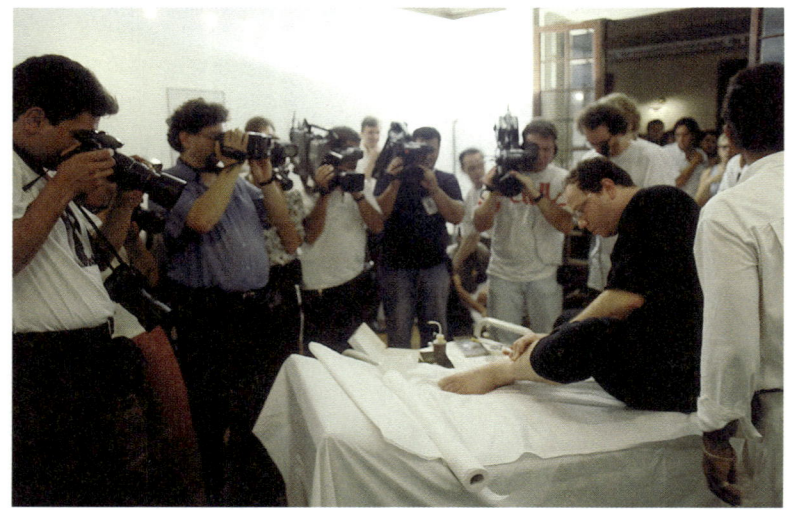

(b)

(c)

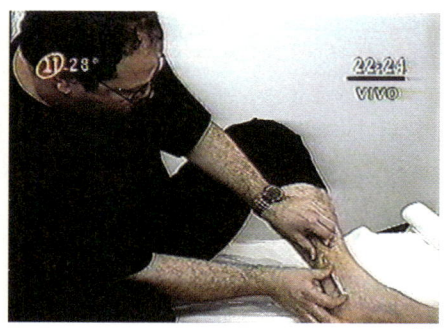

(d)

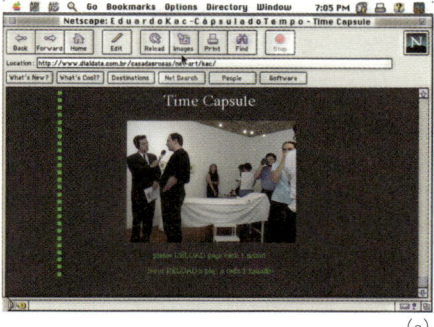

(e)

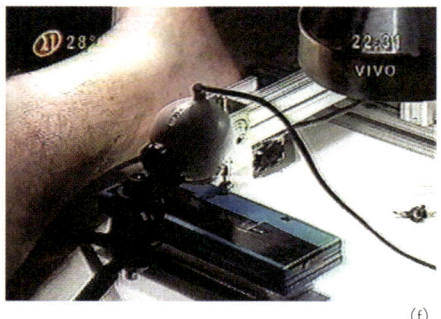

(f)

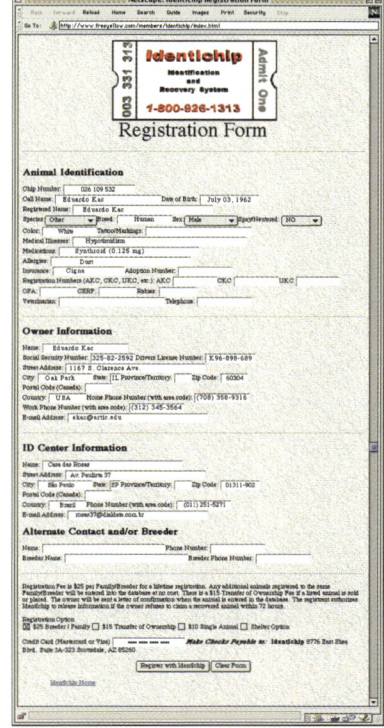

(g)

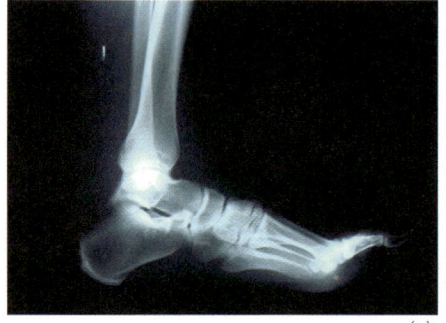

(h)

11　生物远程信息学和生物机器人学的涌现：生物学、信息处理、网络和机器人学的融合（1997年）　　171

公众走进展厅后，将会看到一张横置的床架，七张泛黄的家庭照片（拍摄于20世纪30年代的东欧），一台联网计算机，一枚远程机器手指，以及其他广播设备。我以消毒剂清洗脚踝皮肤开始（也以此结束）流程，并使用特制针头向皮下植入无源微芯片（passive microchip），这实际上是无须更换电源和磨损零件的应答器。远程网络扫描植入物所产生的低能量无线信号（125千赫），将激发微芯片发送独一无二并且不可变更的数字代码（026109532），该代码会显示在扫描器的十六字符液晶显示屏上。一拿到代码，我立即上网在美国远程数据库中对自己进行了注册。这是人类首次被添加到数据库中，因为这类注册最初是为了识别和寻回走失动物。我在自己的名下同时将自己注册为动物及其主人。微芯片植入身体后，周围就会形成一小层结缔组织，防止其移位。

圣保罗电视台的21频道进行了电视直播，Casa das Rosas则做了网络直播。电视与网络的同步直播（包含对植入的微芯片进行的网上互动扫描）并未使用"报道"的形式，而是对一成不变的新闻播报形式进行了干扰，并构成了作品。电视直播被视为在大众媒体领域内创作艺术的直接方式，它能同时在数百万个家庭的客厅里实施事件而介入社会领域。《时间胶囊》的电视直播大约覆盖了1700万经常收看21频道夜间新闻的观众。这一传播分为三个部分：在第一部分中，观众被告知作品的主要概念以及将要发生之事；第二部分呈现了微芯片移植的过程；在最后一部分中，观众则看到了艺术家通过互联网对芯片进行交互式远程扫描和数据库注册。其他电视台（TV Cultura和TV Manchete）的延时播出，将观众人数扩大到了5000多万人。微芯片原被用于识别和寻回走失的动物，《时间胶囊》中的"人类动物"在数千万观众面前，被作为家养动物及其"主人"进行注册、识别，并通过网络被"寻回"。

记录和识别一直是技术发展尤其是成像领域的主要推动力，其范围涵盖从第一张照片到无处不在的录像监控。在19世纪和20世纪，摄影和成像工具发挥了社会性时间胶囊的作用，使得社会主体记忆得到了集体性保留。这个过程导致了全球范围的图像膨胀，以及数字技术对"摄影作为真理"的神圣力量的侵蚀。图像的再现力量，不再是留存社会或者个人记忆和身份的关键能动性。我们可以通过整容手术改变皮肤的构造，正如我们能通过数字成像技术操纵皮肤的再现性。我们可以化身为自己希望成为的形象。在我们拥有改变肉身和图像的能力后，消除记忆的可能性也随之到来。

记忆是一种芯片。当我们将计算机和机器人的储存单元称为"内存"[①]时，是在将机器拟人化，让它们更像人类，而人类也在这个过程中模仿机器。传统意义上的身体被视为人类独有记忆的神圣持存（repository），这些记忆是通过基因遗传或者个体经验获得的。而内存芯片常位于计算机和机器人的内部，在人体内还不常见。《时间胶囊》中，芯片（和它所记录的可获取的数据）的体内存在迫使我们去思考生命记忆和人造记忆在体内的共存性。作为体内植入物的外置

① 译者注：memory此处有人类记忆和计算机内存的双关。

记忆将成为未来的常态,因此我们需要在数字文化中对类似程序的合法性和伦理意义提出质疑。电视直播(黄金时段的新闻节目)和网络直播是《时间胶囊》不可分割的组成部分,使这一议题更贴近生活。通过网络对植入物进行远程扫描,则展现了全球化数字网络的连接组织不再将"皮肤作为区分身体范围的保护性边界"。

当代的媒介景观中也出现了类似改变的其他显著迹象。遗传基因是一种独特的签名,只需一杆装有自身DNA墨水的特殊钢笔就能去伪,不再需要以血签名来存真。更为普遍的标准化应用是像英国Sceruitrac公司那样,用DNA喷雾来鉴别商品(例如CK牛仔裤)。这种DNA喷雾在正常灯光下不可见,只在紫外线下发光,用于追踪伪造和涉嫌滥用职权的经销商。生物遥测也是一个很好的例子,使用这一标记和追踪技术能远程监控各种动物的位置和行为,小到蝴蝶,大到北极熊。生物识别技术的出现能将不可复制的个体特征(例如虹膜形状和指纹轮廓)转化为数字化数据,我们可以清楚地发现技术越接近身体,就越容易对其进行渗透。微芯片在脊柱损伤手术中的成功操作开启了全新的研究领域,即通过外部刺激和微芯片来控制身体功能。使用微芯片制造的人造视网膜能让盲人复明,这一实验性医学研究迫使我们接受体内微芯片带来的解放效应。另一个案例是植入母亲子宫内的微型发射器,用于检测胎儿的健康。但令人无法接受的是,某些生物公司在原住民那里获取DNA样本并申请专利,随后在互联网上贩卖,即使是最为个人化的生物特征,也无法逃过人类的贪婪以及技术的无处不在。[16]

标准化界面要求我们坐在桌边敲击键盘、眼盯屏幕,它催生了身体创伤,也加深了技术发明、发展和淘汰的快速周期对人类的心理冲击。最明显的身体创伤就是"鼠标手"和背脊疼。稍不明显的身体创伤则是界面标准化所导致的人体被整体限制,身体被强制与计算机设备(屏幕和CPU)的方形趋同,几乎成为计算机的延伸,而非相反。这或许反映了技术的总体趋势:有机生命正在成为计算机的延伸,微芯片技术的载体则将超越传统材料的限制,将生物来源作为延续微型化①呈指数级发展的唯一途径。

结论

"我们是技术的具身化"这一概念让我们深感好奇、着迷和恐惧。我们的好奇,源于对自身极限永不满足的内在探究。我们的着迷,是因为"延展的身体"这一新可能性使人去思考"延展的生命"这一概念。我们的恐惧,则源于发现帮助病患或残障人士而开发的技术对健康的身体并不适用,由此重新引发了我们直面死亡的恐惧。

尽管出于不同的原因,当代艺术与生物学、计算机科学、数字网络和机器人学

① 译者注:微型化(miniaturization)是指计算机技术在尺寸、重量和功耗方面的不断缩小。

等不属于传统意义上的"美术"的领域却拥有着相同的关注点。一方面，艺术可以自由地探索这些工具和知识领域的创造潜力，不受其自身所带的限制。另一方面，艺术可以超越其既定目标，提供批判性和哲学性视角。正如艺术家弗拉维奥·德卡瓦略所说："常规是一种幻觉，会因新现象的发现而被取代。"[17]

数字化记忆的湿性寄主（wet hosting）——以《时间胶囊》为例，指向了一种具有创伤性的，但却更为自由的替代性界面的具身化形式。微芯片的皮下存在揭示了这一冲突的戏剧性（我们正试图开发各种社会模型来阐明这种冲突的不良影响），同时也将调和在我们的经验中被视为对立的各种面向，诸如行动自由、数据储存处理、生物界面和网络环境。艺术能参与到文化整体中进行更为广泛的辩论和思想交流，它也能帮助我们发展新的哲学和政治模式，并影响在有机性和数字性交汇的前沿处所出现的新型协同效应。

注释

1 多眼果蝇和无头青蛙代表了在器官形成中发挥作用的特定基因的分离和控制。类似鹌鹑的雏鸟旨在证明分离和移植某些行为特征的能力。小鼠展示了生长器官用于外科美容修复的技术可行性（耳朵没有听力功能）。见 G. Halder, P. Callaerts, and W. J. Gehring, "Induction of Ectopic Eyes by Targeted Expression of the Eyeless Gene in Drosophila," *Science* 267 (Mar. 24, 1995), 1788; Bea Christen and Jonathan M. W. Slack, "FGF-8 Is Associated with Anteroposterior Patterning Limb Regeneration in Xenopus," *Developmental Biology* 192 (1997): 455; Evan Balaban, "Changes in Multiple Brain Regions Underlie Species Differences in a Complex, Congenital Behavior," *Proceedings of the National Academy of Sciences of the United States of America* 94 (1997): 2001; Keith T. Paige et al., "Tissue Engineered Growth of New Cartilage in the Shape of a Human Ear Using Synthetic Polymers Seeded with Chondrocytes," in *Materials Research Society Symposium Proceedings*, vol. 252, *Tissue-Inducing Biomaterials*, ed. L. G. Cima and E. S. Ron (Pittsburgh: Materials Research Society, 1992), 323–30.

2 Y. Murooka and T. Imanaka, eds., *Recombinant Microbes for Industrial and Agricultural Applications* (New York, Basel, and Hong Kong: Marcel Dekker, 1994). 另见 Michael L. Simpson et al. "Bioluminescent-Bioreporter Integrated Circuits Form Novel Whole-Cell Biosensors," *Trends in Biotechnology* 16, no. 8 (1998): 332.

3 K. H. S. Campbell et al., "Sheep Cloned by Nuclear Transfer from a Cultured Cell Line," *Nature* 380 (1996): 64–66; T. Wakayama et al., "Full-Term Development of Mice from Enucleated Oocytes Injected with Cumulus Cell Nuclei," *Nature* 394 (1998): 369–74, Letters to Nature; Yoko Kato et al., "Eight Calves Cloned from Somatic Cells of a Single Adult," *Science* 282 (Dec. 11, 1998): 2095–98.

4 T. A. Sebeok and J. Umiker-Sebeok, eds., *Biosemiotics: The Semiotic Web* (Berlin: Mouton de Gruyter, 1991).

5 Charles Sanders Peirce and James Hoopes, eds., *Peirce on Signs: Writings on Semiotics* (Chapel Hill: University of North Carolina Press, 1991).

6 Thomas A. Sebeok, "Communication in Animals and Men," *Language* 39 (1963): 448–66; Thomas A. Sebeok, *Perspectives in Zoosemiotics* (The Hague: Mouton, 1972).

7 Alexandra H.M.Nagel, "Are Plants Conscious?" *Journal of Consciousness Studies* 4, no. 3 (1997): 215–30.

8 马丁·克兰彭（Martin Krampen）认为，植物虽然没有神经系统，但能够解读信号。见 Martin Krampen, "Phytosemiotics," *Semiotica* 36, nos. 3–4 (1981): 187–209.

9 Keith Holz, "Eduardo Kac's Dialogues," *Leonardo Electronic Almanac* 2, no. 12 (1994). 另见 Joyce Probus, "Eduardo Kac: Dialogues," in *Dialogue: Arts in the Midwest*, Jan.–Feb. 1995, 14–16; Margot Lovejoy, *Postmodern Currents: Art and Artists in the Age of Electronic Media* (Englewood Cliffs, N.J.: Prentice Hall, 1997), 229.

10 Peter Tomaz Dobrila and Aleksandra Kostic, eds., *Eduardo Kac: Teleporting an Unknown State* (Maribor, Slovenia: KIBLA, 1998).

11 Eduardo Kac, "A-positive," *ISEA '97 Program Guide* (Chicago:The School of The Art Institute of Chicago, 1997), 62; Mathew Mirapaul, "An Electronic Artist and His Body of Work," *New York Times on the Web*, Oct. 2, 1997; Giselle Beiguelman, "Artista discute o pós-humano," *Folha de São Paulo*, Oct. 10, 1997, 13; Simone Osthoff, "From Stable Object to Participating Subject: Content, Meaning, and Social Context at ISEA 97," *New Art Examiner* 25, no. 5 (1998): 18–19, 23.

12 Leonard M. Adleman, "Molecular Computation of Solutions to Combinatorial Problems," *Science* 266 (Nov. 11, 1994): 1021–24; Richard Lipton, "DNA Solution of Hard Computational Problems," *Science* 268 (Apr. 28, 1995): 542–45. 有关 DNA 计算机发展的简明介绍，见 Leonard M. Adleman, "Computing with DNA," *Scientific American* (Aug. 1998): 54–61.

13 我希望通过"生物网络"这一概念，提出通过生物媒介进行数据交换或联网的可能性。

14 20 世纪 40 年代末，原子能委员会阿贡国家实验室的雷·C. 戈尔茨（Ray C. Goertz）创造了"主/奴"一词。见 Edwin G. Johnsen and William R. Corliss, "Teleoperators and Human Augmentation," in *The Cyborg Handbook*, ed. Chris Hables Gray (New York and London: Routledge, 1995), 87. 机器人科学中的"奴隶"概念尤其尴尬，令人震惊的是 20 世纪 90 年代，某些当地政府仍在认可或无视真正发生的人类奴隶制。《纽约时报》报道说，毛里塔尼亚就有 9 万奴隶。见 Elionor Burkett, "God Created Me to Be a Slave," *New York Times Magazine*, Oct. 12, 1997, 56–60. 意大利《全景》杂志报道称，多哥－贝宁边境的贩卖奴隶活动十分活跃。见 Giuseppe Fumagalli, "Le nuove rotte degli schiavi," *Panorama* 37 (Sept. 9, 1999): 95. 悉尼·波苏埃洛（Sydney Possuelo）是巴西政府研究孤立的印第安人的权威，他在国际上备受尊敬，他告诉《纽约时报》记者："现在仍有一些妇女的手臂上文着

奴役她们的橡胶种植园的名字。"见 Diana Jean Schemo, "The Last Tribal Battle," *New York Times Magazine*, Oct. 31, 1999, 74. 另见 Samuel Cotton, *Silent Terror: A Journey into Contemporary African Slavery* (New York: Harlem River Press, 1998); Kevin Bales, *Disposable People: New Slavery in the Global Economy* (Berkeley: University of California Press, 1999).

15 James Gips, "Towards the Ethical Robot" (243–52) and A. F. Umar Khan, "The Ethics of Autonomous Learning Systems" (253–65), both in *Android Epistemology*, ed. Kenneth M. Ford et al. (Menlo Park: AAAI Press; Cambridge: MIT Press, 1995).

16 必须确保让捐献样本的原住民理解其中的利害关系，授权使用样本，并最终从研究成果中获利。关于 DNA 专利和原住民权利的讨论，见 Donna J. Haraway. *Modest-Witness, Second-Millennium: Femaleman Meets Oncomouse: Feminism and Technoscience* (New York: Routledge, 1997), 250–53.

17 Flávio de Carvalho, *Experiência N. 2* (São Paulo: Irmãos Ferraz, 1931), 115.

12　转基因艺术（1998 年）

最初发表于《列奥纳多电子年鉴》第 6 卷，第 11 期（1998 年）。

新技术在文化层面对人类的身体感知造成异化，使身体从天然的自我调节系统，成为人工控制和电子化改造的对象。我们对身体外观（而非身体本身）的数字化操控，清楚地表明了对身体的新认知的可塑性。我们经常从媒体所描述的理想化或想象的身体、虚拟现实化身、真实身体的网络投射（包括化身）之中，观察到上述现象。与此同时，整形外科和神经义肢等医疗技术的发展，最终将这种非物质的可塑性扩展到实际身体中。皮肤不再是容纳和定义身体空间的永久屏障，相反，它成为不断嬗变的场所。当我们在应对这一不断发生着的过程所带来的惊人后果时，同样紧迫的是要解决生物技术对皮肤之下（或无皮肤身体的内部，例如微生物），也就是在不可见之处所带来的影响。艺术不仅使不可见之物显现，还让我们意识到视觉无法到达却有直接影响之物的存在。超越视觉的技术操作中最突出的两种，是数字植入（digital implants）和基因工程，它们将对艺术，以及未来的社会、医疗、政治和经济生活产生深远的影响。

我所提出的"转基因艺术"（transgenic art）是一种新的艺术形式，其基础是使用基因工程技术创造独特的生命体。它可以通过将合成基因转移到生物体中，通过使生物体自身的基因进行突变，或通过天然遗传物质在物种间的转移而实现。分子遗传学让艺术家能够改造动植物基因组以创造新的生命形式。[1] 这种新艺术的性质不仅取决于新植物或新动物的出生与成长，更取决于艺术家、公众和转基因生物之间的关系性质。在转基因艺术的语境下所创造的生物，能被公众带回家中，在后院种植或作为人类伴侣来养育。鉴于每天至少有一种濒危物种在地球上灭绝，[2] 我提议艺术家可以创造新的生命形式来增加全球生物多样性，而转基因艺术需要对所创造的新生命形式有严格的承诺和责任感。在任何艺术作品中，伦理问题都是最重要的，生物艺术语境中的伦理问题则尤为重要。转基因艺术呼吁从跨物种交流的角度，在艺术家、生物和与生物接触的人类之间建立对话式关系。

在最常见的家养哺乳动物中，狗是典型的对话式动物；它不以自我为中心，具有同理心，容易进行外向的社交互动。³ 这就是我正在进行中的作品：《GFP K-9》（图 76）。GFP 是绿色荧光蛋白（green fluorescent protein）的缩写，它提取自维多利亚多管发光水母（*Aequorea victoria*），在紫外线或蓝光照射下会发出明亮的绿光。⁴ 野生型水母的 GFP 的最大吸收波长为 395 纳米，荧光发射光谱的波长在 510 纳米处达到峰值。⁵ 这种蛋白质自身有 238 个氨基酸。在狗身上使用 GFP 是无害的，因为 GFP 与物种无关，也不需要额外的蛋白质或底物来发射绿光。⁶ GFP 已在多种宿主生物和细胞中成功表达，如大肠杆菌、酵母、哺乳动物、昆虫、鱼类和植物细胞。⁷ GFP 的变体——GFPuv 的亮度是普通 GFP 的 18 倍，在标准长波紫外光的激发下，很容易被肉眼识别。在《GFP K-9》项目背景下所诞生的狗，将是我家庭中受欢迎的一员。我可能需要花费数年或数十年的时间来创造它，⁸ 其面临着一些障碍，包括犬类体外受精（IVF）的发展。便于可视

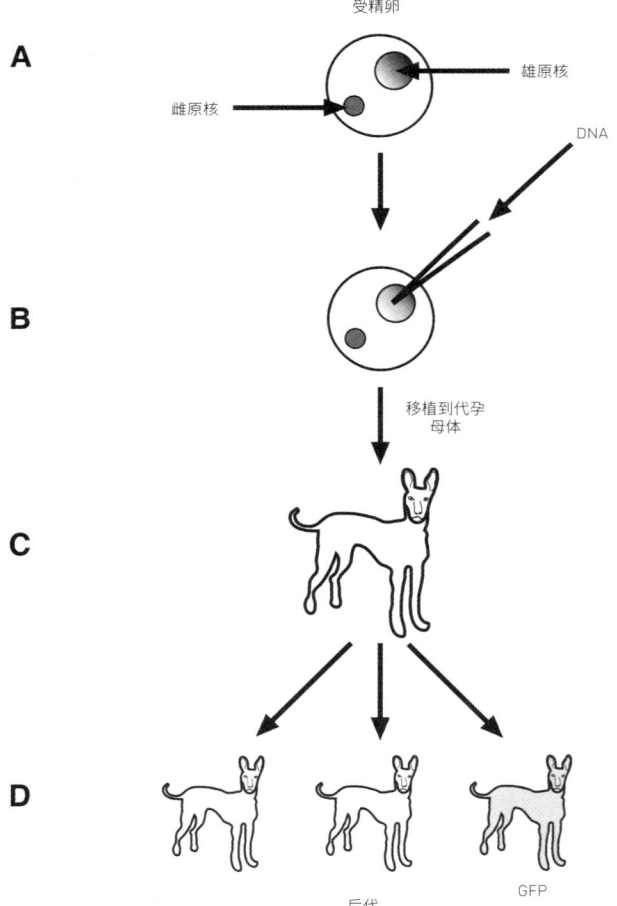

图 76
爱德华多·卡茨，《GFP K-9》图解，转基因狗，1998 年开始仍在进行中。该图显示了创造 GFP K-9 的步骤。从雌性动物体内取出受精卵（A），然后将携带 GFP 基因的 DNA 注入雄原核中（B），再将受精卵植入代孕母体内（C），部分幼兽会表达 GFP 基因（D）

化的无毛犬是《GFP K-9》项目的最佳候选犬,尤其是白化无毛犬。该动物因缺乏色素而被专业饲养者视为有"缺陷",但在《GFP K-9》项目中却被视为"标准"。该项目颠覆了纯种繁育的逻辑,跨越了物种边界,并选择了一种"不合格"的动物作为标准犬。无毛犬是古老的品种,人们在前哥伦布时期的墨西哥和中南美洲国家的遗迹中发现了无毛犬曾经存在的证据。无毛犬的品种包括墨西哥无毛犬(xoloitzcuintli)、秘鲁印加兰犬、美洲无毛梗和阿根廷皮拉犬。墨西哥无毛犬很可能成为 GFP K-9 的一个品种(图 77)。Xoloitzcuintli 的发音为 "Sho-low-eets-queentlee",在阿兹特克人的语言——纳瓦特尔语中意为"稀有之犬"。

犬类基因组的测序也将有助于 GFP K-9 的创造过程。犬类基因组图谱绘制的合作研究正在进行中,其最终结果将实现犬类形态和行为层面的精准工作。除了细微的表型改变(即微妙的毛色变化)之外,GFPK-9 将正常地进食、睡觉、交配、玩耍,并与其他狗和人类互动。它还将成为一个新转基因谱系的初代犬。

人们一开始以为《GFP K-9》项目没有前例,但是考古证据表明人类对犬类演化的直接影响至少可以追溯到 1.5 万年前。[9] 遗传学证据又将时间往前推至大约 6 万年前,并证实狗是在人类繁殖狼之后发展起来的。[10] 狗在古代社会非常重要(图 78)。家犬的存在(大约有 150 个公认的品种),正是由于人类很早就对保留未成年特征的成年狼进行了选育,这一过程被称为"幼态延续"(neoteny)。换句话说,野外不会有贵宾犬、吉娃娃和斗牛犬。未成年狼和成年犬在相貌和行为上非常相似。例如,吠叫是成年犬而非未成年狼的典型特征。狗头比狼头小,更接近于未成年狼的头。还有非常重要的一点是,狗也可以和狼杂交。1859 年,在经历了几个世纪的自然选育之后,人类对狗选育的转折点出现了:首次犬类展览让人们对其独特的视觉外观产生了兴趣。人们对视觉一致性和新品种的追求催生了纯种犬的概念,并形成了初代犬(founding dog)的不同组群。由此产生了在人类家中随处可见的各种犬类(图 79)。犬类交易媒体自豪地刊登着

图 77(下左)
爱德华多·卡茨,《GFP K-9》,转基因狗,1998 年开始仍在进行中。前哥伦布时期的墨西哥无毛犬是 GFP K-9 的首选犬种。[摄影:卡里娜·纳拉莱宁(Kaarina Naaralainen)]

图 78(下右)
在古埃及带狗散步。这个彩绘细节出现在库乌木棺的外壁上。亡者用绳子牵着他的狗。出自埃及阿西尤特的库乌墓,第十二王朝(公元前 1991 年—前 1783 年)。[图片由帕特里克·弗朗西斯·霍利汉(Patrick Francis Houlihan)提供]

12 转基因艺术(1998 年) 179

育种者对犬类进行间接遗传控制的结果。人们浏览市场，就能发现"为保护而设计"的斗牛犬，"经过精心基因培育"的藏獒，"拥有独家血统"的狗，以及"拥有独特基因蓝图"的杜宾犬等广告。育种者没有写下狗的遗传特征，但他们肯定识别并记录了这些特征。例如，美国犬业俱乐部提供的 DNA 认证计划，可解决纯种犬的鉴定和亲子关系等问题。

如果说犬类的"创造"有着悠久的历史渊源，那么更近一些但同样融入我们日常生活的是对杂交生物的使用。其中的著名案例就是植物学家兼科学家路德·伯班克（Luther Burbank，1849—1926 年），他创造了许多新的水果、植物和花卉，[11] 例如 1871 年的伯班克马铃薯（又称爱达荷马铃薯）。由于水分少、淀粉含量高，这种马铃薯具有极佳的烘烤品质，是制作薯条的理想原料。自伯班克以来，动植物的人工选育已成为农民、科学家和业余爱好者广泛使用的标准程序。选育是基于间接操控两种或两种以上生物遗传物质的一项长期技术，许多食用农作物和饲养类牲畜都是通过该技术被培育出来的。由此创造的家养观赏植物和宠物如此普遍，很少有人会意识到心爱的动物或表达爱意的鲜花其实都是科学成果。例如，常在花店中出现的"杂交茶香月季"（hybrid tea）是月季的经典形象，而第一株"杂交茶香月季"就是让－巴蒂斯特·吉约（Jean-Baptiste Guillot）在 1867 年所培育的"法兰西"（La France）。自然界中也不存在像卡塔利那金刚鹦鹉（Catalina macaw）这样拥有火红橙色胸部和蓝绿色翅膀的珍贵伴侣物种。鸟类学家将蓝金色金刚鹦鹉与猩红色金刚鹦鹉配种后，才创造出了这种美丽的杂交动物。[12]

我们在几千年来始终想象着跨物种杂交繁育生物，因此上述案例都不足为奇。例如，在希腊神话中，奇美拉（Chimera，图 80）是一种会喷火的生物，由狮子、山羊和蛇混合而成。从古希腊到中世纪，再到现代前卫运动，世界各地的博物馆中都有奇美拉的雕塑和绘画作品。然而，奇美拉（嵌合体）①不再是想象

图 79

狗是品种最多的动物。由于与狼有着共同的血缘关系，犬类品种都具有某些共同特征。狗由狼驯化而来，狼适应了人类的居住环境，不再需要捕杀大型猎物，因此演化出了比狼更小的头骨和牙齿。人类选育了具有协助看守和狩猎倾向的犬科动物，从而产生了最早的犬类品种。环境也起到了一定的作用，因为只有在特定环境条件下存活的狗才能繁衍后代。19 世纪中叶，当第一个犬业俱乐部出现时，新的犬类品种在新一轮的人类选择浪潮中诞生了。自 20 世纪初以来，视觉形式一直是创造犬类新品种的主要因素

① 译者注：chimera 既有神话中杂交生物的含义，又在现代科学语境中意为嵌合体，视具体语境翻译。

图 80
《阿雷佐的奇美拉》，它是希腊神话中最著名的形象。这座青铜雕像源自伊特鲁里亚（约公元前五世纪），高约 80 厘米（32 英寸）。1553 年，它在意大利的阿雷佐附近被发现。（图片由佛罗伦萨考古博物馆提供）

中的生物，它们从实验室中不断被创造出来，逐渐构成了更大的基因景观。我在此处使用的"嵌合体"，指的是其文化含义，而非科学含义。例如，能生产人类蛋白质的猪，[13] 能生产塑料的植物，[14] 以及带有蜘蛛基因的山羊可用来生产具有生物降解性的结实纤维。[15] 在一般的话语中，chimera（奇美拉）是指由不同部分组成的想象生物；但在生物学中，chimera（嵌合体）是一个专业术语，指的是由来自两个或多个不同基因组细胞组成的实际生物。嵌合体的典型例子是"山绵羊"（geep），这是史蒂恩·威拉德森（Steen Willadsen）及其团队用山羊和绵羊细胞所创造的动物。[16] 当奇美拉从传说跃入生活，从再现走向现实时，一场深刻的文化变革就发生了。

育种与基因工程同样差别显著。育种者间接地操纵野生环境中所发生的基因选择和变异的自然过程。因此，育种者无法精确地开启或关闭基因，也无法创造出像狗和水母这样截然不同的基因组材料组成的杂交品种。从这个意义上说，转基因艺术的显著特点是直接操纵遗传物质：外源 DNA 被精确地整合到宿主基因组中。除了将已有基因进行跨物种转移之外，我们还谈到"艺术家基因"，即"嵌合基因"或完全由艺术家通过互补碱基 A（腺嘌呤）和 T（胸腺嘧啶）或 C（胞嘧啶）和 G（鸟嘌呤）创造的新遗传信息。这意味着艺术家们不仅可以将不同物种的基因进行组合，还可以在文字处理器上写出 DNA 序列，用电子邮件发送给商业性的合成公司；不到一周之后艺术家们就会收到一个试管，里面装有数百万个按照序列生成的 DNA 分子。

每个生物体都有可被操纵的基因，重组 DNA 也会遗传给下一代。艺术家实际上成了基因程序员，可以编写或改变已有序列来创造生命形式。随着发光哺乳动物和其他生物在未来的诞生和繁殖，[17] 跨物种对话交流将会深刻改变我们对互动艺术的理解。这些动物应该像其他动物一样受到爱护和滋养。

转基因艺术的产物必须是健康的生物，能够像该物种的其他个体一样正常发育。[18] 符合伦理规范和负责任的跨物种创造，将会产生美丽的嵌合体和奇妙的新生命系统，例如植动融合体（plantimal，具有动物遗传物质的植物或具有植物遗传物质的动物）和动物人（animan，具有人类遗传物质的动物或具有动物遗传物质的人类）。

在全球资本的哺育下，基因工程将在科学理性主义的安全港湾中继续发展；但不幸的是，它始终对更大的社会议题、伦理学辩论和本地历史性语境保持着部分回避。实验室创造的新动物[19]和外源基因[20]申请专利是不被接受的——在人类案例中，这种情况往往因为部分捐赠者未被征得同意、无法平等受益，甚至不了解挪用、申请专利和获利过程而变得愈发严重。自1980年以来，美国专利商标局（PTO）已经授予了多项转基因动物专利，包括转基因鼠和转基因兔。动物专利相关的争论已扩展到人类基因改造细胞系和整合人类基因的合成构建物（如"质粒"）的专利，遗传学在艺术中的应用可以从社会和伦理的角度对这些发展进行反思。它突显了相关的问题，例如转基因动物的家养和社会融合，通过基因检测、增强和治疗对"正常状态"（normalcy）概念的任意界定。它还创造出审视、削弱还原论和优生学的批判性语境。

当我们试图对社会争议进行协商时，就会发现基因工程显然会成为未来生存不可或缺的一部分。例如，水母荧光蛋白用于制造光学数据存储设备。[21] 转基因作物将成为景观的主要构成，转基因生物将遍布农场，转基因动物将成为我们大家庭的成员。无论情况向好或向坏，食用蔬菜和动物都将不复从前。自1995年以来，转基因大豆、马铃薯、玉米、南瓜和棉花被广泛种植和消费。[22] 虽然其生态风险尚未得到充分评估，但"植物抗体"的开发，也就是将人类基因移植到玉米、大豆、烟草和其他植物中以生产大量的医药级抗体，有望带来丰富廉价的急需蛋白质。[23] 部分案例中的研究和营销策略将利润置于健康之上（我们不能忽视未标注的和潜在致病的转基因食品的商业风险），[24] 但在另一些案例中，生物技术也为难以使用传统方式有效治疗的领域提供了真正的希望。在未来，外源遗传物质将会像机械和电子植入物一样普遍存在于人体之中。[25] 当基因工程打破基于"生殖屏障"的物种概念之后，[26] "作为人类"的概念也将变得岌岌可危。然而，这并不构成本体论危机。"作为人类"意味着人类基因组不再是限制，而将成为我们的起点。

注释

1 从事植物杂交研究的艺术家乔治·格塞特（George Gessert）认为，以摄影作品闻名的爱德华·史泰钦（Edward Steichen）是第一位提出并创作基因艺术的艺术家。见 George Gessert, "Notes on Genetic Art," *Leonardo* 26, no. 3 (1993): 205. 事实上，史泰钦曾在 1949 年写道："遗传科学应用于植物育种，其最终目的是美学吸引力，这是一种创造性的行为"。引自 Ronald J. Gedrim, "Edward Steichen's 1936 Exhibition of Delphinium Blooms," *History of Photography* 17, no. 4 (1993): 352–63.

2 有关生物多样性受到威胁的更多信息，见 Hilton-Taylor, comp., *2000 IUCN Red List of Threatened Species* (Gland, Switzerland, and Cambridge: IUCN, 2000); BirdLife International, *Threatened Birds of the World* (Barcelona: Lynx Editions, 2000).

3 有关具体地讨论人犬互动问题，见 James Serpell, ed., *The Domestic Dog: Its Evolution, Behaviour, and Interactions with People* (Cambridge and New York: Cambridge University Press, 1996); Lloyd M. Wendt, *Dogs: A Historical Journey: The Human/Dog Connection through the Centuries* (New York: Howell Book House, 1996); Reinhold Bergler, *Man and Dog: The Psychology of a Relationship* (New York: Howell, 1998). 另见 Kristin Von Kreisler, *The Compassion of Animals* (Rocklin, Calif.: Prima Publishing, 1997). 这本书汇集了狗和其他动物对非同类的同情、善意和忠诚的非正式描述。

4 M. Chalfie et al., "Green Fluorescent Protein as a Marker for Gene Expression," *Science* 263 (Feb. 11, 1994): 802–5; S. Inouye and F. I. Tsuji, "Aequorea Green Fluorescent Protein: Expression of the Gene and Fluorescence Characteristics of the Recombinant Protein," *FEBS Letters* 341 (1994): 277–80.

5 W. W. Ward et al., "Spectrophotometric Identity of the Energy-Transfer Chromophores in *Renilla* and *Aequorea* Green Fluorescent Protein," *Photochemistry and Photobiology* 31 (1980): 611–15.

6 GFP 也在狗细胞中表达，虽然不常见。见 Sergio C. Oliveira et al., "Biolistic-Mediated Gene Transfer Using the Bovine Herpesvirus-1 Glycoprotein D Is an Effective Delivery System to Induce Neutralizing Antibodies in Its Natural Host," *Journal of Immunological Methods* 245, no. 1 (2000): 109.

7 Randall P. Niedz, Michael R. Sussman, and John S. Satterlee, "Green Fluorescent Protein: An In Vivo Reporter of Plant Gene Expression," *Plant Cell Reports* 14 (1995): 403–6; A. Amsterdam, S. Lin, and N. Hopkins, "The *Aequorea victoria* Green Fluorescent Protein Can Be Used as a Reporter in Live Zebrafish Embryos," *Developmental Biology* 171 (1995): 123–29; J. Pines, "GFP in Mammalian Cells," *Trends in Genetics* 11 (1995): 326–27; C. Holden, "Jellyfish Light Up Mice," *Science* 277 (July 4, 1997): 41; Masahito Ikawa et al., " 'Green Mice' and Their Potential Usage in Biological Research," *FEBS Letters* 430 (1998): 83; B. P. Cormack et al., "Yeast-Enhanced Green Fluorescent Protein (yEGFP): A Reporter of Gene Expression in *Candida albicans*," *Microbiology* 143 (1997): 303–11; E. Yeh, K. Gustafson, and G. L. Boulianne, "Green Fluorescent Protein as a Vital Marker and Reporter of Gene Expression in Drosophila," *Proceedings of the National Academy of Sciences of the United States of America* 92 (1995): 7036–40; H. J. Cha et al., "Expression of Green Fluorescent Protein in Insect Larvae and Its Application for Heterologous Protein Production," *Biotechnology and Bioengineering* 56, no. 3 (1997): 239–47. 后者所指的幼虫是粉斑夜蛾的幼虫。

8 创建 GFP K-9 的两个关键障碍是基因打靶技术和犬类体外受精。这些障碍即将被克服。1999 年 9 月，PPL Therapeutics 公司宣布通过有针对性的基因操作，制造出第一只高等转基因哺乳动物。见 Sophia Fox, "European Roundup," *Genetic Engineering News*, Sept. 1, 1999, 54. 犬类基因组项目将进一步推动这项工作。见 S. Thorpe-Vargas, D. Caroline Coile, and J. Cargill, "Variety Spices Up the Canine Gene Pool," *Dog World* 83, no. 5 (1998): 27. "Missyplicity 计划"将最终解决犬类体外受精问题。虽然克隆狗和转基因狗区别很大，但值得一提的是，"Missyplicity 计划"的目标是培育出第一只克隆狗，来自一只名叫 Missy 的杂交宠物（边境牧羊犬和哈士奇的混种）。1998 年 8 月，一对富有的夫妇［约翰·斯珀林（John SperLing）夫妇］向德克萨斯农工大学捐赠了 230 万美元，用于启动该项目。项目团队由科学家马克·韦苏辛（Mark Westhusin）、杜安·克莱默（Duane Kraemer）和罗伯特·伯格哈特（Robert Burghardt）组成。有关"Missyplicity 计划"的信息，请访问 http://www.missyplicity.com。 有关前哥伦布时期无毛犬的一般参考资料，见 Amy Fernandez and Kelly Rhae, *Hairless Dogs—The Naked Truth: The Chinese Crested, Xoloitzcuintli and Peruvian Inca Orchid* (Woodinville, Wash.: N.p., 1999); Dee Gannon, *The Rare Breed Handbook* (Hawthorne, N.J.: Golden Boy Press, 1990); Leon F. Whitney, *How to Breed Dogs* (New York: Howell, 1984).

9 Mary Elizabeth Thurston, *The Lost History of the Canine Race: Our 15,000-Year Love Affair with Dogs* (Kansas City: Andrews and McMeel, 1996). 另见 Frederick Everard Zeuner, *A History of Domesticated Animals* (New York: Harper and Row, 1963); Richard Fiennes and Alice Fiennes, *The Natural*

History of Dogs (New York: Bonanza, 1968); Maxwell Riddle, *Dogs through History* (Fairfax, Va.: Denlinger, 1987); Darcy F. Morey, "The Early Evolution of the Domestic Dog," *American Scientist* (July–Aug. 1994): 336–47; Stanley J. Olsen, *Origins of the Domestic Dog* (Tucson: University of Arizona Press, 1985); Jennifer W. Sheldon, *Wild Dogs: The Natural History of the Nondomestic Canidae* (San Diego: Academic Press, 1992); Rosalind Janssen and Jack Janssen, *Egyptian Household Animals* (Buckinghamshire, U.K.: Shire, 1989); D. J. Brewer, *Anubis to Cerberos: Dogs of the Ancient World* (Warminster, U.K.: Aris and Philips, 2002).

10 见 Carles Vilà et al., "Multiple and Ancient Origins of the Domestic Dog," *Science* 276 (June 13, 1997): 1687–89. 另 见 J. P. Scott et al., "Man and His Dog," *Science* 278 (Oct. 10, 1997): 205a–9a. 1993 年 9 月, 狼和狗在美国被认定为同一物种。美国哺乳动物学会的《世界哺乳动物物种》遵循国际动物学命名委员会的准则, 宣布 Canis lupus 是狗和狼的正式拉丁学名。

11 Luther Burbank, *The Harvest of the Years* (Boston and New York: Houghton Mifflin, 1927); Peter Dreyer, *A Gardener Touched with Genius: The Life of Luther Burbank* (Santa Rosa, Calif.: L. Burbank Home and Gardens, 1993).

12 20 世纪常见的月季, 如杂交茶香月季、丰花月季和大花月季, 都是在 18 世纪和 19 世纪期间, 通过将欧洲与中国地区的月季和蔷薇品种杂交培育而成的。见 Brent C. Dickerson, *The Old Rose Advisor* (Portland: Timber Press, 1992); J. H. Bennett, *Experiments in Plant Hybridisation* (London: Oliver and Boyd, 1965); Peter Beales, *Roses* (New York: Collins-Harvill [Harper Collins], 1991). 1998 年, 我在新加坡圣淘沙岛旅行时, 有机会与一只卡塔利那金刚鹦鹉玩耍。我得以欣赏到它独特的颜色, 并观察和欣赏了它与其他金刚鹦鹉和人类的互动。关于卡塔利那金刚鹦鹉和其他杂交种的描述见 Werner Lantermann, *Encyclopedia of Macaws* (Neptune City, N.J.: T.F.H., 1995), 173。另 见 A. E. Decoteau, *Handbook of Macaws* (Neptune City, N.J.: T.F.H., 1982). 人类创造的其他美丽鸟类在野外并不存在, 例如小丑金刚鹦鹉（蓝金金刚鹦鹉和绿翅金刚鹦鹉的杂交种）和巴黎皱毛金丝雀, 后者的羽毛上有奇特的皱毛。人类通过杂交创造的新哺乳动物包括斑马马（zorse, 斑马和马）、狮虎兽（liger, 狮子和老虎）、斑驴（zonkey, 斑马和驴）和骆羊驼（cama, 骆驼和羊驼）。杂交也会在没有人类直接干预的情况下发生: 1985 年, 夏威夷海洋生物公园报告说, 他们的园中诞生了第一只"鲸豚"（wholfin）, 这是一只雄性伪虎鲸（*Pseudor cacrassidens*）和一只雌性尖吻海豚（*Tursiops truncatus*）自发交配生育的幼崽。

13 E. Cozzi and D. J. G. White, "The Generation of Transgenic Pigs as Potential Organ Donors for Humans," *Nature* 1 (1995): 964–66.

14 Samuel K. Moore, "Natural Synthetics: Genetically Engineered Plants Produce Cotton/Polyester Blends and Nonallergenic Rubber," *Scientific American* (Feb. 1997): 36–37.

15 Phil Cohen, "Spinning Steel: Goats and Spiders Are Working Together to Create a Novel Material," *New Scientist* (Oct. 10, 1998): 11. 另一种昆虫和哺乳动物的组合是带有苍蝇基因的小鼠。在这种情况下, 研究的目的是为了证明, 小鼠用于介导大脑发育的生化活动由某些种类的蛋白质在不同门类中保留下来, 见 Mark C. Hanks et al., "Drosophila Engrailed can Substitute for Mouse Engrailed1 Function in Mid-hindbrain, but Not Limb Development," *Development* 125, no. 22 (1998): 4521–30.

16 C. B. Fehilly, S. M. Willadsen, and E. M. Tucker, "Interspecific Chimaerism between Sheep and Goat," *Nature* 307 (1984): 634–36.

17 G. Brem and M. Müller, "Large Transgenic Mammals," in *Animals with Novel Genes*, ed. N. Maclean (New York: Cambridge University Press, 1994), 179–244; M. Ikawa et al., "Green Fluorescent Protein as a Marker in Transgenic Mice," *Development, Growth, and Differentiation* 37 (1995): 455–59; Elizabeth Pennisi, "Transgenic Lambs from Cloning Lab," *Science* 277 (Aug. 1, 1997): 631.

18 Anthony Dyson and John Harris, eds., *Ethics and Biotechnology* (New York: Routledge, 1994); L. F. M. van Zutphen and M. van Der Meer, eds., *Welfare Aspects of Transgenic Animals* (Berlin and New York: Springer Verlag, 1995).

19 Keith Schneider, "New Animal Forms Will Be Patented," *New York Times*, Apr. 17, 1987; Eliot Marshall, "The Mouse That Prompted a Roar," *Science* 277 (July 4, 1997): 24–25.

20 Adam L. Penenber, "Gene Piracy," *21C-Scanning the Future*, no. 2 (1996): 44–50.

21 Robert M. Dickson et al., "On/Off Blinking and Switching Behaviour of Single Molecules of Green Fluorescent Protein," *Nature* 388 (1997): 355–58.

22 Kathryn S. Brown, "With New Technology, Researchers Engineer a Plant for Every Purpose," *The Scientist* 9 (Oct. 2, 1995): 14–15; Jane Rissler and Margaret Mellon, *The Ecological Risks of Engineered Crops* (Cambridge: MIT Press, 1996).

23 W. Wayt Gibbs, "Plantibodies: Human Antibodies Produced by Field Crops Enter Clinical Trials," *Scientific American* (Nov. 1997): 44.

24 Brian Tokar, "Monsanto: A Checkered History," in "The Monsanto Files," special issue, *The Ecologist* 28 (Sept.–Oct. 1998): 254–61; Andrew Kimbrell, "Why Biotechnology and High-Tech Agriculture Cannot Feed the World," in "The Monsanto Files," special issue, *The Ecologist* 28 (Sept.–Oct. 1998): 294–98.

25 生殖医学采用的疗法已经可以培育出健康的婴儿，这些婴儿的新遗传物质并非来自父母。新泽西州利文斯顿的圣巴纳巴斯医疗中心开发了一种技术，从捐献的卵子中提取细胞质——包括线粒体——注射到准备受精的卵子中。在此过程中出生的孩子可能会继承两个卵子的线粒体 DNA。这种基因改造技术已使数名妇女得以生育，而且是可遗传的。见 Jacques Cohen et al., "Birth of Infant after Transfer of Anucleate Donor Oocyte Cytoplasm into Recipient Eggs," *Lancet* 350 (July 19, 1997): 186–87. 另 见 Carol A. Brenner et al., "Mitochondrial DNA Heteroplasmy after Human Ooplasmic Transplantation," *Fertility and Sterility* 74, no. 3 (2000): 573. 安迪·科格兰（Andy Coghlan）在《新科学家》（*New Scientist*，1999 年 10 月 23 日）上发表了一篇题为《我们有力量》（We Have the Power）的文章，报道了加拿大不列颠哥伦比亚省本那比市的 Chromos 分子系统公司公布了给小鼠植入人工染色体的初步实验结果。他写道："Chromos 公司的科学家通过采集细胞样本，并使与其染色体不同部分结合的荧光染料显色，能够发现哪些动物接受了染色体。当携带额外染色体的小鼠与正常小鼠杂交时，其遗传方式与动物的天然染色体完全相同。"这表明，未来有可能出于医学原因在可能会在胚胎发育过程中出现严重或致命先天性问题的人类胚胎中添加合成基因。

26 一些典型的案例包括在小鼠的睾丸中生成大鼠精子（这表明人类精子也可以在啮齿动物的睾丸中生成），在牛卵中初步分裂出人类细胞，以及据称在韩国产生了一位成年女子的胚胎克隆。见 David E. Clouthier, "Rat Spermatogenesis in Mouse Testis," *Nature* 381 (1996): 418–21; J. M. Robl et al., "Quiescence in Nuclear Transfer," *Science* 281 (Sept. 11, 1998): 1611; BBC Online, "S. Korean Scientists Claim Human Cloning Success" (Dec. 16, 1998), available at <http://www.news.bbc.co.uk>.

13　创世纪（1999 年）

原载于《林茨电子艺术节 1999 年——生命科学》（*Ars Electronica'99-Life Science*），格弗里德·施托克（Gerfried Stocker）和克里斯蒂娜·肖普夫（Christine Schopf）编（维也纳和纽约：施普林格出版社，1999 年）。

《创世纪》（*Genesis*）项目始于对分子生物学的归谬（reductio ad absurdum），即创造出一个不可能之"圣经基因"（biblical gene）。这一合成基因和与之相关的互动装置，试图让观者正视将生命还原为单一因素（例如基因）的危险。该项目还将同样荒谬的"圣经蛋白质"进行可视化，以这些新作品探讨蛋白质作为恋物对象的文化意涵。整个《创世纪》项目贯穿着批判性立场，为此我使用精准的科学方法创造了一种基因和一种蛋白质并对它们进行实际生产和可视化，而它们自身没有任何生物学功能或生物学价值。《创世纪》项目并非要阐释科学原理，而是将标准的分子生物学中将生命过程极端简化的描述进行了复杂化和模糊化，将社会和历史的情境化（contextualization）重置为讨论的核心。《创世纪》项目在其基因组和蛋白质组表达之中，延续着新的解读和可能性。

第一阶段

《创世纪》（1998—1999 年）是一件转基因艺术作品，探讨了生物学、信仰系统、信息技术、对话性互动、道德和互联网之间的错综关系。作品的关键元素是"艺术家基因"，即一个由我创造的、在自然界中不存在的合成基因（图 81）。这个基因是由《圣经·创世纪》[1]中的一句话翻译成莫尔斯电码（Morse Code），再根据为本作品特意开发的转换规则将莫尔斯电码转换成 DNA 碱基而产生的。这句话是："使人统治海里的鱼、空中的鸟和地上一切行走的活物。"选择这句话，是因为它蕴含着怀疑（神赋予）人类超越自然特权的观念，而选择莫尔斯电码的部分原因是，它最初被用于"无线电报"。无线电报是信息时代的曙光——也就是全球化通信的"创世纪"。[2]

图 81

爱德华多·卡茨,《创世纪》,"创世纪"基因的图表,1999 年。创世基因的产生,首先是将《圣经》中的句子转换成莫尔斯电码。之后将莫尔斯电码转换成 DNA 碱基:- 用字母 T(胸腺嘧啶)表示;. 用字母 C(胞嘧啶)表示;单词空格用字母 A(腺嘌呤)代替;字母空格用字母 G(鸟嘌呤)代替

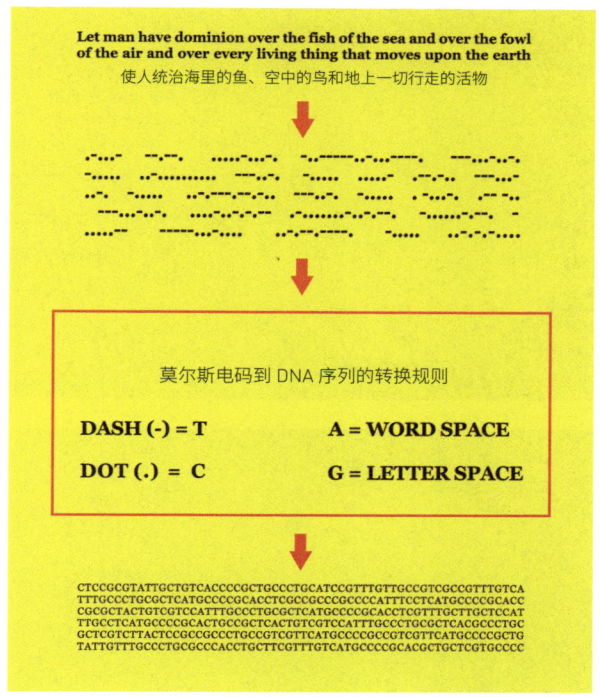

我没有《圣经》,就在众多网络版本中找了一本,从中复制粘贴了句子,我还用网站把它翻译成莫尔斯电码,再用我自己的编码把莫尔斯序列翻译为基因序列。随后,我用邮件把基因序列发送给 DNA 合成公司。两周后,我收到了一个 FedEx 包裹,里面有一个装有百万份基因拷贝的小瓶。这是一个非常个人化的"哈姆雷特"时刻,我不禁感慨道:"生命意义的存在或者毁灭,这是个问题。"我是否在这个小管中拥有了生命之源?我凝视着沉积于透明小瓶底部的盐状粉末,清楚地发现纯化的基因是一种惰性物质,仅凭它自身,就会丧失其惯常拥有的能动性。换句话说,基因本身不能做任何事——再次以语言为喻——它需要上下文的语境来赋予其意义。基因的语境是生物的身体,而生物的语境则是其环境。在《创世纪》中,这些生物是细菌(图 82),而它们的环境则是培养皿、展厅和互联网。

在场和远程(Web)参与者们可以用展厅的设备监测作品的演变(图 83)。该设备包含了微生物培养皿、可活动的微型摄像机、紫外灯箱和显微镜照明器。这套设备还连接了一台视频投影仪和两台联网的计算机,其中一台计算机用作 Web 服务器(播放实时视频和音频)和处理激活紫外线的远程要求,另一台则负责处理 DNA 音乐的合成——该原创音乐使用了"创世纪"基因,并由彼得·吉纳(Peter Gena)作曲。现场的视频投影显示了微型摄像机所拍摄的细

13 创世纪(1999 年) 187

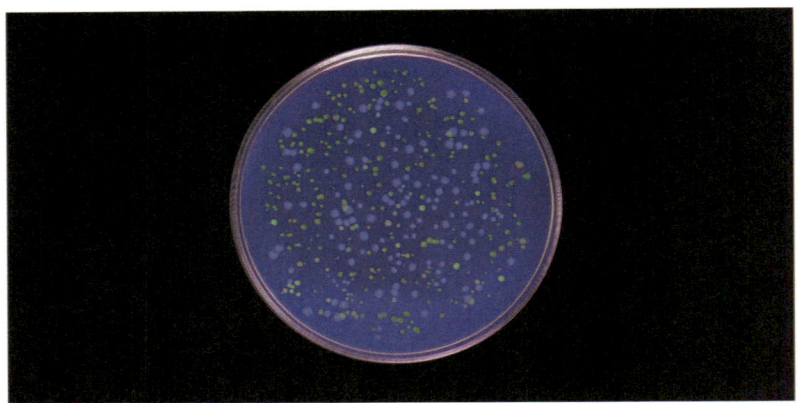

图 82（上）
爱德华多·卡茨,《创世纪》,线上转基因艺术作品（细节）,1999 年。《创世纪》使用了两种不同的基因工程改造细菌,可以发出蓝光或黄光。蓝色细菌含有合成基因,而黄色细菌没有。细菌的突变率以及它们在培养皿中的相互作用也导致了《圣经》中那句话的变化

图 83（下）
爱德华多·卡茨,《创世纪》,线上转基因艺术作品,1999 年。"创世纪"基因被整合入细菌,并在展厅中展示。线上参与者可以开启展厅中的紫外线灯,使细菌发生真正的生物突变。这改变了细菌中来自《圣经》的那句话

菌分裂和互作的放大图像。线上的远程参与者可以启动紫外线灯来介入这一过程（图 84）。转基因细菌中的荧光蛋白会对紫外线做出反应,发射可见光（蓝色与黄色）。³ 紫外线对细菌的能量冲击会破坏"创世纪"DNA 序列,增加突变率。左右两侧的墙上贴有大面积的文本：左侧是创世纪基因,右侧是从《创世纪》中摘录的语句。后侧墙上则是莫尔斯电码的翻译。

在这件作品的语境中,改变词句的能力是一种象征性姿态：它意味着我们不接受所继承形式的意义,当我们试图改变它时,新的意义就会显现。参与者们可以使用网络世界的最小动作——点击,来改变位于远程展厅中的生物基因构成。这种独特的状况表明,基因工程已经轻松融入了最为日常的体验之中；而在另一方面,它也凸显了非专家人士在生物技术时代的两难处境。点击或不点击,不仅是道德决定,也是象征性决定。如果参与者不点击,来自《圣经》的那句话就会保

图 84

爱德华多·卡茨,《创世纪》,线上转基因艺术作品,1999年。《创世纪》网页截图。点击左侧的按钮,展厅里的紫外线灯就会打开。整个过程是实时的,在中间窗口可以看到被照亮的细菌。参与者可以在右侧控制由彼得·吉纳创作的音乐《创世纪》的音量

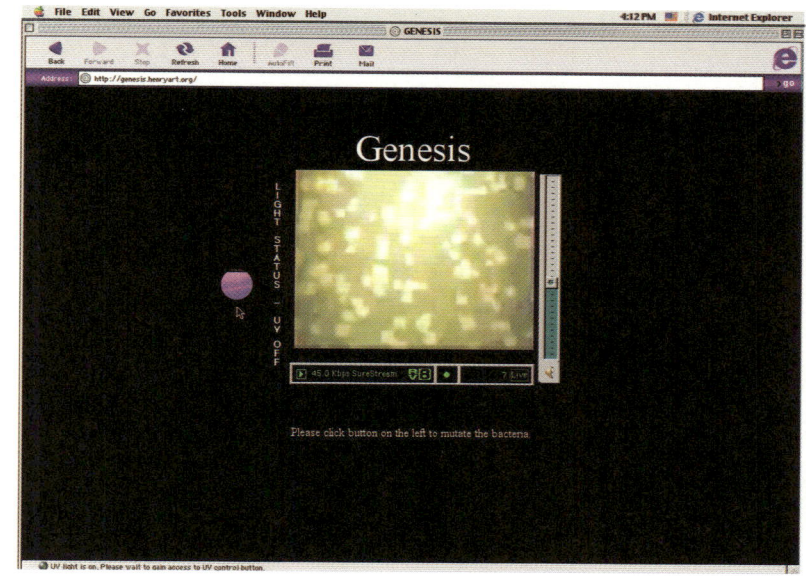

持原样,保留其统治的意义;如果点击,就会改变那句话及其意义,人们却不知会产生什么新版本。无论哪种情况,参与者都将面临道德困境并身陷其中。

虽然《创世纪》看似简单地重申了人类对于其他物种的统治,但它最终揭示出这种人类中心主义观念所关联的是人类的感知,而非在作品语境中所建立的物质关系。我们是共生于我们胃中微生物的主人,抑或是它们的奴隶?同样地,我操控了"创世纪"细菌,还是说我仅仅是它们进化过程中生存意志的载体,并促进其繁衍?我把这种产生伦理张力和触发反思与辩论的创作,称为"表演性伦理"(performative ethics)。换句话说,问题的关键不在于对艺术进行陈旧的道德评判,而是在可塑的想象力之下,来排演极富表现力的伦理姿态。

19 世纪,商博良(Champollion)对罗塞塔石碑上三种文字(希腊文字、埃及草书文字、埃及象形文字)的比较,成为人类理解过去的关键①。如今,《创世纪》的三重系统(自然语言、遗传学、二进制逻辑)则是理解未来的关键。《创世纪》所探讨的概念,即如今的生物过程具有可写性和可编程性,能以类似数字计算机的方式进行数据存储和处理。为了继续探究这一概念,我在 1999 年林茨电子艺术节的《创世纪》首展结束时,将改变后的《圣经》中的那句话解码并转译回简单的英语,让人们对转基因细菌间的交流过程有了更为深入的了解。变异后的句子是"让棱统治海里的鱼、空中的鸟和地上所有 ** 的生物"(LET AAN HAVE DOMINION OVER THE FISH OF THE SEA AND OVER THE FOWL OF THE AIR AND OVER EVERY LIVING THING THAT IOVES UAEON THE EARTH.)②。碳基生命和数字化数据之间的边界,正变得像细胞膜一样脆弱。

① 译者注:罗塞塔石碑是一块花岗闪长岩石碑的残存部分,刻有托勒密五世诏书,但这块石碑同时刻有同一段内容的三种不同文字版本,让近代的考古学家得以有机会对照各文字版本的内容后,解读出已经失传千余年的埃及象形文之意义与结构,而成为今日研究古埃及历史的重要里程碑。因此作者称其为了解过去的关键。

② 译者注:这句话出现变异之单词为 man 变为 ann,moves upon 变为 ioves uaeon。

第二阶段

第一阶段的《创世纪》侧重于通过线上参与,来创造和改变合成基因,第二阶段则着眼于合成基因所产生的蛋白质:"创世纪"蛋白质。[4]

蛋白质的产生是生命的一个基本面向。从细菌到人类,全球多个研究中心都在致力于简单生物和复杂生物基因组的测序、整理和分析工作。蛋白质组学(研究蛋白质及其功能)与基因组学(研究基因及其功能)同等重要,作为后基因组时代分子生物学的主要研究课题,其研究重点是将测序基因所产生的蛋白质的三维结构进行可视化。它还关注这些蛋白质的结构和功能研究,以及不同生物中蛋白质的相似性等重要方面。《创世纪》的第二阶段对蛋白质组学的逻辑、方法和象征意义,以及它在艺术创作领域的潜力进行了批判性研究。

为了有形地再现"创世纪"蛋白质的纳米结构,我制作了其三维结构的数字可视化模型,[5]并用它制作了数字版本和实物版本的蛋白。数字版本是以 VRML(虚拟现实建模语言,Virtual Reality Modeling Language)和 PDB(蛋白质数据库,Protein Data Bank)格式呈现的可浏览网络对象,能近距离观察蛋白质的复杂结构。实物版本是通过快速原型技术制作的小型物件,以可触的形式表达了分子物的脆弱性。[6]

基因工程显然将继续在艺术以及社会、医疗、政治和经济生活领域产生深远的影响。我所感兴趣的是通过创造作品来反思遗传学对社会的多重影响,从不可接受的滥用到充满希望的承诺,从密码的概念到翻译的概念,从基因合成到突变过程,从生物技术所使用的隐喻到对基因和蛋白质的恋物情结,从简单的还原性叙事到考虑环境影响的复杂观点。我们的当务之急是释出生物技术革命的隐含意义,用艺术创作产生替代性观点。

第三阶段

第三阶段将纳米尺度的"创世纪"基因和蛋白质与更易于接受的人类尺度进行了关联,其重点是将《创世纪》在基因组学和蛋白质组学中的重要发展方向进行有形化表达。该阶段所制作的艺术作品能体现和深入阐述《创世纪》第一和第二阶段的关键概念。已有五组作品被制作出来,分别是:《加密石》(Encryption Stones)、《转录珠宝》(Transcription Jewels)、《化石褶皱》(Fossil Folds)、《变异之书》(The Book of Mutations)和《以己之形》(In Our Own Image)。

《加密石》(图 85)由两块 20 英寸 ×30 英寸(50 厘米 ×75 厘米)的黑色印度花岗岩石板组成,在材料和视觉结构上与罗塞塔石碑有异曲同工之妙。这两块加密石碑都是经手工切割和凿平的。罗塞塔石碑的原石是花岗闪长岩,可追溯

图 85
爱德华多·卡茨,《加密石》,激光雕刻花岗岩(双联作品),每幅为 20 英寸×30 英寸(50 厘米×75 厘米),2001 年。[理查德·朗代尔(Richard Langdale)收藏]

到公元前 196 年,尺寸为 39.3 英寸×27.5 英寸×11.8 英寸(约 1 米高、70 厘米宽、30 厘米厚)。石碑上的铭文(埃及国王托勒密五世的诏书)分别用埃及象形文字、埃及草书文字和希腊文各书写了一遍。1799 年,罗塞塔石碑在下埃及的海滨小镇罗塞塔附近被拿破仑的军队发现。在比较这三种文字后,法国埃及学家让·弗朗索瓦·商博良(Jean François Champollion)破译了埃及象形文字,使我们能理解过去。至此之后,新一代埃及学家几乎破译了所有遗存的古埃及文字。这块石碑现存于伦敦大英博物馆。《加密石》的三重密码体现了生物学、人类语言和传播媒介之间的象征性和实用性联系,在花岗岩上使用了激光雕刻文字、对应的莫尔斯电码翻译和基因序列这一不可磨灭的形式。其中一块"加密石"上刻有《圣经》原文(上)、莫尔斯电码翻译(中)和"创世纪"基因序列(下)。另一块"加密石"的顶部是突变后的"创世纪"基因序列,中间是突变后的基因的莫尔斯电码翻译,底部是由此而改变的《圣经》经文。《加密石》的三元结构批判性地揭示了对于生命过程的当代性理解的核心——符际运作[①](intersemiotic operations)。

《转录珠宝》(图 86)是装在圆形定制木盒中的雕塑作品。"转录"(Transcription)一词是生物学术语,指遗传信息从 DNA"转录"到 RNA 的过程。其中一件"珠宝"是个 2 英寸(5 厘米)的精灵瓶(genie bottle),透明玻璃瓶上有黄金装饰,瓶内装有 65 毫克的纯化"创世纪"DNA。"纯化 DNA"意味着无数个 DNA 副本已从产生它们的细菌中分离出来,在小瓶中沉淀和过滤。[7] 此处的基因脱离了身体的语境,其意义被刻意简化为形式实体,以此来揭示——若不承认有机体和环境所起的重要作用,"无价"的基因就会变得"一文不值"。另一件"珠宝"是"创世纪"蛋白质三维结构的小型黄金铸件。《转录珠宝》将生物技术革命的标志性元素(基因和蛋白质)展示为令人垂涎的贵重

① 译者注:此处的"符际"为跨符号系统之间,例如语言符号与非语言符号之间。

图 86
爱德华多·卡茨,《转录珠宝》,玻璃、纯化的"创世纪"DNA、金、木,尺寸可变,2001 年。这件作品由真实的"创世纪"DNA(精灵瓶内)和"创世纪"蛋白质的黄金铸件组成

物品,对生命中最微小层级的商品化过程进行了讽刺性评论。《转录珠宝》中的纯化基因和蛋白质都不是从天然生物中提取的,而是为作品《创世纪》特别创造的。瓶中的"精灵"已不复存在,取而代之的是新的"万能药"——基因。封存在小瓶中的惰性纯化基因并不能实现长生、美丽或智慧的愿望,因此"珍贵的商品"没有任何实际的生物学作用,这使得讽刺中平添了几分批判性和幽默感。

《化石褶皱》(图 87)是基于《创世纪》的"艺术家蛋白质"(前面已经讨论过)所做的系列雕塑。在《化石褶皱》中,我使蛋白质折叠与化石图像进行了视觉纠缠。标题中的"褶皱"(folds)一词也暗指德勒兹[Deleuzian,继莱布尼兹(Leibniz)之后]的概念——"褶子"(fold),即无法共存的事物达成辩证统一的模式。[8] 化石是在沉积岩中通过矿化作用所保存的生物遗留。刻在石中的蛋白质序列图像在生命的瞬时动态与不朽的视觉存留之间形成了语义张力。由此产生的模糊性与标题产生了深入共鸣,其中"柔韧和动态"(褶皱)与"固化和存留"(化石)在标题中结合,仿佛化石所代表的就是生物和岩石在时间中的褶皱和包裹。

《化石褶皱》旨在研究蛋白质产物的生物学意义和艺术意义。在进行这一步时,我希望对后基因组范式(即蛋白质组学领域)中的艺术可能性进行反思(并做出贡献)。我用了和《加密石》(黑色花岗岩)相同的材料,在两件作品之间

图 87
爱德华多·卡茨,《化石褶皱 12 号》(选自《化石褶皱》系列),花岗岩雕刻,13 英寸 × 9 英寸(33 厘米 × 23 厘米),2001 年

创造了连续性,从而将"创世纪"基因及其蛋白质进行了关联。蛋白质的表达形式包含扭转、转角、螺旋、折叠和其他三维特征。每块石头都呈现出准表意(quasi-ideographic)①的形式,让人联想到书法式的表达,暗示了一种新语言形式的出现。该系列中的每件雕刻作品都令人联想到一种类文字系统——卢恩字母(runic)②铭文,批判性地揭示了分子生物学中将生命与脚本混为一谈的比喻。这些蛋白质岩画,或称"蛋白岩画"(proteoglyphs)没有具体的含义,也无助于解释任何科学或其他问题。《化石褶皱》提醒人们,"密码"等古老生物学隐喻的不断重复后会变为"化石",与它们诞生之初的创造性(即隐喻性)语境剥离。随着时间的推移,这些隐喻退化为俏皮的说法,成为概念工具或修辞工具,并经由这些工具建立起某种知识的操作程序。作为科学话语不可分割的一部分,隐喻成为生产科学"真理"的关键因素。⁹

《变异之书》是一本五页作品集,每页都是印制在档案水彩纸上的不同胶版画。第一页是一张照片,展示了黑色背景下的圆形图像。这个圆形是包含蓝色和黄色"创世纪"细菌的培养皿,细菌在紫外线下发光。第五页也就是末页,是第一页的负像,显示了黑色背景下较浅的圆形图像。这两幅图像让人联想到《创世纪》装置中白光和紫外线之间的切换,而这正是细菌基因突变的原因。其余三页展示了《创世纪》中使用的《圣经》原句的"变异",以螺旋形式显示在黑色背景中。这三幅胶版画的色调与照片中的色调相匹配。第二张胶版画上的

① 译者注:表意文字,是用一定体系的象征性符号表示语义的文字,有一定的读音,但不单纯表示语音。与其相对的是表音文字,是一种使用少量的字母记录语言中的语音,从而记录语言的文字。
② 译者注:卢恩字母是一类已灭绝的字母,诸多北欧民族都使用过它来记录资讯,其中尤以维京人最具代表性。

文字色调与蓝色和黄色"创世纪"细菌的荧光特征相匹配，第三张胶版画的色调结合了上一张胶版画和最后一张胶版画的浅色调，第四张胶版画完全使用了最后一页的浅色来表现"文字变异"。色彩上的限制使《变异之书》在视觉和语义上达到了统一，并进一步唤起了从白光到紫光（反之亦然）的过渡。这本书可以手动翻阅，也可以按顺序展示在墙上。这两种模式都清楚地表明了，由《创世纪》装置在线触发的细菌变异与"创世纪"细菌体中《圣经》经文的多重转换之间存在着直接联系。

《以己之形》是一对数字影像雕塑，分别呈现了"创世纪"细菌和"创世纪"三维蛋白质的动态图像。每件作品都含有一个水晶球（直径为 6 英寸或 15.2 厘米），透过水晶球可以看到不间断运动的扭曲图像。其中一件作品展示了细菌菌落的动态图案，仅凭肉眼无法感知其速度之快。另一件作品展示了在空间中旋转的三维蛋白质，它脱离了产生蛋白质的单细胞生物体的语境。这件作品以水晶球"预见未来"的隐喻取代了标题的镜像比喻。细菌和蛋白质不停扭动的运动表明，即使是最精确的生命分子层也是难以捉摸的，充满了无法控制的不可预测性。

"创世纪"展览

上文中所描述和讨论过的所有作品，包括带有活细菌的网络装置，都在我的个展"创世纪"中一并展出，该展览于 2001 年 5 月 4 日至 6 月 2 日在芝加哥朱莉娅·弗里德曼画廊（Julia Friedman Gallery）举办。细菌的多重生物变异和构成展览的图像、文字、系统的多重图形变异，质疑了所谓的"主分子"（master molecule）至高无上的地位。《创世纪》项目表明"生命"不再是单纯的生物化学现象，而应被视为处于信仰体系、经济原理、法律规范、政治指令、科学定律和文化建构十字路口的复杂系统。

注释

1 我选择钦定本（KJV）而非希伯来原文，是为了突出《旧约》及其解释的多重变异，同时也是为了说明所谓"权威"译本的意识形态含义。詹姆士一世试图通过委托多位学者（共有47位学者参与了该项目）来制作这个译本，从而确立最终文本，意在使其具有唯一性。相反，这一合作代表了多个"声音"共同工作的结果。《旧约》的大部分都是用希伯来语写成的，而《但以理书》和《以斯拉记》的部分内容则是用亚兰语所写。钦定本《圣经》是在参考了以前的多种语言译本后于1611年翻译的，也就是说，它是多种译本的翻译。在授权版本的序言中，译者写道："我们没有想到要咨询译者或注释者、迦勒底文、希伯来文、叙利亚文、希腊文或拉丁文，也没有参照西班牙文、法文、意大利文或荷兰文。"经过几个世纪的口耳相传，《圣经》由许多作者历经漫长的时间写成。目前还不清楚《圣经》的确切成书时间。不过，据说在公元前1400年至公元100年期间，《圣经》文本被确定。由于最初版本的《圣经》文本在字母之间没有连接，单词和句子之间没有空格，没有句号或逗号，也没有章节，因此该材料鼓励多种阐释。后来的翻译和版本试图简化和组织文本，也就是为了阻止其不断嬗变，但却产生了更多的版本。后来成为坎特伯雷大主教的斯蒂芬·兰顿（Stephen Langton，卒于1227年）将《圣经》分出章节。多明我会神父桑特斯·帕尼努斯（Santes Pagninus）于1528年将《旧约》章节划分为诗句。随着1450年活字印刷术的出现，更新的版本层出不穷，它们各有千秋，既有刻意的改动，也有偶然的改动。我的转基因作品《创世纪》中使用的钦定本《圣经》段落具有象征意义，因为它谈到了统治权。在英王詹姆士一世统治期间，成功建立了第一个在美国的殖民地。用詹姆士一世自己的话说，他试图"向生活在黑暗中的人们传播基督教"。殖民者带来了他授权的译本。新世界的起源建立在对"地球上所有生物"的统治之上。详见Kenneth L. Barker, ed., *The NIV: The Making of a Contemporary Translation* (Grand Rapids, Mich.: Zondervan, 1986); Eugene H. Glassman, *The Translation Debate* (Downers Grove, Ill.: Inter-Varsity Press, 1981); D. A. Carson, *The King James Version Debate* (Grand Rapids, Mich.: Baker, 1979).

2 我使用莫尔斯电码并非出于技术需要，而是一种象征性的姿态，旨在揭示意识形态和技术的连续性，并揭示分子生物学修辞策略的重要面向。塞缪尔·莫尔斯（Samuel Morse）支持19世纪30年代被称为本土主义（nativism）的激进新教运动。本土主义的纲领是种族主义、反移民、反天主教和反犹太。莫尔斯一生都憎恨和惧怕美国天主教徒，支持剥夺外国出生者的公民权，并撰写小册子反对废除奴隶制。在我的作品《创世纪》中，将钦定版《创世纪》的经文翻译成莫尔斯电码，代表了从激烈的英国殖民主义到偏执的本土主义意识形态的延续。北美的工业化与技术霸权同步发展，其基础是18世纪奴隶贸易积累的巨额利润。1844年，莫尔斯从巴尔的摩向华盛顿特区发出了第一条电报信息："上帝创造了什么！"（What hath God wrought!）从圣经、莫尔斯电码到基因的翻译意在揭示帝国主义意识形态与基因还原论观点之间的连续性，两者都侧重于压制构成社会生活的历史、政治、经济和环境力量的复杂性。见Samuel Irenaeus Prime, *Life of Samuel F. B. Morse* (New York: Appleton, 1875); Jeffrey L. Kieve, *The Electric Telegraph: A Social and Economic History* (Newton Abbot, U.K.: David and Charles, 1973); Paul J. Staiti, *Samuel F. B. Morse* (Cambridge and New York: Cambridge University Press, 1989)。此外，莫尔斯电码还是分子生物学的一个核心比喻。1943年，物理学家埃尔温·薛定谔在其颇具影响力的论文《生命是什么？》（What is Life）一文（1943年）中，提倡一种原子论的生物学观点，并在人们理解DNA结构的十多年前就预言了遗传物质的主要特征。他写道："人们经常问，受精卵的细胞核这点微小的物质，如何能包含涉及生物体所有未来发展的复杂密码本呢……莫尔斯电码为例可以说明。点和横线这两种不同的符号有序地组合在一起，每组不超过四个，允许有三十种不同的规格。"薛定谔提出的"密码本"比喻在分子生物学中占据了中心位置，并成为这一领域的认识论工具。这就引出了一个问题，也是我想通过《创世纪》提出的问题，即科学中的意义是如何建构的。我们如何从"基因是密码"的比喻变成"基因是密码"的"事实"？是通过逐步消除比喻的初始条件吗？见Erwin Schrödinger, *What Is Life? The Physical Aspect of the Living Cell with Mind and Matter and Autobiographical Sketches* (Cambridge: Cambridge University Press, 1992), 61; Richard Doyle, *On Beyond Living: Rhetorical Transformations of the Life Sciences* (Stanford: Stanford University Press, 1997), 25-38.

3 1999年，我首次展示《创世纪》装置，并创造了带有ECFP（enhanced cyan fluorescent protein，增强型青色荧光蛋白）和EYFP（enhanced yellow fluorescent protein，增强型黄色荧光蛋白）的细菌。ECFP细菌含有合成基因，而EYFP细菌没有。这些荧光细菌在紫外线（302纳米）照射下会发出青色和黄色光。当它们相互接触时，细菌之间就会发生交流，我们开始看到颜色的变化。随着细菌数量的增加，质粒会发生突变。在突变过程中，ECFP细菌中原本编码的精确信息会发生改变。合成基因的突变是由三个因素造成的：①细菌的自然繁殖过程；②细菌之间的对话式互动；③人类所激活的紫外线辐射。在随后的版本中，由于《创世纪》在五年内走遍了全球约二十个场馆，因此我专门创造了绿色荧光细菌。

4 实际上，基因并不"生产"蛋白质。理查德·卢翁廷

（Richard Lewontin）清楚地解释道："DNA 序列并不确定地产生某种蛋白质，而只产生氨基酸序列。蛋白质是同一氨基酸链的若干最小自由能折叠构象之一，而细胞环境和翻译过程会影响到底发生何种折叠"。见 R. C. Lewontin, "In the Beginning Was the Word", *Science* 291（2001 年 2 月 16 日）: 1264.

5 首先，将"创世纪"DNA 序列独有的氨基酸链映射到该序列上。然后，我利用结构生物信息学研究合作组织（RCSB）运营的蛋白质数据库研究了蛋白质折叠同源性。在亚利桑那州立大学坦佩分校生物成像实验室的查尔斯·卡齐莱克（Charles Kazilek）和劳拉·埃金克（Laura Eggink）的协助下，我对蛋白质进行了可视化处理。

6 快速原型技术是在亚利桑那州立大学坦佩分校的棱镜实验室的丹·柯林斯（Dan Collins）和詹姆斯·斯图尔特（James Stewart）的协助下所开发的。

7 DNA 的合成、组装、扩增和纯化是在亚利桑那州立大学坦佩分校副研究员斯科特·宾汉姆（Scott Bingham）的协助下完成的。培养的 6 升细菌，产生了 130 毫克 DNA。

8 Gilles Deleuze, *The Fold: Leibniz and the Baroque*, trans.Tom Conley (Minneapolis: University of Minnesota Press, 1993).

9 关于对"密码"概念及相关问题的批评，见 Evelyn Fox Keller, *Refiguring Life: Metaphors of Twentieth-Century Biology* (New York: Columbia University Press, 1995); Richard C. Lewontin, *Biology as Ideology: The Doctrine of DNA* (Concord, Ont.: Anansi, 1991).

14　荧光绿兔（2000 年）

> 原载于《爱德华多·卡茨：远程呈现、生物远程信息学和转基因艺术》（*Eduardo Kac: Telepresence, Biotelematics, and Transgenic Art*），彼得·T. 多布里拉（Peter T. Dobrila）和亚历山大·科斯蒂奇（Aleksandra Kostic）编（斯洛文尼亚马里博尔：Kibla 出版社，2000 年）。

我的转基因艺术作品《荧光绿兔》（*GFP Bunny*）包含如下元素：一只荧光绿兔（图 88），由项目而产生的公共对话，以及兔子的社会融合，其中的 GFP 代表的是"绿色荧光蛋白"。2000 年，荧光绿兔诞生，并在法国阿维尼翁首次面向公众。转基因艺术[1]是一种新的艺术形式，基于基因工程的使用来创造独特的生命存在。这需要人们极其谨慎地对待，并能意识到将由此引发的诸多复杂议题；而最重要的是，人们承诺尊重、抚养和爱护所创造的生命。

欢迎，阿尔巴

2000 年 4 月 29 日，法国茹伊昂若萨（Jouy-en-Josas），我永远不会忘记第一次将阿尔巴（Alba）拥入怀抱的感觉（图 89）。起初我略感不安，之后便是欣喜和激动。阿尔巴（我和妻子、女儿一起为兔子取的名字），是一只可爱温柔且使人能与之开心相处的兔子。当我抱着她时，她顽皮地把头缩在我的身体和左臂之间，找到舒适的姿势并倚靠着享受我的轻抚。她迅速唤起了我对它的健康那种强烈而急迫的责任感。

阿尔巴无疑是非常特殊的动物，但我要说明的是，她在形式和基因上的独特性正是作品《荧光绿兔》的组成之一。《荧光绿兔》项目是复杂的社会事件，始于创造在自然中从未存在过的"奇美拉"（chimerical）动物（此处的奇美拉是指文化传统中的想象动物，而非科学含义下的细胞嵌合体）；其核心元素还包括：①多个领域（艺术、科学、哲学、法律、传播学、文学、社会科学）的专业人士和公众就基因工程的文化和伦理影响进行持续对话；②质疑 DNA 在生

图 88（上）
爱德华多·卡茨，《荧光绿兔》，转基因艺术作品，2000 年。"荧光绿兔"阿尔巴

图 89（下）
爱德华多·卡茨，《荧光绿兔》，转基因艺术作品，2000 年。爱德华多·卡茨和阿尔巴。[摄影：克里斯泰勒·方丹（Chrystelle Fontaine）]

命创造中所谓的至高地位,以求在更为复杂的语境中理解遗传学、生物和环境相互交织的关系;③延展生物多样性和演化的概念,并将基因组级别的精准工作纳入其中;④实现人类和转基因哺乳动物之间的跨物种交流;⑤在社会性和互动性的语境中,对作品《荧光绿兔》进行融合与展示;⑥对常态性、异质性(heterogeneity)、纯度(purity)、杂交性和他者性(otherness)等概念进行审视;⑦通过打破传统的物种边界来共享遗传物质,思考非符号学的交流概念;⑧使公众尊重和理解转基因动物的情感生活和认知生活;⑨将生命的发明纳入艺术之中,拓展艺术实践和观念的边界。

在家中发光

"荧光绿兔"阿尔巴是白化兔。由于缺失皮肤色素,她在正常环境下通体雪白,并有一双粉红色的眼睛。阿尔巴并非始终是绿色的,只有在正确的光源激发下她才会发光。当(且仅当)蓝光(最大激发波长为 488 纳米)照射时,她会发出明亮的绿光(最大发射波长约为 509 纳米),而且需要使用特殊的黄色滤镜才能看到这一绿光。人们在创造她时,所使用的是蛋白 EGFP(增强型绿色荧光蛋白),也就是来自野生型维多利亚多管发光水母(图 90)的绿色荧光蛋白的增强版(发生了合成突变),EGFP 在哺乳动物(包括人类)细胞中表达时发出的荧光的强度比原始的水母要高出两个数量级。[2]

图 90
爱德华多·卡茨,《荧光绿兔》,转基因艺术作品,2000 年。图上所示为维多利亚多管发光水母,荧光基因就是对这种水母的基因进行测序并克隆出来的。[由大卫·沃贝尔(David Wrobel)提供]

2000 年 2 月，随着阿尔巴在法国茹伊昂若萨的出生，《荧光绿兔》项目的第一阶段宣告完成。动物系统学家（zoosystemician）路易·贝克（Louis Bec）[3]、科学家路易-玛丽·乌德宾（Louis-Marie Houdebine）和帕特里克·普鲁内（Patrick Prunet）[4]给予了我弥足珍贵的帮助，让项目得以完成。我和妻子露丝（Ruth）、女儿米里亚姆（Miriam）一起商定了阿尔巴这个名字。第二阶段则是持续的辩论，从 2000 年 5 月 14 日在旧金山的"行星工作"会议（Planet Work conference）上，我首次公开宣布阿尔巴诞生开始。第三阶段是阿尔巴回到芝加哥，成为我的家庭一员并共同生活。

从驯养到选育

人与兔的关联可以追溯到《圣经》时代，《利未记》（Leviticus，利 11：5）和《申命记》（Deuteronomy，申 14：7）中的经文就是佐证，其中提到的"saphan"一词，就是希伯来语的"兔子"。公元前 1100 年左右，腓尼基的航海家们在伊比利亚半岛上发现了兔子，他们以为是蹄兔（hyraxes），就将该岛命名为"蹄兔之岛"（i-shepan-im）。伊比利亚半岛位于非洲之北，这一地理位置暗示古迦太语中另一个词根"北"也源自"sphan"。兔子也是埃及文化的一部分（图 91）。罗马人将"i-shepan-im"转译为拉丁文，产生了"Hispania"一词，这是"西班牙"的词源之一。罗马地理学家斯特拉波（Strabo，公元前 64 年—公元 23 年）在《地理学》第三卷中，称西班牙为"兔子之地"。随后是统治期很短（68—69 年）的罗马皇帝塞尔维乌斯·苏尔皮修斯·加尔巴（servius sulpicius galba，公元前 3 年—公元 69 年），在他曾发行的货币上，西班牙形象脚边上有一只兔子。罗马皇帝哈德良在统治时期（117—138 年）也发行过类似的货币。兔子的半驯养时期始于罗马，在初期阶段它们被安置在高大围栏里，还可以自由繁殖。而对于阿兹特克人来说，兔子具有特殊的意义（图 92）。兔子（Tochtli）象征着阿兹特克圣历（Tōnalpōhualli）中的第八日，也是圣历中的地球诞生之日。

6 世纪到 10 世纪，当南法的僧侣在更为严格的条件下驯养和繁殖兔子时，人类逐渐开始在兔子的演化中发挥直接作用。我们不能将兔子（rabbit）和野兔（hare）混为一谈，两者外观相似但却分属不同物种。有关兔子和野兔的分子生物学研究表明，约在两千万年前它们开始分化并发展出不同的演化史。[5] 穴兔（*Oryctolagus cuniculus*）源自欧洲西南部和北非，是所有家兔的祖先。兔子合群友善，从 6 世纪起就逐渐融入人类家庭，成为家庭伴侣，但并非所有国家都是如此：兔子是美国最受欢迎的家养动物之一，却不怎么在法国的家庭生活中出现。人类所主导的选育产生了世界各地兔子的形态多样性。早在 16 世纪，人们就有了不同于野生兔的皮毛颜色和体型的类型描述记录。人们不断在野生环境发现新品种（例如 1999 年在苏门答腊岛发现的条纹兔），但到 18 世纪人们才选育出安哥拉兔，该品种拥有厚实而华美的独特皮毛。[6] 伴随着全球范围内的

图 91（右）
埃及兔子。底比斯的书记官奈巴蒙墓中的场景。第十八王朝，约公元前 1400 年。大英博物馆版权所有

图 92（左）
阿兹特克兔。莫克特祖马二世加冕石背面的图案。墨西哥，特诺奇蒂兰，阿兹特克文化，莫克特祖马二世加冕石（"五个太阳的石头"），约 1503 年，玄武岩，55.9 厘米 ×66 厘米 ×22.9 厘米，重大收购基金，1990.11，底部视图照片，芝加哥艺术学院版权所有

① 译者注：隐性（recessive）遗传是一种基因遗传中的情况，表现为在遗传过程中，某个基因的性状并不显现出来，而有可能"隐藏"于基因内。

移民和贸易，始于 6 世纪的驯养产生了很多新品种，人们还将兔子带入与原产地迥异的新环境之中。虽然全球范围内有 100 多个已知品种的兔子，但被"认可"的种系却因国家而异。例如，美国家兔育种协会（ARBA）"认可"了 45 个品种，更多的品种还在研究中。

除了选择性育种，自然发生的遗传变异也会导致形态多样性。例如，白化兔是一种天然的（隐性）①突变，它们在野外很难存活（缺少用于伪装的色素以及捕猎时视力欠佳）。但它们被人类驯养后，出现了大量健康的种群。人类对于白化动物的保护也与古老的文化传统有关：几乎所有的美国土著部落都相信白化动物具有特殊的精神意义，并有严格的律法来保护它们。[7]

14 荧光绿兔（2000 年） 201

从育种到转基因艺术

《荧光绿兔》是转基因艺术作品而非育种项目，两者的差异在于指导作品的准则、实施过程和主要目的。传统的动物育种是多代选育的过程，其目的是为了创造有标准形态和标准结构的纯种动物，并满足特定的展示功能。从乡间进入城市后，育种不再强调行为特性，转而注重基于视觉特征和形态原则的美学概念。相比之下，转基因艺术所提供的美学概念，强调生命和生物多样性的社会性层面而非形式层面，它挑战了"遗传纯度"的概念，并融合了基因组层面的精准工作，同时也显示了不断发展的转基因社会性语境下物种概念的流动性。

作为转基因艺术家，我所感兴趣的不是创造"遗传性客体"（genetic objects），而是发明"转基因的社会性主体"（transgenic social subjects）。换句话说，重要的是创造兔子的整体过程——将其带入社会，为其提供友爱滋养的环境，让其健康安全地成长。这一整合性过程很重要，因为它将基因工程置于社会性语境之中，私人和公共领域能在这一语境中协商彼此的关系。也就是说，生物技术、家庭生活的私人领域、公共舆论的社会领域能进行关联性探讨。转基因艺术不是去"制作"惰性的或充满生命力的基因艺术品，"制作"意味着将生命科学的操作领域和传统意义上的审美相关联。传统的审美只强调形式感、材料稳定性，但不关心解释学。转基因艺术在结合了对话哲学[8]和认知动物行为学[9]（cognitive ethology）的经验之后，应当加强对转基因动物精神（心理）生活的认识和尊重。在转基因艺术语境中的"美学"一词，可理解为将创造、社会化和驯养融合视为一体。问题不在于让兔子去满足人们的特定要求或奇思妙想，而是让人们享受其个体化的陪伴（所有的兔子都是不同的），在对话性互动之中欣赏其内在优点。

《荧光绿兔》非常重要的一个面向为，阿尔巴和其他兔子一样都是社会性的，需要通过交流信号、声音和身体接触进行互动。在我看来，未来的互动艺术和20世纪的互动艺术在视觉和感觉上都会有巨大的差异。《荧光绿兔》展示了一条替代性途径，并明确指出互动的深远含义根植于个人责任（照顾和回应的可能）的概念之中。《荧光绿兔》延续了我在艺术创造中的关注点，即马丁·布伯所说的"对话关系"（dialogical relationship），[10]而巴赫金则称之"存在的对话域"（dialogic sphere of existence），[11]埃米尔·本维尼斯特（Émile Benveniste）的主体间性，[12]亨伯托·马图拉纳（Humberto Maturana）的共识领域（consensual domains）[13]：感知、认知以及能动性的共享域，两种或多种"具有感知性的存在者"（sentient being，人类及其他生命）可在其中进行对话性协商体验。此作品也受到伊曼努尔·列维纳斯（Emmanuel Levinas）关于"他异性"的启发，[14]列维纳斯认为人与他者的亲近（proximity）需要回应，与他者的人际间接触是伦理责任的独特关系。我所创造的作品，是能够接受并融合进参与者们的反应和决定的。这就是我所说的"人－植物－鸟－哺乳动物－机器人－昆虫－细菌"界面。

为了具有可实践性，这个融合了社会介入性、语义开放性、系统复杂性的美学平台，必须承认艺术和生活中的每一种情况都有其特定的参量和限制。因此，问题不在于如何完全消除限制（这不可能），而是如何保持足够的不确定性，让人和非人参与者在体验作品时的所思、所感和所做都能有重要的意义。我的回答是共同努力，对参与者的选择和行为保持真正的开放性，放弃对作品体验的大部分控制权，接受"顺其自然"的体验并将其视为充满可能性的变化领域，从中学习、共同成长、随之改变。阿尔巴是转基因艺术作品《荧光绿兔》的参与者，任何与之接触的人，以及对计划有所思考的人也都是参与者。家庭生活、社会差异、科学流程、跨物种交流、公共讨论、伦理、媒体解读和艺术语境之间存在着一系列复杂的关系。

整个 20 世纪中，艺术逐渐摆脱了图像再现、物的制作、视觉沉思。艺术家们寻找新方向以便更直接地回应社会变革，强调过程、观念、行动、互动、新媒体、环境、批判话语。转基因艺术承认这些变化，同时也提出了全新的观点，将真正创造生命的问题置于辩论的中心。转基因艺术无疑也是在其他领域同样发生深远变革的大背景中发展起来的。在整个 20 世纪，物理学承认了不确定性和相对论，人类学打破了种族中心主义（ethnocentricity），哲学揭露了真理，文学批评摆脱了解释学，天文学发现了新行星，生物学发现了嗜极微生物——它们生活在曾被认为无法支持生命的环境中，而分子生物学则让克隆成为现实。

转基因艺术将人类在兔子演化过程中的角色视为自然因素，视为人类和兔子的自然史中的各自一章，因为驯养始终是双向的经验。正如人类驯养了兔子，兔子也驯养了人类。转基因艺术在超越了仅仅将作品比喻为活体生物，转而将比喻复杂具象化之后，它不再尝试去缓和、削弱或裁决公众讨论。它致力于提供不确定性和微妙性的新视角，来替代仅仅考虑"对"（支持）和"错"（反对）的两极化观点。《荧光绿兔》凸显了转基因生物也是普通生物的事实，它需要与其他生命相同的社会生活，并应当得到与其他动物一样的关怀照顾。[15]

在发展《荧光绿兔》计划时，我密切关注并认真考虑了有可能造成的伤害。我是在确认了安全性后才着手实施该计划的。[16] 整个过程中也没有任何意外：通过合子显微注射，产生绿色荧光蛋白的基因序列被整合到了基因组之中。[17] 怀孕顺利完成。"荧光绿兔"不是新的基因实验形式，因为显微注射和绿色荧光蛋白都是分子生物学领域中广泛使用的成熟技术，绿色荧光蛋白早已在包括哺乳动物在内的许多宿主生物体内成功表达。[18] 转基因和宿主基因组的整合不会产生诱变效应，绿色荧光蛋白对兔子是无害的。还必须指出的是，《荧光绿兔》计划没有破坏任何社会规则：至少在 1400 年前，人类就在兔子的演化中发挥了直接作用。

从替代性到他异性

当我们与兔类同伴协商关系时，[19] 需要思考兔子的能动性，并避免将其人格化。关系（relationships）不是有形的，却能成为艺术探索的沃土，并将互动性推向真正的主体间性。万物互联，无法独存。我注意到这个简单而基本的事实，让作品着眼于生物性、技术性以及混合实体之间的互联。而谈到互联性或者主体间性时，就必须承认意识的社会性维度。因此，"主体间性"这一概念必须考虑到动物思维的复杂性。在这个语境下，特别就"荧光绿兔"这个例子来说，我们必须以开放的态度来理解兔子的思维，尤其是理解作为个体的阿尔巴的独特精神。人们常误认为兔子不如狗聪明，就算把食物放在它面前，它都很难找到。但若考虑到兔子的视觉系统位于颅骨的高处两侧并能看到近360度的全景时，这一常见现象就很容易解释。也正因为这样，兔子的鼻子前方到颌骨下方有一个约10度的小盲区。[20] 虽然兔子的视力没有人类那么敏锐，但它能根据声音、肢体动作和气味的综合信息去识别人类个体，前提是人类经常与之互动并且没有太大的外形改变（例如穿上非人形的服装，或者使用气味强烈的香水）。了解兔子看待世界的方式并不足以理解其意识，但我们至少能因此深入理解它们的行为并调整我们自己的行为，让彼此的生活都更为舒适愉悦。

阿尔巴是一只健康温顺的哺乳动物。和那些将转基因动物视为怪物的流行观念相反，她的身形毛色与普通白化兔并无二致。如果人们事前不知道她是荧光兔，根本察觉不到任何异常。因此她颠覆了通过预测形态和行为特征而进行归类的他异性。正是这种丰富的模糊性——同时兼具相似性与相异性，使她与众不同。在绝大多数文化中，我们与动物的关系深刻地显现了我们自身。与其他物种成员的日常共存和互动，提醒了我们作为人类的独特性，同时也发掘了我们在日常生活中被压抑的人类精神层面——例如无语言交流——这也揭示了我们与非人类（nonhumans）是多么接近。如果有越多的动物进入人类家庭生活，我们就会饲养越少的功能性动物和动物劳力。政治压力、科学发现、技术发展、经济机遇、艺术创造和哲学思考等影响着历史条件，我们与其他动物的关系也随之改变着。新基因引入被开发的人类身体，我们对物理边界的理解不断发生变化，这也改变着我们与环境中动物们的交流。分子生物学已证明人类基因组并非独一无二，它和其他已知生物形式的基本元素构成一致，可被视为具有丰富的变异性、多样性，是更为庞大的基因组连续体的一部分。

从亚里士多德[21]到笛卡尔[22]，从洛克[23]到莱布尼茨[24]，从康德[25]到尼采[26]和布伯[27]，西方哲学家们随着时间发展、沿着他们对于人性观点的阐释，以多种方式探讨了动物性之谜。笛卡尔和康德对于动物的精神生活持有居高临下的态度（亚里士多德也是如此），而洛克、莱布尼茨、尼采和布伯在某种程度上则对"真核他者们"更加宽容。[28] 我们通过基因工程来直接制造生命的能力，促使我们重新评估动物的文化客体化（cultural objectification）和个体主体化（personal subjectification），并重塑了我们对于人性的极限和潜力的审视。我并不认为基因工程会消减生命的神秘性，相反，它重新唤醒了对于生命的惊奇感。如果说生物技术会消减生命的神秘性，也是因为我们将其置于其他的生命观之上（而不是将生物技术视为参与更广泛辩论的其他视角之一），或是因为我们接受了一种仅仅"将生命视为遗传学概念"的还原论观点（很多生物学家并不赞同这种观点）。转基因艺术对此持强烈的反对意见，认为在有感知（sentient）和无感知的行为体（actants）之间的交流和互动，是我们所说的"生命"的核心。转基因艺术重视生物体的社会性存在，并重视物种间生理和行为特征的演化连续性，它不接受将生命过程的复杂性简单地转化为遗传学。当我们意识到自己与其他物种之间的生物亲缘关系，并理解生命能从有限的遗传碱基中进化出如细菌、植物、昆虫、鱼类、爬行类、鸟类和哺乳类这般多元的地球生物时，就会感叹生命的神秘和美感仍一如往昔。

转基因、艺术和社会

人类基因治疗的成功，表明改变基因组来治疗或改善人类同胞的生存状况是有益的。[29] 从这个意义上来说，将外源基因物质引入人类基因组既受欢迎也非常吸引人。早期的分子生物学常引发优生学和生物战的"幽灵"，由此产生对基因工程常态化（banalization）和滥用的恐慌。这种恐慌合乎情理，它根植于历史，因此需要被解决。造成这一问题的原因是很多公司使用陈词滥调去游说公众，却无法让公众参与到关于技术优劣的严肃讨论中。[30] 个人基因隐私丧失等严重威胁确实存在，而生物剽窃（biopiracy，未经明确允许而使用他人的遗传物质并申请专利）等难以接受的情况也开始浮现。

在思考这些问题时，我们不能忽略的是，全面禁止一切形式的基因研究会严重阻碍到亟须的研发，致使肆虐人类与非人类的毁灭性疾病无法被治疗。更为复杂的问题是：如果这种疗法研发成功，社会上的哪些阶层（sectors）可以使用它们？显然，遗传学不单是科学问题，也与政治和经济政策直接相关。正因为如此，社会应该有效地去疏导那些因实际或可能的技术滥用所引发的恐惧。开放社会里的公民不应该盲目排斥技术（虽然这已经是新生命政治学的一部分）[31]，而是要努力研究事物的多重视角，了解议题的历史背景，理解相关词汇和正在进行的主要研究，根据自身的想法形成替代性观点，展开辩论，得出自己的结论并促进相互的理解。这似乎是一个令人望而却步的任务，炒作、直接反对或者冷漠忽视都会产生严重后果。

这也是艺术拥有巨大社会价值之处。即使直接介入特定语境，艺术领域也是象征性的，[32] 因此它有助于展现正在进行中的革命的文化价值，并提供思考和使用生物技术的不同方式。转基因艺术是基因铭文（genetic inscription）的一种模式，它同时位于分子生物学操作领域的外部与内部，并对科学与文化之间的地带进行协商。转基因艺术可以帮助科学去认识生物体发育中的关系性和交流性议题。转基因艺术可以帮助文化去除 DNA 作为"主分子"这一流行观念的面纱，来强调生物体和环境（其背景）的整体性。最后，转基因艺术也可以为美学领域做出贡献，用生命的真实创造和对生命的责任感开启艺术中象征性和实用性的新维度。

注释

1 Eduardo Kac, "Transgenic Art," *Leonardo Electronic Almanac* 6, no. 11 (1998).

2 绿色荧光蛋白最初从维多利亚多管发光水母分离出来并用作新的报告系统（见 Martin Chalfie et al., "Green Fluorescent Protein as a Marker for Gene Expression," *Science* 263 [Feb. 11, 1994]: 802–5），在实验室中对其进行了改良，以增强荧光。见 R. Heim, A. B. Cubitt, and R. Y. Tsien, "Improved Green Fluorescence," *Nature* 373 (1995): 663–64; R. Heim and R. Y. Tsien, "Engineering Green Fluorescent Protein for Improved Brightness, Longer Wavelengths and Fluorescence Resonance Energy Transfer," *Current Biology* 6 (1996): 178–82. 此后的工作进一步改造了绿色荧光蛋白基因，使其符合高表达的人类蛋白质密码子，从而增加了在哺乳动物细胞中的表达。见 J. Haas, E. C. Park 和 B. Seed, "Codon Usage Limitation in the Expression of HIV-1 Envelope Glycoprotein," *Current Biology* 6 (1996) : 315-24. 关于绿色荧光蛋白作为遗传标记的全面概述，见 Martin Chalfie and Steven Kain, *Green Fluorescent Protein: Properties, Applications, and Protocols* (New York: Wiley-Liss, 1998)。自绿色荧光蛋白首次引入分子生物学，已在许多生物体中得到应用，包括细菌、酵母、黏菌、许多植物、果蝇、斑马鱼、许多哺乳动物，甚至病毒。此外，许多细胞器，包括细胞核、线粒体和细胞骨架，都用绿色荧光蛋白进行了标记。

3 艺术家、策展人和文化推广者路易·贝克创造了动物系统学家一词来定义他的艺术实践和兴趣领域，即对生命系统进行数字建模。路易·贝克曾任法国文化部新技术与艺术创作专员。1999 年 4 月至 2000 年 11 月期间，他担任法国阿维尼翁举办的阿维尼翁数字节（Avignon Numérique）总监，时值阿维尼翁成为 2000 年欧洲文化之都。

4 路易-玛丽·乌德宾和帕特里克·普鲁内是在法国国家农业研究院（Institut National de la Recherche Agronomique, INRA）工作的科学家。路易-玛丽·乌德宾是法国茹伊昂若萨的 INRA 发育生物学和生物技术组的研究主任。另见 C. Viglietta, M. Massoud, and L. M. Houdebine, "The Generation of Transgenic Rabbits," in *Transgenic Animals—Generation and Use*, ed. L. M. Houdebine (Amsterdam: Harwood Academic Publishers, 1997), 11–13。帕特里克·普鲁内是法国雷恩 INRA 博略校区的压力和适应生理学小组的研究员。

5 关于驯养历史的介绍，见 Zeuner, *A History of Domesticated Animals*; Juliet Clutton-Brock, *Domesticated Animals from Early Times* (London: British Museum, 1981); Roger A. Caras, *A Perfect Harmony: The Intertwining Lives of Animals and Humans throughout History* (New York: Simon and Schuster, 1996); Achilles Gautier, *La domestication: Et l'homme créa ses animaux* (Paris: Editions Errance, 1990); Daniel Helmer, *La domestication des animaux par les hommes préhistoriques* (Paris: Masson, 1992); and Carl O. Sawer, *Agricultural Origins and Dispersals: The Domestication of Animals and Foodstuffs* (Cambridge: MIT Press, 1970). For specific references on the domestication of rabbits, see F. Biadi and A. Le Gall, *Le lapin de garenne* (Paris: Hatier, 1993); G. Bianciotto, *Bestiaires du Moyen Âge* (Paris: Stock, 1980); J. J. Brochier, *Anthologie du lapin* (Paris: Hatier, 1987); "Le lapin, aspects historiques, culturels et sociaux," *Ethnozootechnie*, no. 27 (1980). 从分子生物学的角度讨论兔子的演化议题，见 C. Su and M Nei, "Fifty-Million-Year-Old Polymorphism at an Immunoglobulin Variable Region Gene Locus in the Rabbit Evolutionary Lineage," *Proceedings of the National Academy of Sciences of the United States of America* 96 (1999): 9710–15; and K. M. Halanych and T. J. Robinson, "Multiple Substitutions Affect the Phylogenetic Utility of Cytochrome b and 12S rDNA Data: Examining a Rapid Radiation in Leporid (Lagomorpha) Evolution," *Journal of Molecular Evolution* 48 (1999): 369–79.

6 Thebault R. G. Rochambeaus, "Angora Rabbit: Breeding and Genetics," *Productions Animales* 2, no. 2 (1989): 145–54. Regarding the discovery of new rabbit species, see K. Alison et al., "Striped Rabbits in Southeast Asia," *Nature* 400 (1999): 726.

7 有关各个部落精神价值观的详细信息，见 Sam D. Gill, *Dictionary of Native American Mythology* (New York: Oxford University Press, 1994). 另见 Arlene B. Hirschfelder, *Encyclopedia of Native American Religions: An Introduction* (New York: Facts on File, 2000); Richard Erdoes and Alfonso Ortiz, eds., *American Indian Myths and Legends* (New York: Pantheon Books, 1985). 白化小水牛"奇迹"的诞生充分说明了白化动物对于美洲土著部落的神圣意义。1994 年 8 月 20 日，"奇迹"在威斯康星州简斯维尔戴夫·海德（Dave Heider）的农场出生。美国野牛协会在宣布"奇迹"诞生的消息后表示，最后一头有记载的白水牛死于 1959 年。狩猎水牛的平原印第安人，包括拉科塔人、奥涅达人、切诺基人和夏安人，都将"奇迹"视为圣物。"奇迹"出生后不久，拉科塔民族的传统领袖约瑟夫·追马（Joseph Chasing Horse）就来到"奇迹"出生的地方，在那里举行了一个烟斗仪式，同时讲述了白色小牛牛女人（White Buffalo Calf Woman）的故事。随后，两万多人前来看望"奇迹"，海德农场的大门和旁边的树上很快就挂满了供品：羽毛、项链和五颜六色的布片。小牛的消息迅速传遍了美洲原住民社区，因为它的出生应验了北部平原印第安人两千年前的预言。约瑟夫·追马在报纸访谈中解释说，两千年前一位年轻女子以白色水牛的形状第一次出现，她给拉科塔人的祖先带来了神圣的烟斗和神圣的仪式，并让他们成为黑山的守护者。在离开之前，她还预言有一天她会回来净化世界，重新带来精神的平衡与和谐，一头白色小水牛的诞生将预示着她的回归指日可待。温尼贝戈人（Ho-Chunk）水牛部族的首领欧文·迈克（Owen Mike）在同一篇文章中说，他的族人对白色小牛的意义有着略微不同的解释。不过，他补充说，温尼贝戈版本的预言也强调了自然界和所有民族之间的和谐回归。"这更像是来自伟大神灵的祝福，"麦克解释说，"这是一个征兆。这头白色水牛向我们表明，一切都会好起来的。"见 Tom Laskin, "Miracle," *Isthmus* (Nov. 25–Dec. 1, 1994).

查尔斯·达尔文在《小猎犬号航海记》第 5 章的注释 12 中，强调了白化动物的稀有和美丽。在谈到"公鸡与母鸡"的区别时，他说："一个高乔人向我保证，他曾经见过一种雪白或白化的鸟，那是最美丽的鸟。"

8 20 世纪，马丁·布伯为对话哲学注入了新的活力，他在 1923 年出版的《我与你》（*I and Thou*）一书中指出，人类能够建立两种关系："我–你"（互惠）和"我–它"（对象化）。在"我–你"关系中，一个人完全参与到与另一个人的相遇中，并进行真正的对话。在"我–它"关系中，"它"成为被控制的对象。这两种情况下的"我"并不相同，因为在前一种情况下是非等级的相遇，而在后一种情况下则是一种疏离。马丁·布伯的关系对话哲学与现象学和存在主义非常接近，也影响了米哈伊尔·巴赫金的语言哲学。巴赫金在无数著作中指出，在文化、政治和社会中，一元论经验的普通实例压制了存在的对话性现实。

9 认知动物行为学可被定义为"对非人类动物的思维过程、意识、信仰或理性的进化性和比较性研究，是以不同类型的调查和解释为研究基础的领域"。见 Marc Bekoff, "Cognitive Ethology and the Explanation of Nonhuman Animal Behavior," in *Comparative Approaches to Cognitive Science*, ed. J. A. Meyer and H. L. Roitblat (Cambridge: MIT Press, 1995), 119–50. 爱沙尼亚动物学家雅各布·冯·乌克斯库尔（Jakob von Uexküll, 1864–1944 年）是动物行为学的先驱，他致力于研究生物如何主观地感知环境，以及这种感知如何决定生物的行为。1909 年，他撰写了《动物的环境与内心世界》（*Umwelt und Innenwelt der Tiere*）一书，引入德文 umwelt（粗译为"环境"）一词来指代生物的主观世界。该书被摘录于 *Foundations of Comparative Ethology*, ed. G. Burghardt (New York: Van Nostrand Reinhold, 1985). 由于乌克斯库尔强调符号和意义在生物过程的各个方面（细胞或有机体层面）都至关重要，因此他也预见了认知动物行为学和生物符号学（研究生物体中的符号、交流和信息）所关注的问题。见 Jacob von Uexküll, *Mondes animaux et monde humain: Suivi de théorie de la signification* (Paris: Denoël, 1984). 唐纳德·格里芬（Donald Griffin）首次证明，蝙蝠利用生物声呐导航世界，他将这一过程称为"回声定位"，为研究其他动物的主观世界做出了进一步贡献。见 Donald Griffin, *Listening in the Dark: The Acoustic Orientation of Bats and Men* (Ithaca and London: Cornell University Press, 1986). 首次出版于 1958 年。此后，格里芬写了很多书，为认知动物行为学做出了许多贡献，其中最著名的是 *The Question of Animal Awareness: Evolutionary Continuity of Mental Experience* (New York: The Rockefeller University Press, 1976); *Animal Thinking* (Cambridge: Harvard University Press, 1984); and *Animal Minds* (Chicago: University of Chicago Press, 1992). 格里芬的开创性工作展示了行为主义和认知主义思维中存在的问题，即没有承认哺乳动物的意识察觉（conscious awareness）和小动物的思维，有鉴于此，一些研究人员推动了认知动物行为学的研究议程。见 Carolyn A. Ristau, ed., *Cognitive Ethology: The Minds of Other Animals: Essays in Honor of Donald R. Griffin* (Hillsdale, N. J. : Erlbaum, 1991). 丹尼尔·克莱门特·丹尼特（Daniel Clement Dennet）在他的《心灵种种》（*Kinds of Minds*）一书中，试图解释与物种无关的意识。他采取了"意向性立场"，即把某种事物（生物或非生物）的行为当作一个理性主体来解释，而这个理性主体的行动是由其信念和欲望决定的。他研究了分子自我复制的"意向性"，狗标记领地的"意向性"，以及希望做某件事情的人类的"意向性"。最后，在丹尼特看来，正是我们使用语言的能力形成了人类特有的思维。丹尼特认为，语言是解开我们头脑中的表象并从中提取其单元的方法。如果没有语言，动物可能拥有完全相同的表象，但它无法获得其中的任何单元。见 *Kinds of Minds: Toward an Understanding of Consciousness* (New York: Basic Books, 1996). 探讨心灵哲学理论与动物认知实证研究之间的关系，见 C. Allen and M. Bekoff, *Species of Mind: The Philosophy and Biology of Cognitive Ethology* (Cambridge: MIT Press, 1997). 对非灵长类物种智力的重点研究也有助于展示海洋哺乳动物、鸟类和蚂蚁等生物的独特智力。见 R. J. Schusterman, J. A. Thomas, and F. G. Wood, eds., *Dolphin Cognition and Behavior: A Comparative Approach* (Hillsdale, N.J.: Erlbaum, 1986); A. F. Skutch, *The Minds of Birds* (College Station: Texas A&M University Press, 1996); Irene Maxine Pepperberg, *The Alex Studies: Cognitive and Communicative Abilities of Grey Parrots* (Cambridge and London: Harvard University Press, 2000). 关于蚂蚁的交流问题，见 Deborah Gordon, "Wittgenstein and Ant-Watching," *Biology and Philosophy* 7 (1992): 13–25. 戈登指出，"科学家看待动物行为的方式是……（在）一个嵌入特定时间和地点的社会实践的系统中"（23）。戈登对相邻蚁群之间互动的田野研究表明，蚂蚁不仅能学会识别自己的巢友，还能识别来自相邻的不相关蚁群的蚂蚁。她的田野研究促使人们进一

步研究蚂蚁群落内部的交流网络。有关这一问题的更详尽研究，见 Deborah Gordon, *Ants at Work: How an Insect Society Is Organized* (New York: Free Press, 1999). 戈登这本书的主要贡献是打破了认为蚁群是按照死板规则运行的普遍观点，并（根据她在亚利桑那州对收割蚁的田野考察）表明，蚂蚁社会可以是复杂的，可以根据情况需要改变其集体行为。杰弗里·M. 马森（Jeffrey M. Masson）和苏珊·麦卡锡（Susan McCarthy）从查尔斯·达尔文的著作《人和动物的情感表达》(*The Expression of Emotions in Man and Animals*) (New York: D. Appleton and Company, 1872) 中找到灵感，为动物情感提出了令人信服的论述。见 *When Elephants Weep: The Emotional Lives of Animals* (New York: Bantam Doubleday Dell, 1995). 关于非人灵长类动物的思想，见 D. L. Cheney and R. M. Seyfarth, *How Monkeys See the World: Inside the Mind of Another Species* (Chicago: University of Chicago Press, 1990); S. Montgomery, *Walking with the Great Apes: Jane Goodall, Dian Fossey, and Birutė Galdikas* (New York: SUNY Press, 1991); S. Savage-Rumbaugh and R. Lewin, *Kanzi: The Ape at the Brink of the Human Mind* (New York: Wiley, 1994); A. E. Russon, K. A. Bard, and S. T. Parker, eds., *Reaching into Thought: The Minds of the Great Apes* (Cambridge: Cambridge University Press, 1996); F. M. de Waal, *Bonobos: The Forgotten Ape* (Berkeley: University of California Press, 1997).

10 Buber, *I and Thou*, 124. 迈克尔·特乌尼森（Michael Theunissen）认为，"布伯试图勾勒出一种'之间的本体论'，在这种本体论中，个人意识只能在我们与他人的关系中得到理解，而不是独立于他人之外"。见 *The Other: Studies in the Social Ontology of Husserl, Heidegger, Sarte, and Buber*, trans. Christopher Macann. (Cambridge: MIT Press, 1984), 271–72.

11 Mikhail Mikhailovich Bakhtin, *Problems of Dostoevsky's Poetics*, trans. Caryl Emerson (Minneapolis: University of Minnesota Press, 1984), 270. 在巴赫金看来，对话关系"几乎是一种普遍现象，它贯穿于人类的所有言语，以及人类生活的所有关系和表现形式——总之，贯穿于一切有意义和重要性的事物"（40）。

12 关于通过语言形成"自我"或主体性，以及只有通过语言我们才有意识（即才是"主体"）的观点，见 Emile Benveniste, "Subjectivity in Language," in *Problems in General Linguistics*, trans. Mary Elizabeth Meek (1966; repr., Coral Gables: University of Miami Press, 1971), 223–30. 与布伯一样，本维尼斯特的立场是，当一个人说"我"时（即，当一个人在话语中占据主体地位时），他或她就是主体间共同体中的一员。因此，作为一个主体 / 人，他或她并不只是一个客体 / 物。本维尼斯特当然不是唯一一个考虑人类经验的主体间性的人。例如，在莫里斯·梅洛－庞蒂看来，我们彼此间的非同一性并非缺陷，而是交流的根本条件："他者的身体——作为象征行为和真正现实行为的承载者——将自己从我的现象中剥离出来，为我提供了真正交流的任务，并赋予我的对象以主体间存在的新维度"。在梅洛－庞蒂看来，我们的知觉正是在主体间性的模糊性中"醒来"的。见 Maurice Merleau-Ponty, *The Primacy of Perception and Other Essays on Phenomenological Psychology, the Philosophy of Art, History and Politics*, ed. James M. Edie (Evanston: Northwestern University Press, 1964), 17–18. 对梅洛－庞蒂主体间性立场的批判性分析，见 Robert M. Friedman, "Merleau-Ponty's Theory of Intersubjectivity," *Philosophy Today* 19 (Fall 1975): 228–42. 于尔根·哈贝马斯（Jürgen Habermas）也将主体间性概念置于其著作的中心位置。哈贝马斯延续了法兰克福学派的一个项目（所批判的观念为，认为人类的有效知识仅限于通过自称客观和无特殊利益的系统探究得出的经验来检验的命题），在主体间性中找到了反对将真理和意义建立在个人意识基础上的理论的手段。在他看来，主体间性是一种交流情境，在这种情境中，"说话者和听话者通过施事行为（illocutionary acts）建立人际关系，从而实现相互理解"。见 Jürgen Habermas, "Some Distinctions in Universal Pragmatics," *Theory and Society* 3, no. 2 (1976): 157. 哈贝马斯进一步解释了他对主体间交流的看法："当听者接受一个言语行为时，至少有两个言语行为主体之间达成了一致。然而，这并不仅仅依赖于主体间对单一的、强调主题的有效性主张的认可。相反，这种共识是在三个层面上同时达成的。……说话者的交际意图是：（a）他的言语行为在特定的规范语境中是正确的，这样他和听话者之间就会产生一种被承认为合法的主体间关系；（b）他要做出真实的陈述（或正确的存在预设），这样听话者就会接受并分享说话者的知识；（c）他要真实地表达自己的信念、意图、情感、欲望等，这样听话者就会相信他所说的话。"见 *The Theory of Communicative Action*, vol. 1, *Reason and the Rationalization of Society* (Boston: Beacon Press, 1984), 307–8.

13 马图拉纳从其独特而系统的理论生物学分支的角度，非常清晰地解释了"共识领域"的概念："当两个或两个以上的有机体作为结构可塑的系统递归地相互作用时，每一个有机体都成为另一个有机体实现自生的媒介，其结果就是相互的本体结构耦合。从观察者的角度来看，结构耦合的有机体的各种行为模式对于在相互影响下实现其自生作用所具有的操作效力，显然是在其相互作用的历史过程中并通过其相互作用而确立的。此外，对于观察者来说，通过这种本体结构耦合所规定的互动领域，看起来是一个由相互触发的连锁行为序列组成的网络，与他或她所称的共识领域没有区别。事实上，所涉及的各种行为或举止既是任意的，也是与语境有关的。认为这些行为是任意的，是因为它们可以拥有任何形式，只要它们在相互作用中起到触发扰动的作用即可；认为它们是与语境有关的，是因为它们在领域内相互锁定的相互作用中的参与程度，只能根据构成领域的相互作用来确定。因此，我将把结构可塑的有机体之间的本体互惠结构耦合所产生的连锁的行为领域称为共识领域。"见 Humberto R. Maturana, "Biology of Language: The Epistemology of Reality," in *Psychology and Biology of Language and Thought*, ed. G. Miller and E. Lenneberg (New York: Academic Press, 1978), 47. 关于"共识领域"的早期讨论，见 Maturana, "The Organization of the Living: A Theory of the Living Organization," *The International Journal of Man-Machine Studies* 7 (1975): 313-32.

在《语言生物学》一文中，马图拉纳对"自生"（autopoiesis）一词的解释仍然是："有一类动态系统，作为一个整体，由各种成分组成的生产（和分解）网络来实现：(a) 通过相互作用，递归地参与到产生它们的成分生产（和分解）网络的实现中；(b) 通过实现其边界，在它们所指定和存在的空间中，构成作为一个整体的成分生产（和分解）网络。弗朗西斯科·瓦雷拉（Francisco Varela）和我把这种系统称为自生系统，把自生组织称为组织。存在于物理空间中的自生系统是一个生命系统，或者更正确地说，物理空间是生命系统各组成部分所指定并存在的空间）"。(36) 又见于 Humberto R. Maturana and F. G. Varela, *Autopoiesis and Cognition: The Realization of the Living* (Dordrecht, Boston, and London: Reidel, 1980). 本书最初在智利出版时名为 *De maquinas y seres vivos* (Santiago de Chile: Editorial Universitaria, 1972).

14 伊曼努尔·列维纳斯写道："亲近，差异性是非冷漠，是责任。" 见 *Otherwise Than Being; or, Beyond Essence*, trans. Alphonso Lingis (Boston: Martinus Nijhoff Publishers, 1981), 139. 列维纳斯受到马丁·布伯对话哲学的部分影响，试图通过分析与他者"面对面"的关系，超越本体论伦理中立的传统。在列维纳斯看来，他者是无法被认识的。相反，他者是在与他人的关系中，在伦理责任的关系中产生的。对于列维纳斯来说，这种伦理责任必须被视为先于本体论。关于他对布伯作品的见解，见 "Martin Buber and the Theory of Knowledge," in *The Philosophy of Martin Buber*, ed. P. Schilpp (La Salle, Ill.: Open Court, 1967), 133-50.

15 关于转基因动物的福利问题，见 C. J. Moore and T. B. Mepham, "Transgenesis and Animal Welfare," *Alternatives to Laboratory Animals* 23 (1995):380-97; and L. F. M. van Zutphen and M. van der Meer, eds., *Welfare Aspects of Transgenic Animals* (New York: Springer, 1997).

16 我的意思是，这个过程预计会有（事实上也是）像其他正常兔子一样的怀孕和分娩。因为自 1980 年以来转基因技术一直被成功地用于制造小鼠，自 1985 年以来转基因技术一直被成功地用于制造兔子。见 J. W. Gordon et al., "Genetic Transformation of Mouse Embryos by Microinjection of Purified DNA," *Proceedings of the National Academy of Sciences of the United States of America* 77 (1980): 7380-84; J. W. Gordon and F. Ruddle, "Integration and Stable Germ Line Transmission of Genes Injected into Mouse Pronuclei," *Science* 214 (Dec. 11, 1981): 1244-46; R. E. Hammer et al., "Production of Transgenic Rabbits, Sheep and Pigs by Microinjection," *Nature* 315 (June 20-26, 1985): 680-83; James M. Robl and Jan K. Hei-deman, "Production of Transgenic Rats and Rabbits," in *Transgenic Animal Technology: A Laboratory Handbook*, ed. Carl A. Pinkert (San Diego: Academic Press, 1994). 有关在兔子体内表达 GFP 的更多信息，见 T. Y. Kang et al., "Cloning of Transgenic Rabbit Embryos Expressing Green Fluorescent Protein (GFP) Gene by Nuclear Transplantation," *Theriogenology* 53, no. 1 (2000): 222.

17 合子是由两个配子结合形成的细胞。配子是一种生殖细胞，特指能够参与异性配子融合产生受精卵的成熟精子或卵子。在培育转基因兔的过程中，最广泛使用的方法是将 DNA 直接显微注射到兔卵子的雄性原核中。当外来 DNA 在单细胞阶段整合到兔染色体 DNA 中时，转基因动物的每个细胞中都有了新的 DNA。有关显微注射技术的方法和应用的详细讨论，见 J. C. Lacal, R. Perona, and J. Feramisco, *Microinjection* (New York: Springer, 1999).

18 见本章注 2。

19 兔类动物是兔形目中的一种啮咬性哺乳动物，包括兔子、野兔和鼠兔。

20 Dana M. Krempels, "What Do Rabbits See?" *House Rabbit Society: Orange County Chapter Newsletter* 5 (Summer 1996): 1. 如要更全面地了解兔子和其他动物的视力情况，见 R. H. Smythe, *Vision in the Animal World* (New York: St. Martin's Press, 1975).

21 在约公元前 350 年写成的《动物史》第 9 卷第 1 部分中，亚里士多德认识到动物情感状态的复杂性："相对而言，生命短暂而不明显的动物，其性格或性情不像生命较长的动物那样明显易辨。后一种动物似乎具有与每一种情绪相对应的自然能力：狡猾或单纯，勇敢或胆怯，好脾气或坏脾气，以及其他类似的心智倾向"。见 Aristotle, *History of Animals*, books 7-10 (Cambridge and London: Harvard University Press, 1991). 尽管在《形而上学》(*Metaphysics*) 第 1 章中，亚里士多德将理性和智慧的形式归于动物，但在另一本书《政治学》(*Politics*) 中，他却声称人类是唯一具有逻各斯能力的动物（第 7 卷第 13 部分）："动物大多过着自然的生活，少数动物也受到习惯的影响。此外，人有理性原则，而且只有人，才有理性原则"。在《政治学》中，他还将动物比作奴隶（第 1 卷第 5 部分）："奴隶和驯服的动物的用途并没有很大的不同；因为两者都用自己的身体满足生活的需要。" 见 *The Works of Aristotle* (London: Oxford University Press, 1966).

22 在 1637 年的《方法论》(Discourse on the Method) 中，笛卡尔坚持人与动物的绝对区分。在他看来，意识和语言创造了人类与动物之间的存在界限。笛卡尔说，"动物的理性不如人"，事实上，"它们根本没有理性"。见 Rene Descartes, "Discourse on the Method," in *Descartes: Selected Philosophical Writings*, trans. John Cottingham, Robert Stoothoff, and Dugald Murdoch. (Cambridge: Cambridge University Press, 1988), 45. 在笛卡尔看来，由于动物没有可识别的语言，因此它们缺乏理性，在他看来，动物就像自动机一样，能够模仿说话，但不能真正参与能够促成和支持意识的话语。这种观点的副产品是将动物性归属于无意识领域。符号学家查尔斯·桑德斯·皮尔斯（Charles Sanders Peirce）也注意到了这一点，他批评笛卡尔说："笛卡尔认为动物是无意识的自动装置。他还认为，除了他自己以外，其他人都是无意识的。" 见 "Minute Logic," in *Peirce on Signs: Writings on Semiotic by Charles Sanders Peirce*, ed. James Hoopes. (Chapel Hill: University of North Carolina Press, 1991), 234.

23 约翰·洛克在《人类理解论》（第 2 卷，第 11 章）中写道："如果有人怀疑兽类是否在某种程度上复合和扩大了它们的观念，我认为这一点是肯定的，因为它们根本没有抽象的能力；拥有一般观念是将人类与兽类完全区分开来的一种能力，也是兽类的能力所无法达到的一种卓越。因为很明显，我们在它们身上没有观察到利用一般符号来表达普遍观念的痕迹；由此我们有理由认为，它们没有抽象能力，也没有产生一般观念的能力，因为它们没有使用文字或任何其他一般符号。" 尽管洛克否认动物具有抽象思维能力，但他仍不同意笛卡尔的观点，认为动物是自动机。不过，洛克仍在同一章中写道："如果它们（动物）有任何思想，而不仅仅是机器，（就像有些人认为的那样），我们就不能否认它们有一些理性。" 见 *An Essay Concerning Human Understanding* (New York: Dover, 1959), 208. 约翰·洛克部分否定了笛卡尔的知识理论，提出了观念的两个来源：感觉和反思（sensation and reflection）。通过感觉观念和反思观念的区别，洛克将人与动物区分开来：动物有一定的感觉观念和一定程度的理性，但没有一般观念（即抽象能力），因此也没有语言来表达这些观念。在洛克看来，抽象能力远远超出了任何动物的能力，而正是抽象思维在形成道德所依赖的混合模式的观念方面发挥着根本性的作用。

24 在戈特弗里德·莱布尼茨看来，动物没有自我意识和认识永恒真理的能力，而这正是人的灵魂的特征。他写道："我也倾向于相信低等动物有灵魂，因为当所有与灵魂相适应的东西都存在时，灵魂也应被理解为存在，这与事物的完美性有关。……但是，没有人会认为，可以同样公正地推断出，低等动物中也一定有思想，因为我们必须知道，事物的规律不会允许所有的灵魂都不受物质变化的影响，正义也不会允许一些思想被遗弃在躁动之中。因此，把灵魂赋予低等动物就足够了，特别是因为它们的身体不是为推理而生的，而是注定要发挥各种功能——蚕要吐丝，蜜蜂要酿蜜，而其他动物则要发挥其他功能，而宇宙正是通过这些功能才得以区分的。" 见 "A Specimen of Discoveries about Marvellous Secrets," in *Philosophical Writings* (London and Melbourne: Dent, 1984), 84.

25 在《道德形而上学》（《德性学说的形而上学第一原理》）中，康德指出，我们人类与其他动物的区别在于我们有能力为自己设定目的，而这只有理性存在者才有可能做到。见 *The Metaphysics of Morals* (Cambridge: Cambridge University Press, 1991), 381, 384-85, 392. 在康德看来，人类的道德能力与理性的基本属性直接相关。他在自然界中找不到道德的起源，因此否认动物是目的（道德）王国的一员。在康德看来，道德责任感是人类与生俱来的（但不是动物与生俱来的）："动物没有自我意识，只是作为达到目的的手段而存在。这个目的就是人。" 他接着说，"我们对动物的责任只是对人类的间接责任"。换句话说，康德认为人们不应该伤害动物，因为这样做会间接损害人性（人们可能会认为另一个人没有人性，从而容易做出其他残忍的行为）。见 "Duties to Animals," in *Animal Rights and Human Obligations*, ed. T. Regan and P. Singer (Englewood Cliffs, N.J.: Prentice-Hall, 1976), 122. 另见 I. Kant, "Duties to Animals and Spirits," in *Lectures in Ethics*, ed. L. Infield (New York: Harper and Row, 1963), 239-41.

26 弗里德里希·尼采（曾阻止一个人打他自己的马）在其开创性论文《论非道德意义上的真理与谎言》（1873 年）中写道："作为一个'理性'的存在，（人）现在将自己的行为置于抽象概念的控制之下。他不再容忍被突如其来的印象和直觉所迷惑。首先，他将所有这些印象普遍化为不那么多彩、冷酷的概念，这样他就可以将生活和行为的指导托付给这些概念。人区别于动物的一切，都取决于这种将知觉隐喻挥发在图式中的能力，从而将图像溶解为概念。" 见 "On Truth and Lies in a Nonmoral Sense," in *Philosophy and Truth*, ed. Daniel Breazeale (New York: Humanity, 1999), 84. 尼采在这篇文章中指出，我们所谓的"真理"不过是"一支由隐喻、转喻和拟人论组成的流动大军"。在他看来，人类经验中普遍存在着任意性：人们通常所说的"真理"不过是为了实用目的，特别是为了安全和一致性而发明的固定惯例。

27 布伯阐述了人类与非人类动物之间的"我-你"关系："人曾经'驯服'过动物，而且他现在仍然能够做到这一点。他把动物吸引到他的氛围中，让它们从本质上接受他这个陌生人，并对他做出回应。他常常赢得动物对他的接近、对他的方式的惊人的积极回应，而且，一般来说，这种回应更强烈、更直接，因为他的态度是真正的'你'。动物和孩子一样，很少能够看穿任何虚伪的温柔。但是，即使在驯养的领域之外，人与动物之间有时也会发生类似的接触——人的内心深处与动物有着潜在的合作关系，这种合作主要不是'动物'本性的人，而是那些本性是精神性的人。"见 I and Thou, 125.

28 为全面审视西方传统中对动物性的处理方法，也为更尊重地理解非人类动物做出哲学贡献，见 Elisabeth Fontenay, Le silence des betes (Paris: Fayard, 1998).

29 1990 年 9 月 14 日，美国国立卫生研究院的研究人员在四岁的阿桑蒂·德西尔瓦（Ashanthi DeSilva）身上实施了首个（已获批准的）基因治疗程序。阿桑蒂出生时就患有一种名为"严重联合免疫缺陷症"（SCID）的疾病，缺乏健康的免疫系统，很容易受到各种病菌的侵袭。在阿桑蒂的基因治疗过程中，医生在实验室中培育她自己的白细胞，将缺失的基因植入细胞中，然后将经过基因修饰的血细胞重新输入她的血液中。这种疗法强化了阿桑蒂的免疫系统，使她能够正常生活。但这种疗法并不是永久性的治愈方法，必须每隔几个月重复一次治疗过程。见 Ira H. Carmen, "Debates, Divisions, and Decisions: Recombinant DNA Advisory Committee (RAC) Authorization of the First Human Gene Transfer Experiments," American Journal of Human Genetics 50, no. 2 (1992): 245–60; T. Friedmann, "A Brief History of Gene Therapy," Nature Genetics 2, no. 2 (1992): 93–98.

30 1998 年 6 月，孟山都公司声称它的目标是养活全世界，参加粮食及农业组织（FAO）关于植物遗传资源国际承诺谈判的二十四位非洲代表对此进行了斥责，这是一个臭名昭著的案例。 见 Kenny Bruno, "Monsanto's Failing PR Strategy," in "The Monsanto Files," special issue, The Ecologist 28 (Sept.–Oct. 1998): 291.

31 见 Michel Foucault, "The Birth of Biopolitics," in Ethics: The Essential Works, vol. 1, ed. P. Rabinow (London: Penguin, 1997), 73–79. 福柯在《性史》第 1 卷末尾关于生命政治学的文章中提到了 18 世纪："毫无疑问，生物的存在反映在政治的存在中，是历史上的第一次；生命的事实不再是一种不可触及的基质，只是在死亡及其宿命的随机性中不时出现；它的一部分进入了知识的控制领域和权力的干预范围。"见 History of Sexuality (New York: Random House, 1981), 1:142.

32 我在此处使用"象征"一词的意义在于，艺术作品不仅仅是被视为其内在和独特属性的实体，也不仅仅是实现目标的实用方式，它还是（而且始终是）产生理解世界的手段。我使用这个词的部分原因是欧文·潘诺夫斯基（Erwin Panofsky）对恩斯特·卡西尔（Ernst Cassirer）的《符号形式的哲学》（Philosophy of Symbolic Forms，三卷本，1923—1929 年）的应用。见 Erwin Panofsky, Perspective as Symbolic Form (New York: Zone Books, 1991). 潘诺夫斯基说，透视是"一种'符号形式'，在这种形式中，'精神意义'被附着在具体的物质符号上，并被内在地赋予这个符号"（40-41）。

15 第八日（2001 年）

原载《第八日》(*The Eighth Day*)，展览画册（亚利桑那州立大学艺术研究所，坦佩，2001 年）。

《第八日》是一件转基因艺术作品，它探索了在全球范围内荧光生物发展的新生态。2001 年，我在美国亚利桑那州立大学坦佩分校的艺术研究所创作并展出了该作品。[1] 荧光生物在各个实验室中孤独存在着，但若它们集体出现，就可以构成一个新的合成生物发光系统的核心。这件作品将活体转基因生物和生物机器人置于直径四英尺的透明有机玻璃圆罩中（图 93），让我们得以看到这些生物共存于真实世界时的可能情景。

转基因生态学

当观众步入展厅时，他们会看到在黑暗背景中闪烁着蓝光的半球。这个半球是直径为四英尺的圆罩，内部蓝光闪烁。同时也能听到水流拍岸的声音，让人联想起从太空俯视地球的图像。水声既隐喻地球上的生物（蓝色球形图像强化了这一点），又和地上的水流影像投影产生共鸣。想要观看《第八日》的观众首先需要"步入水中"。

《第八日》展现了野生型（wild type）[①]生物形式以外的生物多样性。作为一个自给自足的人工生态系统（图 94），它与作品标题呼应，也就是将犹太教－基督教《圣经》中所描述的创世期增加了一日。《第八日》中所有的转基因生物都是通过克隆绿色荧光蛋白基因产生的。因此，所有生物都通过生物荧光表达了该基因，展厅的观众也能清晰地看到这些光。《第八日》中的转基因生物包括荧光绿色的植物、荧光绿色的阿米巴[②]（图 95）、荧光绿鱼（图 96）和荧光绿鼠（图 97）。[2]

有些人会认为《第八日》完全是关于未来的思辨性作品（关于假设的未来），但只要仔细研究当下的发展，他们就会发现科幻已然变为现实。《第八日》让我意识到，转基因生态学已经到来。[3] 转基因作物能经由跨区飞行的昆虫进行异花授

[①] 译者注：在分子生物学中，野生型是一个专用名词。基因分为野生型和突变型，野生型基因指自然界中占多数的等位基因。

[②] 阿米巴是一种单细胞生物，仅由一个细胞构成，可以根据需要改变体形，也称变形虫。

图 93（上）
爱德华多·卡茨，《第八日》，转基因艺术作品，2001 年。《第八日》研究了荧光生物在全球发展的新生态。当观众步入展厅时，他们会听到水冲刷海岸的声音，并看到透明有机玻璃圆顶下的转基因环境。地板上有"水流"的投影，观众必须"步入水中"才能体验《第八日》

图 94（下）
爱德华多·卡茨，《第八日》，转基因艺术作品，2001 年。这件作品将活体转基因生物和生物机器人并置，让人们得以看到这些生物共存于真实世界时的可能情景

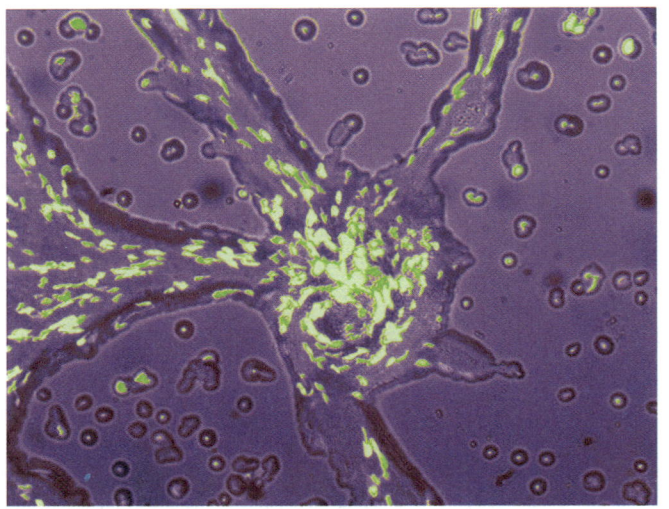

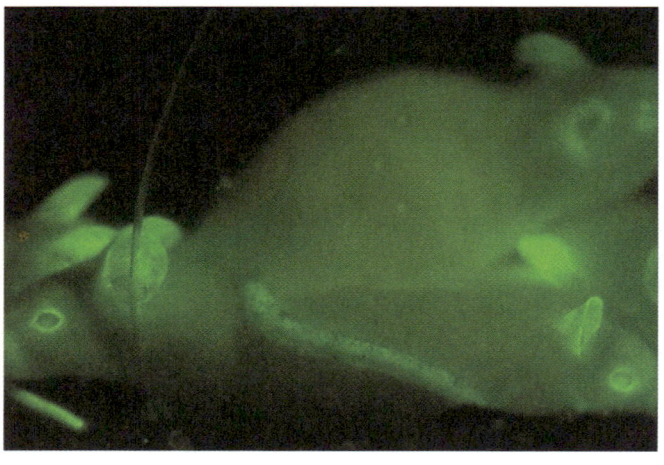

图 95（上）
爱德华多·卡茨,《第八日》，转基因艺术作品，2001 年。转基因阿米巴在蓝光照射下会发出绿色荧光

图 96（中）
爱德华多·卡茨,《第八日》，转基因艺术作品，2001 年。转基因鱼在蓝光照射下会发出绿色荧光

图 97（下）
爱德华多·卡茨,《第八日》，转基因艺术作品，2001 年。转基因小鼠在蓝光照射下会发出绿色荧光

粉,转基因动物将出现在全世界的农场,转基因鱼和转基因花则被不断研发出来,并出现在全球观赏市场中。多个国家正在开发作为疫苗的转基因水果,还有许多新品种的动物和蔬菜,例如有菠菜基因的猪、有蚕基因的葡萄、有蜜蜂和飞蛾基因的土豆等[4]。但在我们开车经过玉米地、穿上棉布衫或者喝豆奶时,并未意识到这种文化转变的复杂性。

《第八日》将这些情况进行戏剧化处理,把原本在实验室隔离培养,如今却为《第八日》特别挑选和饲养的生物们共置一处。《第八日》真正触及转基因进化的问题,因为选育和突变正是两大关键性进化驱动力。

转基因生物机器人学

生物机器人是体内含有能指导其行为的活性生物元素的机器人。为《第八日》而制作的生物机器人拥有荧光绿色的阿米巴[5]群落,作为其小脑(图98)。当阿米巴进行分裂或朝着特定方向移动时,机器人就会在封闭环境中表现出动态行为。

图 98
爱德华多·卡茨,《第八日》,转基因艺术作品,2001 年。生物机器人特写

机器人的躯体起到生物反应器的作用，能为阿米巴群落提供养分。生物机器人具有生物的形态，人们能从透明的生物反应器里看到"阿米巴小脑"。阿米巴在生物反应器中形成网络，这不再是个体行为，而是成为更大的多细胞生物个体对环境刺激做出反应。阿米巴网络、内部感应元件和计算机共同构成了生物机器人的神经系统。内部感应元件用于追踪阿米巴的运动，计算机则将这种运动转化为指令，来指挥机器人的腿部动作。生物机器人有六条腿。当阿米巴原虫向某条腿的方向移动时，这条腿会收缩，使得机器人朝这个方向倾斜。有时一条腿收缩而另一条则伸展回原来的位置，形成了一连串更为复杂的运动。上升、下降、倾斜、伸展，这些运动成为阿米巴行为的视觉标志。

生物机器人也是网络参与者在环境中的化身。网络参与者可以通过云台传动器来控制机器人的眼睛，这与生物机器人的躯体运动分属两个系统。自主性的上升、下降、倾斜、伸展运动为网络参与者提供了观察环境的新视角。生物机器人的整体感知行为是阿米巴微观网络与人类宏观网络的结合。人类和阿米巴在生物机器人体内"相遇"，对彼此的体验和行为产生影响，并通过连接产生了瞬时的"共识领域"。[6]

内部视角

展厅中的观众能从玻璃罩内部和外部，看到装有转基因生物的饲养箱。观众的视角是从外向内看的，而在线参与者则是从生物机器人的视角从内向外看，他们能感知到转基因环境（图99）以及在地观众的脸或身体。展厅中的联网计算

图99
爱德华多·卡茨，《第八日》，转基因作品，2001年。内部视角的网络界面

机也让在地观众真实感受到了远程参与者在互联网上的体验。

在地观众会短暂地自认为是观察圆罩中生物的唯一人类，进入网页后他们就会发现，远程观众也可以通过圆罩上方的摄像头进行俯视，来体验这一环境。远程观众可以平移、倾斜和缩放，近距离观看人类、老鼠、植物、鱼类和生物机器人。因此，从线上参与者的视角来看，在地观众也是作品中的生物群落的一部分，他们就像被包裹在网络球体（websphere）中一样。

《第八日》让观众以生物机器人的视角来体验圆罩中的环境，为观众创造了以第一人称视角反思转基因生态学意义的语境。

转基因人的境况

人类与转基因生物的有形化和象征性共存表明，人类和其他物种正以新的方式进行演化。它戏剧化地表现了开发新模式以理解这种变化的迫切需求，并呼唤人们对克隆、转基因和嵌合体等差异性进行审视。

人类基因组计划表明，所有人类的基因组序列都在漫长的演化历史中获得了来自病毒的基因片段。[7] 人类体内具有其他生物的 DNA，因此我们都是转基因人。在评判所有的转基因生物都是"怪异的"之前，人类应先进行内观来了解自己的"怪异性"（monstrosity），也就是他们自身的转基因境况。

人们普遍认为转基因不是"天然的"，这一看法是不正确的。认识到物种间的基因迁移是野生生物的一部分（无人类参与）非常重要，最典型的例子就是叫作"农杆菌"的微生物，它会进入植物的根部并融入自己的基因。农杆菌能将自己的 DNA 转入植物细胞，并整合到植物染色体中。[8]

《第八日》质疑了关于"天然"的浪漫主义观念，并承认人类在其他物种进化史中的作用（反之亦然），同时也带有敬意和谦卑地惊叹我们称之为"生命"的奇妙现象。

注释

1 《第八日》团队包含以下人员：理查德·乐福里斯（Richard Loveless）、丹·柯林斯、谢拉·布里顿（Sheilah Britton）、杰弗里（艾伦）·罗尔斯 [Jeffery (Alan) Rawls]、让·威尔逊-罗尔斯（Jean Wilson-Rawls）、芭芭拉·埃施巴赫（Barbara Eschbach）、朱莉娅·弗里德曼（Julia Friedman）、伊萨·戈登（Isa Gordon）、查尔斯·卡齐莱克、奥齐·基达内（Ozzie Kidane）、乔治·帕尔（George Pawl）、凯莉·菲利普斯（Kelly Phillips）、戴维·罗瑞格（David Lorig）、弗朗西斯·萨拉斯（Frances Salas）和詹姆斯·斯图尔特。此外，还要感谢多伦多塞缪尔·卢能菲尔德研究所（Samuel Lunenfeld Research Institute）的安德拉什·纳吉（Andras Nagy）、加州大学圣地亚哥分校的理查德·菲尔特尔（Richard Firtel）和盐湖城犹他大学的 Chi-Bin Chien。

2 必须指出的是，所有生物的健康状况都非常好，在展览期间和展览前后，它们的日常需求都得到了满足。

3 这种情况主要发生在美国，因为美国的许多农作物（如玉米、棉花、油菜籽和大豆）都是转基因的，而在世界其他地方，特别是阿根廷、加拿大和中国，此类情况也越来越多。2001年，美国健康自由协会指出，美国60%以上的加工食品含有转基因成分，包括烘焙混合料、软饮料、谷物、汤、食用油、沙拉酱、果汁、罐头食品、饼干、零食和婴儿食品。国际食品信息理事会的调查再次证实了这一数字。

4 这种新型猪是由日本国立基础生物学研究所教授村田纪夫（Norio Murata）负责协调的一个小组在日本创造的。参见 "Scientists Insert Spinach Gene into Pigs to Cut Fat," *Mainichi Shimbun*, Jan. 24, 2002. 佛罗里达大学发育生物学教授丹尼斯·格雷（Dennis Gray）领导的研究小组利用在蚕幼虫体内发现的基因培育出了能抵抗皮尔斯病的葡萄。2001年5月15日，美国专利商标局向佛罗里达大学和美国农业部联合颁发了这项技术的专利。开发带有蜜蜂和飞蛾基因的马铃薯是为了防治导致1845年爱尔兰马铃薯大饥荒的马铃薯疫病真菌。见 Milan Osusky et al., "Cationic Peptide Expression in Transgenic Potato Confers Broad-Spectrum Resistance to Phytopathogens," *Nature Biotechnology* 17 (Nov. 1, 1999): 45; Trisha Gura, "Engineering Protection for Plants," *Science* 291 (Mar. 16, 2001): 2070.

5 阿米巴（盘基网柄菌，*Dyctiostelium discoideum*）也是一种黏菌。

6 "共识领域"并不意味意见共识；相反，它所指共识是感知上的一致性。见第14章注释13。

7 见 T. A. Brown, *Genomes* (Oxford: Bios Scientific Publishers, 1999), 138; and David Baltimore, "Our Genome Unveiled," *Nature* 409 (2001): 814–16. 在私人电子邮件通信（2002年1月28日）中，柏林布赫马克斯·德尔布吕克中心基因组信息学部的延斯·赖希博士（Dr. Jens Reich）在谈到我们以前关于这个问题的谈话时说："对于这些大量（病毒）插入我们基因组（顺便说一句，看起来就像个垃圾桶）的解释通常是，在大约1000万到4000万年前（当时我们还是早期的类人猿），这些元素是通过逆转录病毒感染进入生殖细胞，随后分散到基因组中的。"人类基因组计划还表明，人类基因组中有数百个细菌基因。见 International Human Genome Sequencing Consortium, "Initial Sequencing and Analysis of the Human Genome" *Nature* 409 (Feb. 15, 2001): 860. 在细菌和脊椎动物中也存在的223个编码蛋白质的基因中，有113个基因被证实。见同期第903页。在上文提到的同一封信中，莱希博士总结道"似乎不只是人类，所有脊椎动物都是转基因的，因为它们从微生物中得到基因"。

8 这种天然具备的能力使基因修改版本的农杆菌成为分子生物学最受欢迎的工具。见 L. Herera-Estrella, "Transfer and Expression of Foreign Genes in Plants" (Ph.D. diss., Gent University, Belgium, 1983); P.J.J. Hooykaas and R. A. Shilperoort, "Agrobacterium and Plant Genetic Engineering," *Plant Molecular Biology* 19 (1992): 15-38.

16　第 36 步（2002 年）

原文载于卡茨的个人网站（2002）；见 http://www.ekac.org。

《第 36 步》(Move 36)¹ 提及的是 1997 年计算机"深蓝"（Deep Blue）对战世界象棋冠军卡斯帕罗夫时，所走的戏剧性一步。该比赛可被视为最伟大的"在世"棋手和最伟大的"不在世"[①]棋手之战。《第 36 步》（见图 100 和图 101）的装置揭示了人类心智的局限性，以及计算机、机器人和"非生命"存在的与日俱增的能力，它们正逐渐拥有与人类主观能动性相媲美的力量。

卡斯帕罗夫认为在第二局中"深蓝"的第 36 步是其关键一步。"深蓝"没有下出观众和评论员所预期的、即刻见效的一步，而是下出了更为微妙而观念性的、具有长远目光的一步。卡斯帕罗夫无法相信，一台机器能下出如此敏锐的一步。在他看来，自己已然输了。

在房间中央的装置，所呈现的是由泥土（深色方格）和白沙（浅色方格）组成的棋盘。棋盘上没有棋子。在"深蓝"下出第 36 步的棋格上有一株植物，它的基因组中被整合进我为作品特别创造的新基因。该基因使用 ASCII 码[②]（这是一种以罗马字母作为二进制数字的通用计算机编码，在线和离线均可使用），将笛卡尔的名言"我思故我在"（Cogito ergo sum）翻译为四个碱基。

经由基因改造后，植物的叶子出现卷曲，而这类植物在野生状态下的叶子是平展的。"笛卡尔基因"与导致植物卷曲突变的基因关联后，公众就能直接看到"笛卡尔基因"准确地表达在叶子卷曲的生长和缠绕之处。

"笛卡尔基因"是由我为作品特创的一套编码生成的。例如，在 8 位 ASCII 中，字母 c 是 01000011。因此，基因由如下的碱基和二进制数字的关联而创造：

A=00
C=01
G=10
T=11

① 译者注：此处作者指计算机深蓝是非人的计算机，没有所谓的生命和在世一说。

② 译者注：ASCII 是美国信息交换标准代码（American Standard Code for Information Interchange）的缩写。标准 ASCII 码也叫基础 ASCII 码，使用 7 位二进制数来表示 128 个字符，包括大写和小写字母，数字 0 到 9，标点符号，以及在美式英语中使用的特殊控制字符。

图 100
爱德华多·卡茨,《第 36 步》,
2002 年 4 月,包含植物和两个
循环数字影像的转基因艺术装
置,尺寸可变(细节)

由此产生了以下一段含有 52 个碱基的基因序列:

CAATCATTCACTCAGCCCCACATTCACCCCAGCACTCATTCCATCCCCCATC

我在创造这个基因时抱有一种批判和嘲讽的态度,因为笛卡尔曾将人类心智视为"机器中的幽灵"(他认为身体就是"机器")。而笛卡尔的理性主义哲学则为身心二分理论(笛卡尔二元论)和当下计算机技术的数学基础提供动力。

"笛卡尔基因"恰好位于人类输给机器的位置,显示了人类、被赋予类生命特质的非生命之物、编码数字信息的生物之间的含糊边界。一束光线精准照射在植物之上。方形的无声影像投射在两面相对着的墙上,为作品提供了上下文语境,让人联想到两位不在场的棋手。每个影像投影都由一系列小方格组成,就像一个棋盘。每个方格以不同的间隔循环播放着影像,创造出一个复杂而精心编排的动作线。观众对两块投影所呈现的多种视觉可能性的认知参与,巧妙地模拟了国际象棋比赛中多种路径在棋盘上的映射。

图 101

爱德华多·卡茨,《第 36 步》,2002 年 4 月,包含植物和两个循环数字影像的转基因艺术装置,尺寸可变(局部视图)

幽灵棋手对弈的棋局,植物发表的哲学宣言,探索真实生命和进化诗学的雕塑性过程,这个装置延续了我对于生物(人类、非人类动物)和非生物(机器、网络)之间边界的持续介入。《第 36 步》将传统观念逼入死局,揭示了自然是制造意识对抗的战场,而物理科学则是创作科学幻想的场所。

注释

1 《第 36 步》由旧金山探索博物馆（Exploratorium）委任制作，由美国国家艺术基金会资助，并得到了美国国家科学基金会和纽约创意资本基金会的额外资助。2004 年，《第 36 步》的展出情况如下：旧金山探索博物馆，2 月 26 日至 5 月 31 日；韩国光州双年展，9 月 10 日至 11 月 13 日；第二十六届巴西圣保罗双年展，9 月 25 日至 12 月 19 日。2005 年上半年，《第 36 步》在马德里 Conde Duque 文化中心（2005 年 1 月 18 日至 2 月 20 日）和西班牙加那利岛拉斯帕尔马斯加那利艺术与新技术中心（2005 年 6 月 23 日至 7 月 31 日）展出。

17 奇妙探索的秘密标本（2007 年）

最初发表于《爱德华多·卡茨》（*Eduardo Kac*）。西班牙巴伦西亚现代艺术学院（Instituto Valenciano de Arte Modern-IVAM），2007 年。展览画册。

《奇妙探索的秘密标本》（*Specimen of Secrecy about Marvelous Discoveries*）由一系列有关"群落生境"（biotopes）的作品所组成，这里的"群落生境"是指随着其内部的新陈代谢和外部的环境条件（包括展览空间的温度、相对湿度、空气流动和光照水平）而在展期内发生变化的活体作品。我的每个群落生境都是自给自足的生态，并在土、水和其他材料的媒介之中包含了成千上万个微小生物。我协调着这些多元的微生命的新陈代谢，产生出不断演变着的活体作品。

"群落生境"拓展了《第八日》等转基因作品所探索的生态和进化问题。与此同时，它也更好地发展了我这二十多年来的创作核心——对话式原则。

"群落生境"是一种离散的生态学，因为在它们的世界之中，微生物相互接触、相互支持（也就是说，一种生物的活动使另一种生物得以生长，反之亦然）。然而，它们也并非与外界全然隔绝：群落生境中的好氧生物也会从外界吸收氧气（而厌氧生物则舒适地迁移到空气无法到达的区域）。

随着作品的展开，一系列复杂的关系就出现了，它包含了群落生境里微生物间的内部对话性互动，以及群落生境作为独立单元与外部世界的互动。

群落生境是"游牧生态"，即在环游世界时与周围环境相互作用的生态系统。群落生境在每次迁移时，运输作品的行为就会导致其内部的微生物发生不可预测的重新分布（这是旅行途中自带的持续颠簸所致）。一旦到达目的地，群落生境就会通过内部迁移、新陈代谢交换和物质沉淀进行自我调节。群落生境在同一地点的长期停留会产生不同的行为，可能会形成沉积和颜色聚集的区域。

群落生境会受多种因素的影响，例如观众的存在，（温暖的身体）会让室内温度升高，并（通过呼吸、打喷嚏）在空气中释放其他微生物。

展览开幕之时就是特定群落生境的诞生之日。一旦展览开始，我就会让处于生命悬置状态的微生物重新活跃起来。此后，我便不再介入。作品会逐渐产生变化，每天、每周、每月都会发生变化。

当观众注视群落生境时，其所见之物可以说是一幅"图像"。的确，它似乎是由一整套视觉程序所制作而成的，如撕裂、模糊、划痕、扭曲、斜线、合成、涂写、色彩处理、污迹、划切、阴影、挖凿、缩放、刮擦、磨损、透明化、铭文和叠贴。然而，该"图像"总在不断演变为下一个状态，因此，与其说人们所感知到的"静止"是群落生境的内部物质属性，不如说是观察条件（人类感知的局限性、观众在展厅中的短暂存在）所造成的结果。不同时间的观众会看到不同的"图像"。鉴于"图像"的这种周期性，在特定时间看到的每个"图像"都只是作品演变过程中的一瞬，是群落生境的新陈代谢状态的快照，也是人类亲密关系的显微界面。

每个"群落生境"都在探索"生物时间"（biological time），即在活着的生物自身在整个生命周期中显现出来的时间（与绘画或摄影的凝固时间、电影或影像的蒙太奇时间或远程通信项目的真实时间相反）。

这个开放的过程让图像不断变化，照明条件和展览长度等因素也可能导致图像消失——直到循环重新开始。

当我将微生物和富含营养的介质融合，使其形成自给自足的整体后，群落生境就会开始循环。之后，我控制了微生物所接受的能量，使一部分微生物保持活跃，而另一部分则处于悬置生命状态。如此一来，观众可能会在短时内感知到静止的图像。然而，即使图像看似"静止"，作品也在不断演变中，并保持着物质上的变化。只有通过延时影像才能发现特定的群落生境在缓慢改变和进化过程中的转变。

仅从微观生物的角度来思考群落生境是非常有局限性的。我们可以用细胞来描述人，但人远远不止是细胞的集合体。人是整体，而非各部分的总和。我们不应将以特定方式描述生命实体的能力（例如，将其描述为由离散的部分组成的客体）与从现象学角度对该实体的描述混为一谈。群落生境是一个整体。它的存在和整体行为是新的实体，它既是艺术作品，又是新的生命体。它正是以这种生物不确定性的方式进行自我展示。群落生境是以一个整体来实施行为和获求满足的。群落生境需要光，偶尔也需要水。从这个意义上说，它是需要观众的照料而参与其中的艺术作品。它就像宠物陪伴人类，获得照料就能生出更多的色彩。它像植物一样，会对光线做出反应。它像机器一样，按照特定的反馈原理运行（例如，让它接触更多的热量，它就会生长得更快，但极冷或极热会减缓它的活动）。它像物体一样，可以装箱运输。它像具有外骨骼的动物，它是多细胞的，具有固定的身体结构，又很奇特。何为群落生境？正是多元的本体论境况（plural ontological condition）使其独一无二。

图 102
爱德华多·卡茨,《定理》(Theorem),群落生境,19 英寸 ×23 英寸(48.2 厘米 ×58.4 厘米),2006 年。私人收藏,里约热内卢。照片:卢克·巴塞洛缪·谭(Luke Bartholomew Tan)

图 103
爱德华多·卡茨,《拱点》(Apsides),群落生境,19 英寸 ×23 英寸(48.2 厘米 ×58.4 厘米),2006 年。瓦莱里奥·法拉利(Valerio Ferrari)收藏,巴黎。照片:卢克·巴塞洛缪·谭

图 104
爱德华多·卡茨,《洞察》(Clairvoyance),群落生境,19 英寸 ×23 英寸(48.2 厘米 ×58.4 厘米),2006 年。生态艺术公园(Parco Arte Vivente)当代艺术中心收藏,都灵。照片:卢克·巴塞洛缪·谭

图 105
爱德华多·卡茨,《奥德赛》(Odyssey),群落生境,19 英寸 ×23 英寸(48.2 厘米 ×58.4 厘米),2006 年。私人收藏,里约热内卢。照片:卢克·巴塞洛缪·谭

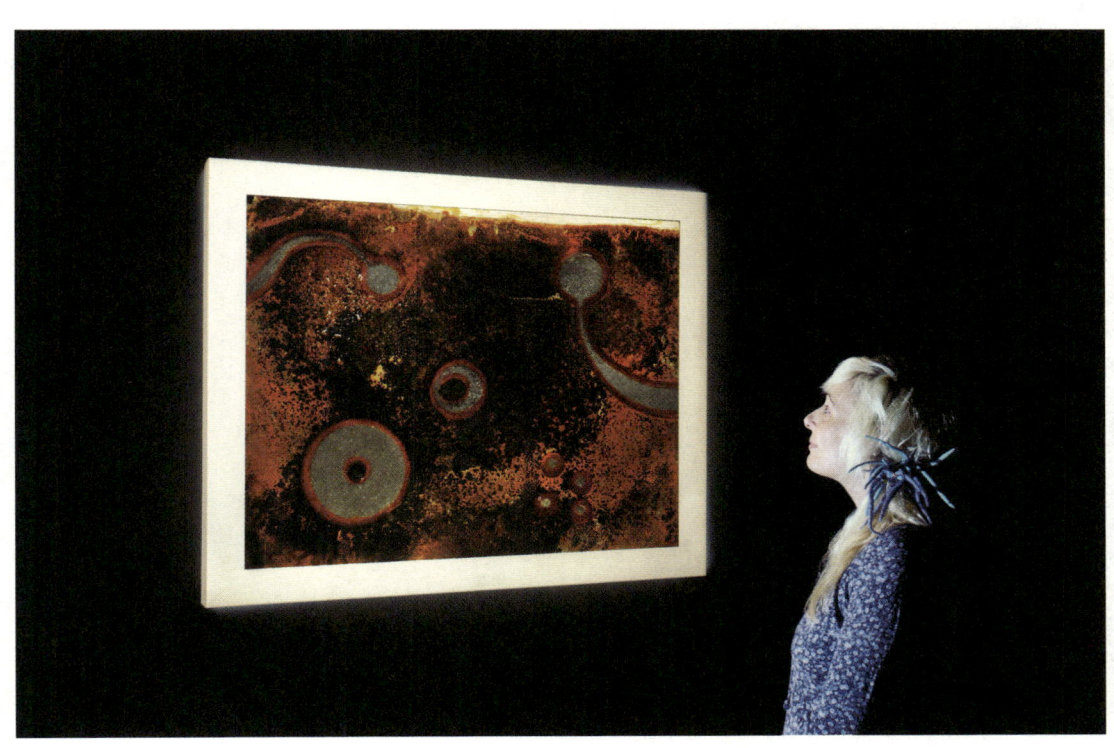

图 106
爱德华多·卡茨,《小玩意儿》(Doohickey),群落生境,46 英寸 ×37.4 英寸(117 厘米 ×95 厘米),2009 年。制作:法国勒弗雷斯诺伊国家当代艺术工作室。展览现场。照片:阿克塞尔·海斯(Axel Heise)。夏洛特画廊提供

18　谜之自然史（2009 年）

最初发表于：克里斯蒂娜·肖普夫和格弗里德·斯托克，《林茨电子艺术节 2009：人类本性》(*Ars Electronica 2009: Human Nature*)，奥斯特菲尔德恩，Hatje Cantz，2009 年。

图 107
爱德华多·卡茨，《谜之自然史》(*Natural History of the Enigma*)，转基因艺术作品，2003 年 8 月。爱杜尼亚是一种仅在花的红色脉络中表达艺术家 DNA 的动植融合体。照片：里克·斯费拉（Rik Sferra）

《谜之自然史》系列的核心作品是动植融合体（plantimal），也就是我所创造的一种新的生命形式——"爱杜尼亚"（Edunia）。这种基因改造的花卉是我（Eduardo）和矮牵牛花（Petunia）的混合体。"爱杜尼亚"的红色脉络中特定表达了我的 DNA。

《谜之自然史》于 2003 年至 2008 年间创作完成，2009 年 4 月 17 日至 6 月 21 日在明尼阿波利斯魏斯曼艺术博物馆[1]首次展出，还包含了雕塑、版画、摄影和其他作品。

这种新型花卉是我使用分子生物学创造并培育出的矮牵牛花品种。它不存在于自然界之中。"爱杜尼亚"的浅粉色花瓣上有红色的脉络，这些红色脉络的每个细胞中都表达了我的某种基因，也就是说，我的这种基因只在脉络中产生相应蛋白质[2]。该基因是从我的血液中分离出来并进行测序的。粉色花瓣衬托着红色脉络，让我联想到自己的粉白肤色。这种分子操作的结果是，花开之时有人类血液在花脉中奔流的生动形象。

我所选择的这一基因的功能是负责识别异物。而在这件作品中，我正是将这种识别和拒斥他者的基因融入他者之中，从而创造出（部分是花、部分是人的）新型自我。

《谜之自然史》是对不同物种间的生命连续性的反思。它以血液的红色和植物脉络的红色来标记我们在更广阔的生命谱系中所共享的遗产。我在这种新型花卉之中融合了人类 DNA 和植物 DNA，以戏剧化的视觉方式（用红色在花的脉络中表达人类 DNA）实现了不同物种间的生命连续性。

图 108
展览中的"爱杜尼亚"

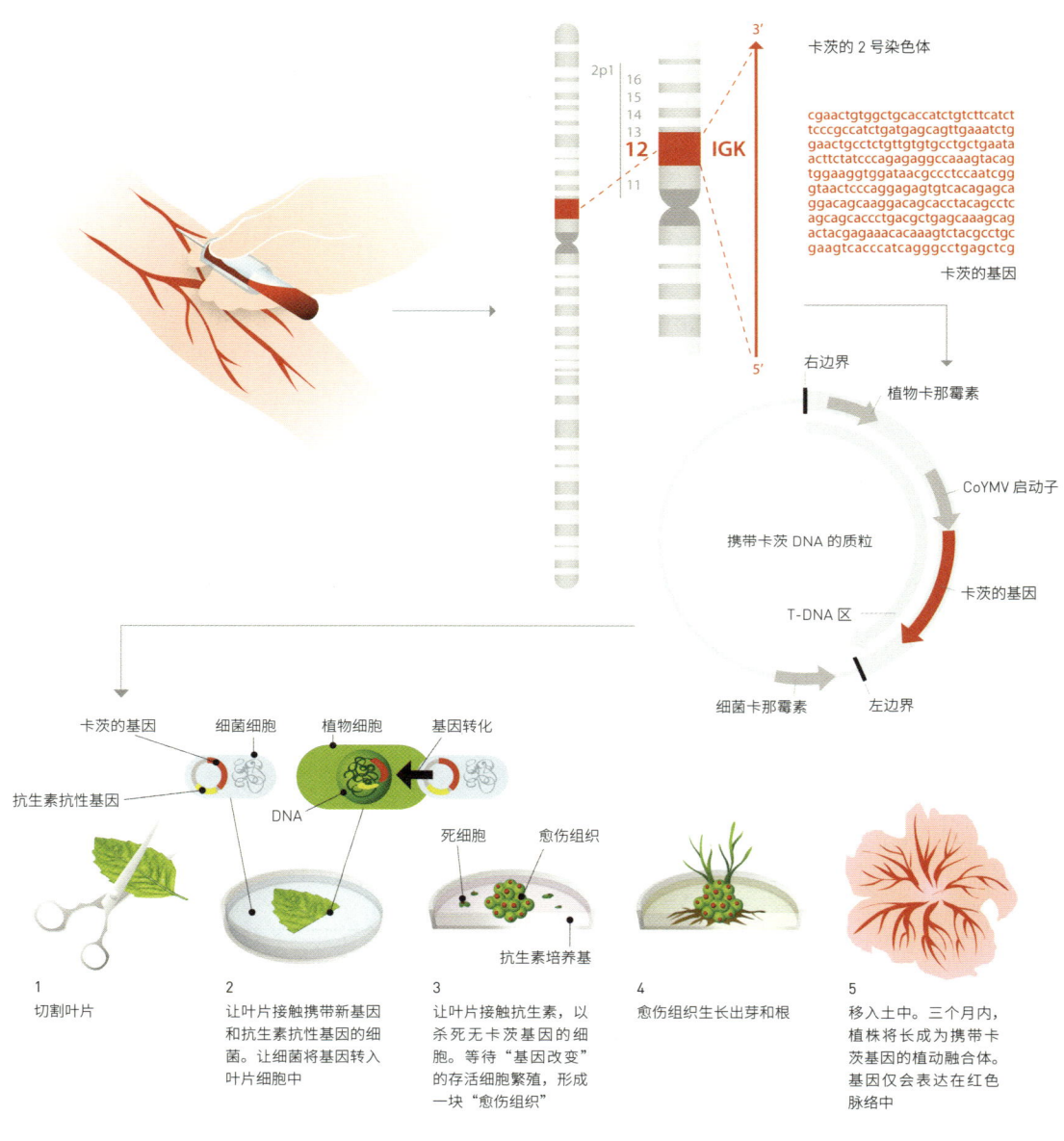

图 109
爱德华多·卡茨,《谜之自然史》的制作。在脉络中表达艺术家 DNA 的转基因花"爱杜尼亚"

这件作品给予公众惊奇之感，其对象就是我们称之为"生命"的这种最为奇妙的现象。大众很容易想到自己与类人猿和其他非人动物是如此接近，尤其是可以直接交流的动物（比如猫和狗）。但使人惊讶的是，我们与植物等生命形式也很接近。

我们会在艺术史中发现拟人化造型与植物造型之间具有充满想象力的联系（例如在阿尔钦博托的作品中①），哲学史和当代科学中也会出现这种（人类与植物之间的）平行关系。朱利安·奥弗雷·德拉梅特里（Julien Offray de La Mettrie，1709—1751 年）推进了由笛卡尔首次提出的概念，他在《人是植物》（L'Homme Plante，1748 年）中提出，"植物界和动物界之间的奇异类比使我发现，人和植物中最重要的部分是相同的"。人类基因组和十字花科植物基因组（拟南芥，发表于 2000 年 12 月 14 日的《自然》杂志）的初步测序则超越了人们的想象，将艺术家和哲学家的类比延伸至人类和植物细胞的最深处。以上两个例子都揭示了人类和植物基因序列之间的同源性。因此，《谜之自然史》的关键步骤发生在分子层面。它既是一种物理性的实现（即完全由艺术家创造的新生命），也是一种象征性的姿态（即花的存在本身唤起了人们的想法和情感）。

为了创作这件作品，我抽取了自己的血液样本，随后分离出属于免疫系统的基因序列——这个系统能够区分自我与非自我，即抵御外来分子、疾病、入侵者——任何非我的东西。更准确地说，我从自己的免疫球蛋白（IgG）轻链（可变区）中分离出了自己 DNA 的蛋白质编码序列。[3]

为了创造出一种能在其红色脉络中表达我自身基因的矮牵牛花，我制作了由自己的 DNA 和启动子所组成的嵌合基因，来引导红色只在花的维管系统中表达。而为了让血液相关 DNA 只在矮牵牛的红色脉络中表达，我使用了尼尔·奥谢夫斯基（Neil Olszewski）教授的 CoYMV（矮牵牛黄斑病毒）启动子，这种启动子只在植物脉络中驱动基因表达。奥尔谢夫斯基教授是明尼苏达州圣保罗市明尼苏达大学植物生物学系的教授。[4]

我的免疫球蛋白 DNA 已经整合到"爱杜尼亚"的染色体中。这意味着，"爱杜尼亚"的种子每次繁殖时，我的基因都会出现在新的花朵中。

名为《独一无二》（Singularis）的雕塑是《谜之自然史》组成部分之一，它的质地是三维玻璃纤维和金属，尺寸为 14 英尺 4 英寸（高）×20 英尺 4 英寸（长）×8 英尺 5 英寸（宽）。它将分子级别的微小尺度与大于真人的结构形成鲜明对比，同时也将生物体的瞬时性与大型雕塑的永恒性结合在一起。雕塑与花有直接的关系，因为其造型是对"爱杜尼亚"内在独特形式的放大。换句话说，雕塑源自创造花朵的分子过程。[5] 雕塑的这一混合性，揭示了我们与植物界中近亲的亲缘关系。

我利用三维成像和快速成型技术，对这种融合蛋白进行了可视化。我根据花朵

① 译者注：朱塞佩·阿尔钦博托（Giuseppe Arcimboldo，1527—1593 年）是意大利文艺复兴时期著名肖像画家，他的作品包括挂毯设计和彩色玻璃装饰设计，他的作品特点是用水果、蔬菜、花、书、鱼等各种物体来堆砌成人物的肖像。

的分子独特性创作了雕塑的视觉编排。在雕塑的创作语汇中，包含有机的弯曲、扭转、螺旋、折叠和所有生命共有的其他三维特征。雕塑是血红色的，这与作品的起始点（我的血液）和"爱杜尼亚"的脉络颜色有关。

考虑到"爱杜尼亚"在未来可能进行社会传播并到处种植，我制作了限量版的《爱杜尼亚种子包》，里面有真正的"爱杜尼亚"种子。在准备种子包时，我制作了一组六幅的石版画，名为《爱杜尼亚种子包研究》(Edunia Seed Pack Studies)。

《爱杜尼亚种子包》是含有"爱杜尼亚"种子的混合体。嵌入式磁铁能让种子包保持闭合，观众也能像翻书一样翻开种子包。除了种植注意事项外，我在种子包上提供了有关日照时长和开花期等文字信息。我还向观赏者直接介绍："爱杜

图110（左）
爱德华多·卡茨在浇灌"爱杜尼亚"。照片：里克·斯费拉

图111（右）
爱德华多·卡茨，《爱杜尼亚种子包#4》，带有"爱杜尼亚"种子和磁贴的手工纸制品，每件4英寸×8英寸（10.16厘米×20.32厘米），2009年。明尼阿波利斯魏斯曼艺术博物馆收藏

① 译者注：此处原文为 singular，可直译为单数，也可意译为独特的、独一无二的。

尼亚"是一种多花植物，能在花园中自由开花，耐候性强。它是一年生植物，能长到 10～14 英寸（25~30 厘米）高，开出 4 英寸大小的红色脉纹、波状瓣缘的花朵。它开花整齐度高且花期一致性好。

《谜之自然史》的完整系列还包含水彩画、石版画和一组六幅的摄影作品。在八幅双联水彩画《伟大的奥秘》（*Mysterium Magnum*）以及该系列的单幅作品中，我探索了一直感兴趣的主题：生命与交流之间密不可分的关系。这些水彩画游移于生物形态和符号系统之间。版画《终曲》（*Coda*）是 14 层石版画，我在作品中重新审视了"爱杜尼亚"的 PCR（聚合酶链反应），PCR 是通过视觉来确认"爱杜尼亚"转基因状况的基础步骤。该版画具有独特的发光质地，让人联想到 PCR 过程中的半透明光。摄影《动植混合体》（*Plantimal*）直接取材于 2009 年在明尼阿波利斯发芽的第一批"爱杜尼亚"。照片中的所有"爱杜尼亚"都是基因上完全相同的克隆体。但它们看起来却大相径庭。摄影《动植混合体》表达了我的如下想法：无论看起来多么相似的生命，在本质上都是不同的。所有生命都是单数（独一无二的）①。

图 112
爱德华多·卡茨，《终曲》，阿诗（Arches）88 版画纸上的 14 层石版画，（图像 2009 年，版画 2018 年），每幅 16.6 英寸 ×22.3 英寸（42.1 厘米 ×56.6 厘米），限量 30 幅，有签名和编号

18 谜之自然史（2009 年） 233

注释

1 展览包含了真实的"爱杜尼亚"、一套六幅的《爱杜尼亚种子包》石版画,以及限量版的《爱杜尼亚种子包》,里面装有真实的"爱杜尼亚"种子。

2 我使用的基因是从我的 2 号染色体中提取的 IgG 片段。免疫球蛋白 G (IgG) 是一种具有抗体功能的蛋白质。IgG 存在于血液和其他体液中,被免疫系统用来识别以及中和外来抗原。抗原是毒素或其他能引起机体免疫反应的外来物质,例如病毒、细菌和过敏原。更确切地说,我的 DNA 片段来自我的免疫球蛋白卡帕轻链(IGK)。在《谜之自然史》中,只在红色脉络中产生的融合蛋白是我的 IgG 片段与 GUS(一种酶,使我能够确认该基因在脉络中的表达)的融合。

3 我还要感谢博妮塔·L. 巴斯金(Bonita L. Baskin),在我进行这项工作时,她是明尼苏达州圣保罗市 Apptec 实验室服务公司的首席执行官。2004 年 5 月 13 日,我在 Apptec 实验室服务公司为《谜之自然史》抽血。

4 在尼尔·奥尔谢夫斯基教授的协助下,我通过检测与 IgG 序列融合的 GUS(β-葡糖醛酸糖苷酶)的活性,验证了我的 IgG 蛋白只在爱杜尼亚的脉络中产生。检测是通过染色技术实现的。

5 雕塑的造型是一种被创造的蛋白质,由人类的部分和植物的部分组成。人类的部分是我的 IgG 轻链(可变区)的一个片段。植物的部分来自矮牵牛的 ANTHOCYANIN1(AN1,花色素苷),它是花的红色素的来源。更确切地说,AN1 是一种转录因子,它控制着编码产生红色素的酶的基因。

19　密文——DIY 转基因试剂盒（2009 年）

最初发表于爱德华多·卡茨，《谜之自然史及其他作品》[*Histoire Naturelle de l'énigme&autres travaux*，巴黎，阿尔·但丁（Al Dante）出版社，2009 年]。

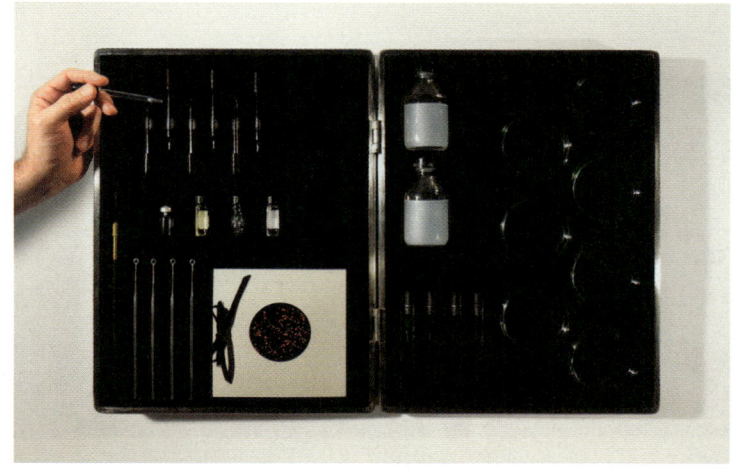

图 113
爱德华多·卡茨，《密文》（*Cypher*），DIY 转基因试剂盒，包含培养皿、琼脂、营养液、接种环、移液管、试管、合成 DNA、小册子，13 英寸 × 17 英寸（33 厘米 × 43 厘米），2009 年。展览现场。照片：贝托·费利西奥（Beto Felicio）。由里约热内卢 Oi Futuro 画廊提供

《密文》是一件融合了雕塑、艺术家书和 DIY 转基因试剂盒的艺术作品。作品尺寸约为 13 英寸×17 英寸（33 厘米×43 厘米），被置于不锈钢手提箱中。从手提箱中取出试剂盒后，它可以像书籍一样对半打开，试剂盒也是不锈钢材质的。观众/用户会看到一个便携式的微型实验室。试剂盒内有培养皿、琼脂、营养剂、接种环、移液管、试管、合成 DNA（其基因序列中编码了我特意为这件作品而写的诗歌），以及介绍转化[①]步骤的流程手册——每样东西都放在独立的小格中。2009 年，《密文》在法国鲁耶的 Rurart 当代艺术中心首次展出。

当观众/读者/用户按照流程将合成 DNA 整合到细菌（"转化"）时，作品就会真正地拥有生命。细菌（通常是浅白色）之后会发出红光，出现这种转基因的视觉标记意味着作品现在是有生命的。细菌分裂会产生两个相同的克隆细胞。转化之后，诗歌将会完全融入细菌的细胞机制，并出现在新复制出的每个细菌中。

① 译者注：转化（transformation）是某一基因型的细胞从周围介质中吸收来自另一基因型的细胞的 DNA 而使它的基因型和表现型发生相应变化的现象。

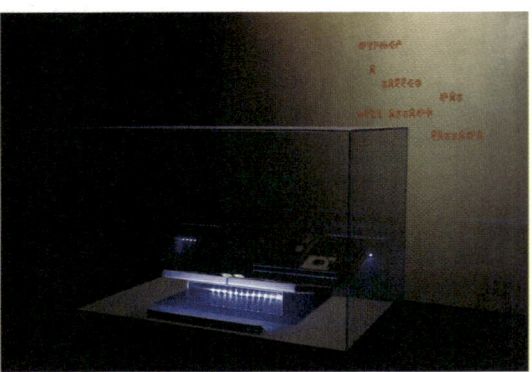

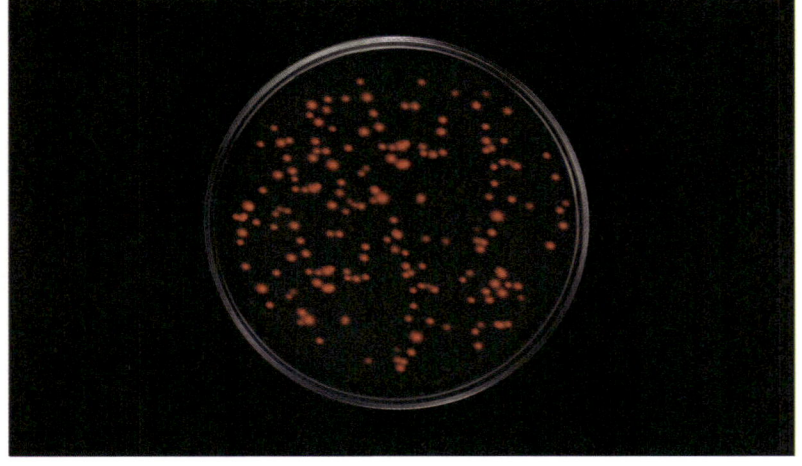

图 114（上）
"爱德华多·卡茨 – 兔形文字、群落生境和转基因作品"（*Eduardo Kac - Lagoglyphs*, *Biotopes and Transgenic Works*）个展中的《密文》，巴西里约热内卢 Oi Futuro 画廊（2010 年 1 月 25 日至 3 月 7 日）

图 115（下）
参与者按照试剂盒中所提供的程序操作后，细菌就会发出红光

《密文》将雕塑和艺术家书进行了视觉上的结合：一个三维的金属物件（内衬天鹅绒，使用工业技术以手工完成，并辅以玻璃物）最初被当作书籍打开后，却呈现出一个流动实验室。《密文》中最为关键的诗意态度是将艺术作品真正意义上的生命决定权交付给观众。

《密文》中的合成 DNA 基因序列中编码了我特意为作品所创作的诗歌。两个或三个碱基的 DNA 短序列代码取代了诗歌中的字母。诗歌《密文》由代表腺嘌呤、胞嘧啶、鸟嘌呤和胸腺嘧啶（即 A、C、G 和 T）四种遗传碱基的四个字母高频次地组成。其余字母则由四个辅音和两个元音组成：这额外的六个字母经过精心挑选，形成了"代码中的代码"，与诗歌字面上的神秘含义形成语义学对位。这一过程使得诗歌与代码相辅相成，完全融为一体。两者都包含在盒中的流程手册，因此观众可以按照步骤，在赋予诗歌生命的同时探索这种关系。其标题则体现了符号与所指物（referent）之间字谜般的关系，而这种关系本身也是作品的一部分。

《密文》是以邀请函形式呈现的作品，它呼唤人们参与到一套融合了艺术与诗歌、生命与技术、阅读/观看与感官参与的程序之中。雕塑物与书籍的关系，因刻在套盒的书脊和"封面"（试剂盒的正面）的作品名而得到强化。这件作品可以放置在书架上，并且清晰可辨。观众在打开作品后，会发现一套完整的转基因试剂盒。诗歌的"阅读"是通过将所提供的合成 DNA 转化到大肠杆菌而实现的。这种阅读行为是程序性的。参与者依照所述步骤，创造出一种新的生命——它既是真实的，又是诗意的。

图 116
2009 年，爱德华多·卡茨在芝加哥大学分子遗传学和细胞生物学系的格里克实验室中创作《密文》。照片：Wonbin Yang

20 荧光绿兔 20 年（2020 年）

从 2000 年到 2020 年的二十年间，我的作品《荧光绿兔》由争议的中心成为流行文化的标志。《荧光绿兔》的核心部分是我委托法国 INRA[1] 实验室所创造的荧光兔"阿尔巴"。从论战到流行的巨大转变充分体现出世界本身的变化，尤其是围绕分子生物学的文化知觉所产生的变化。即使是专业观众，一开始也会难以理解生物艺术是当代艺术的一种新形式。要让公众认识到他们从未认知过的事物——生物艺术独特的美学原则——对他们来说是个挑战。从战争到农业制药对环境的影响，从彼时到现在，人们仍对生物技术的邪恶用途有诸多的反对和忧虑；然而，2019 年 12 月暴发的全球疫情将数十亿人的希望投射到对疫苗的寻找中，又将分子生物学拯救生命的角色推向了风口浪尖。全球对生物技术的多义性认识显然也在这二十年里不断发展着。如今，生物艺术在国际上广泛展出，被世界各地的机构收藏。生物艺术的成就在大量书籍、论文、会议和专题论坛都被频繁讨论着。

没有一种媒介或工艺始终是某个团体的专利，任何工具都能以不同的方式被使用。例如，摄影是由一位艺术家［达盖尔（Doguerre），1839 年］所完善并首次公布于世的，随后被科学家们使用，并成为几乎所有科学学科的虚拟基础研究工具。这些至今未变。然而，我所关注的根本变化是将艺术作品从"怪物"转化为媒体明星的文化动力。2000 年，当《荧光绿兔》首次成为国际头条时，艺术作家兼社会评论家卡罗尔·贝克尔（Carol Becker）在当时的热议中反思了创造新生命并将其带到世界上的艺术家所占据的多重主体地位：

> 艺术家在此处承担了教育者、研究者、科学家、社会批评家、发明家和生命共同创造者的角色。他作为艺术家的努力，不再是审问自己的"混合性"，以提出自己的"能动性"，而是真正参与到创造在视觉上和基因上全新的转基因生物，随后关注她与社会的融合、她的能动性、个体性以及被指定为"他者"的可能性。在"后人类"的宇宙中，人类似乎不仅仅是与机器融合，让机器来决定其命运，让机器来决定自己成为何种程度的人类，而是不再沦为自然的牺牲品，转而成为所有其他存在物和"有待想象的物种"的编排者、策划者和程序员。（Becker，2000）

经由分子生物学来创造新生命，确实与 38 亿年的进化压力背道而驰，然而正是这些进化压力引导生物所走过的随机性路径，才造就了我们所熟知的生命。同时，从分子生物学创造新生命的角度来看，艺术家恰恰也是这些随机性因素之一。在千禧年之交，21 世纪的新物质现实让"生命"不再是"偶发"的，而是由我们创造的——换句话说，我们对生命可塑性的新认识——让一些人感到不安。[2] 许多人对荧光哺乳动物的出生感到震惊，认为阿尔巴是异类。艺术评论家丹尼斯·特鲁塞尔（Denys Trussell）对此进行了强烈谴责："20 世纪曾有过伟大的艺术宣言，但这些宣言并不是由卡茨、沃霍尔和赫斯特等深陷消费社会的人所提出的。它们是由具有真正天赋和伟大人格的艺术家创作的，如俄罗斯作曲家德米特里·肖斯塔科维奇（Dmitri Shostakovich）、他的同胞诗人安娜·阿赫玛托娃（Anna Akhamatova），或史诗《马丘比丘高地》（Heights of Macchu Picchu）的作者——不屈的智利人巴勃罗·聂鲁达（Pablo Neruda）。"（Trussell，2001）然而，阿尔巴的评论者也并非全是诋毁者。2003 年，策展人兼理论家延斯·豪瑟（Jens Hauser）抓取了特鲁塞尔所忽略的《荧光绿兔》的政治维度及其全球性的影响力，认为阿尔巴已获得了"生物艺术界的切·格瓦拉"这一标志性价值（Hauser，2003）。

特鲁塞尔等评论家更喜欢传统形式下的渐进式主题曲目。而我认为这种认知不一致性适得其反。我会提名智利的创造性诗人维多夫罗（Huidobro），而非特鲁塞尔所说的聂鲁达；论及阿赫玛托娃之外的俄罗斯诗歌时，我会选择赫列布尼科夫（Khlebnikov）、马雅可夫斯基（Mayakovski）、卡缅斯基（Kamensky）和格涅多夫（Gnedov）这些不妥协的实验性诗人。但是，传统主义并非只属于保守的艺术评论家，科学作家中也会出现此类人等。杰里米·马尼尔（Jeremy Manier）当时是《芝加哥论坛报》（Chicago Tribune）的科学记者，他在 2000 年撰写文章认为当代艺术家应该表现出的正是克制时，而对自己没有进行任何克制。马尼尔自诩为"道义论者"（deontological），他武断地认定某些生命形式（这里指的是兔子阿尔巴）不应享有生存权。他将文章取名为《让兔子发光。这只基因改造兔是艺术还是憎恶之物？》（Making the Bunny Glow. Is This Genetically Altered Rabbit Art or an Abomination?），他天真地延续着让跨国公司和华尔街欢欣鼓舞的元叙事："这些作品应该造福人类——也许不是眼前，但在将来总有一天——或者至少丰富人类的知识库"。他无意中揭示了许多读者们使人遗憾的想法：艺术既未造福人类，也未丰富人类的知识。我并不同意这些观点，而且这只是我一个人这么想。值得称赞的是，马尼尔在文章中引用了惠特尼美国艺术博物馆策展人克里斯蒂安妮·保罗的话："卡茨的方式让人想起文艺复兴时期的艺术家，如拉斐尔和达·芬奇，他们对于科学的普遍规律和艺术的普遍真理同等着迷"。（Manier，2000）

当时公众的另一个争议点是担心家养动物从此会被随意进行基因改造，但事实证明这种担心是错误的。2002 年 3 月，《美国新闻与世界报道》（U.S. News

& World Report)杂志发表了一篇意味深长的文章，概括了围绕该话题的时代思潮。封面故事以《设计宠物》为标题，相当具有戏剧性。科学作家兼资深编辑内尔·博伊斯（Nell Boyce）对蔓延着的恐惧情绪提出了反驳："但是一旦人们凝视阿尔巴的绿色眼睛时，她就不再是科学怪兔，而是可爱的小兔子。"（Boyce, 2002）同样是在2002年，艺术评论家兼策展人史蒂文·亨利·马多夫（Steven Henry Madoff，现任纽约视觉艺术学院策展实践硕士课程主席）在《纽约时报》明确指出《荧光绿兔》有着更崇高的目标："卡茨先生和巴黎的遗传学家团队使用绿色荧光蛋白创造了这只荧光兔，是为了更深远的目的，是为了研究转基因生物、物种杂交特征，是为了攻克人类基因组和其他生物基因组图谱时将会到来的预示。"（Madoff, 2002）

随着《荧光绿兔》的影响遍及全球，创意作家们开始把阿尔巴转变成其小说中的角色。最先开始的是法国作家奥利维耶·卡迪奥（Olivier Cadiot），他的小说《挚爱者永恒且长久的回归》（*Retour définitif et durable de l'être aimé*，2001年，图117）开篇就是在乡间奔跑的荧光兔。该书在2008年伽利玛（Gallimard）版本的封面就是阿尔巴（Cadiot, 2001）。2003年，玛格丽特·阿特伍德（Margaret Atwood）首次出版的《羚羊与秧鸡》（*Oryx and Crake*，图118）中所诠释的阿尔巴，则为更多的读者所熟知。英国版精装本的封面下方印有发光的兔子（Atwood, 2003）。2003年，《芝加哥论坛报》的记者在阿特伍德到访芝加哥领奖并宣传新书时参加了她的讲座，目睹了她在演讲时的文采飞扬。玛格丽特·阿特伍德的新书《羚羊与秧鸡》描述了动物和人类都被改造基因的世界。为了让图书馆礼堂里拥挤站立的500名观众不觉得那个世界遥不可及，她指出书中的荧光绿兔在现实生活中也有亲属。她说："有人想向魔术帽要一只发光的兔子，科学家们答应了。"[3] 迈克尔·克莱顿（Michael Crichton）在小说《喀迈拉的世界》（*Next*）①中也效仿了这一做法，并在德文版的封面上使用了这只兔子。不过与之前不同的是，他既介绍了阿尔巴的真实信息，也将其写入之后的科技惊悚小说的虚构段落之中。他在后者中写道："一位法国艺术家通过植入萤火虫或其他动物的发光基因，创造了发光的兔子。还有一些艺术家改变动物皮毛的颜色，使其呈现彩虹色调，并让可爱的小狗头上长出豪猪毛。这些艺术作品激起了强烈的情感。"（Crichton, 2006）[4] 学者杰弗里·J.科恩（Jeffrey J. Cohen）对此表示赞同，他问道"荧光兔是异类吗？"（Cohen, 2007）

在21世纪的第一个十年中，关于《荧光绿兔》的两极化争论与阿尔巴的第一批文学创作同步发生着。这就是对阿尔巴诞生的接受状况。然而，事情在2008年出现了转机，我在创造《荧光绿兔》时所采用的技术——绿色荧光蛋白——获得了诺贝尔奖。当我所使用的媒介获得了科学研究所授予的最高国际荣誉后，关于我的作品可能会对兔子本身产生哪怕一丁点负面影响的错误印象（不明真相的反对者曾使用过该论点）都被彻底消除了。《纽约时报》在一篇关于诺贝尔奖的文章中指出，"这种蛋白质甚至进入了艺术界"，并提醒读者"（卡茨）

① 译者注：2008年的中文版译为《喀迈拉的世界》。

图 117（左）

奥利维耶·卡迪奥所著《挚爱者永恒且长久的回归》一书的封面，2008 年由伽利玛出版（对开本丛书）。该书封面是阿尔巴发光的唯一一张照片

图 118（右）

玛格丽特·阿特伍德所著《羚羊与秧鸡》一书的封面，该书于 2003 年由布鲁斯伯里出版社出版，封面上有数只荧光兔

委托法国的实验室使用绿色荧光蛋白的基因，改造出了一只名叫阿尔巴的荧光绿兔"［张庆宏（Chang），2008 年］。这篇文章呼应了科学家马丁·查尔菲（Martin Chalfie）对我作品的肯定，而他正是因为绿色荧光蛋白获得了 2008 年诺贝尔奖。他在瑞典科学院的公开演讲中播放了阿尔巴的发光图像，并将同一图像放入《2008 年诺贝尔奖》中的文章（Chalfie, 2009）。2011 年，尤瓦尔·诺亚·赫拉利（Yuval Noah Harari）首次出版了《人类简史》（*A Brief History of Humankind*）一书（Harari, 2015），该书已被翻译成 40 多种语言，成为全球畅销书。书中回顾了人类的历史，从大约 7 万年前出现了智人所特有的新认知能力，一直写到 21 世纪。在这部长达 464 页并浓缩了如此复杂历史的书中，作者用了一页半的篇幅介绍了《荧光绿兔》，并思考了进化的未来。

自 1998 年首次发表"转基因艺术"宣言（Kac, 1998）以来，我一直所说的话似乎终于在 2008 年之后被接受，随之而来的是普及生物艺术的大量举措。如今，不仅每个人都了解《荧光绿兔》的扎实科学基础，阿尔巴的虚构来生也从书本进入电视和电影之中。特别值得一提的是 2012 年 1 月 8 日，在 BBC One 首播的《神探夏洛克》（*Sherlock*）第 2 季第 2 集《巴斯克维尔的猎犬》，可以说是这位虚构侦探最著名的案件，图 119）中，九岁的克尔斯蒂·斯特普尔顿（Kirsty Stapleton）提出了关于她的"消失的夜光兔"蓝铃（Bluebell）的案件，夏洛克也参与其中。本集的编剧马克·加蒂斯（Mark Gatiss）在谈及这条兔类副线时这样说道："之后是一个关于兔子的荒唐故事！但这也是事实！我在研究中发现，一位科学家和一位艺术家合作使兔子在黑暗中发光——只是为了好玩！"（Gatiss, 2012）加蒂斯使用了和真实兔子相同的辅音，为他虚构的

发光兔命名，以此向阿尔巴致敬。但他显然低估了这一副线的潜在影响力，一经播出它就受到了儿童、青少年和年轻人的追捧，在 Instagram、DeviantArt、Reddit、Tumblr、Pinterest 和 Redbubble 等平台上出现了大量的"蓝铃"网络粉丝。由于 BBC 没有对"蓝铃"的形象进行商业开发，其他供应商就抓住了这一机会，到 2020 年仍在继续提供各种印有"蓝铃"形象的产品，包括 T 恤、马克杯、抱枕、海报、编织图案、贴纸、婴儿连体服、iPhone 手机壳，以及几乎任何可以印上该形象的东西。

同样是在 2012 年，《生活大爆炸》(The Big Bang Theory)也对阿尔巴进行了改编，语境和手法却大相径庭。2012 年 11 月 15 日在 CBS 首播的第 6 季第 8 集中，主人公谢尔顿（Sheldon）在第一个场景中短暂地穿了双螺旋 T 恤。在随后的几乎整集中，他都穿着以机器人为主题的 T 恤。但这不是普通的机器人。在剧集开始约 4 分钟时，出现了以下对话：

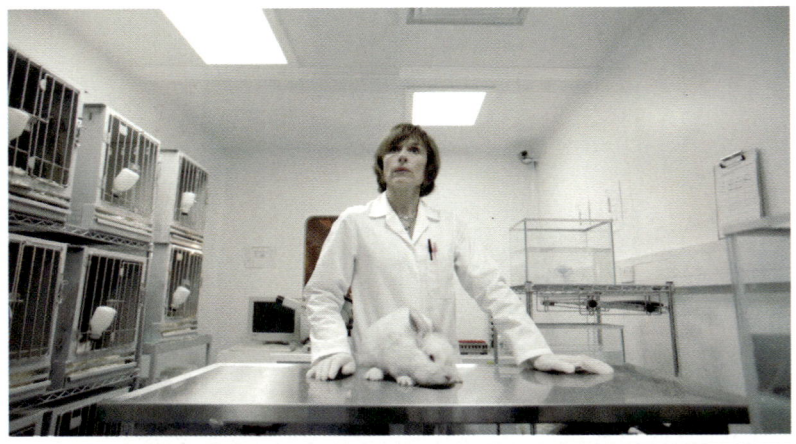

图 119
2012 年 1 月 8 日 BBC One 首播的《神探夏洛克》第 2 季第 2 集《巴斯克维尔的猎犬》中的镜头，呈现在黑暗中发光的兔子

场　景：谢尔顿办公室外的走廊。

霍华德：2 点 44 分，分秒不差。嘿，谢尔顿。

谢尔顿：哦，你们好。

霍华德：拉吉和我要去遗传学实验室，摸摸夜光小兔子。想和我们一起去吗？

谢尔顿：不用了，谢谢。

拉　吉：你确定吗？关上实验室灯光，那就是小型激光秀呢，差别只是它们会到处拉屎。

谢尔顿：我确定。先走啦。

霍华德：好吧，你要去哪啊？

谢尔顿：你们要去哪啊？

拉　吉：我们刚告诉你了啊。

谢尔顿：我也才刚告诉你们。

霍华德：你压根没说。

谢尔顿：公说公有理，婆说婆有理。法庭见吧。

霍华德：我们要跟踪他吗？

拉　吉：我不知道，我好纠结啊。既想知道他要去哪儿，但现在我又有点想和小兔子玩了。

谢尔顿 T 恤上的机器人，就是我在 1986 年的远程呈现艺术作品《RC 机器人》中所使用的机器人，这在我的网站和本书中都有记载，本书的封面就是阿尔巴（Kac，2005）。场景中的对话提及阿尔巴的虚构替身，而谢尔顿的衬衫则暗指我的远程呈现作品，这两个元素的结合就是本书的书名：《远程呈现和生物艺术》。这件 T 恤不是商业产品，而是专门为这一集特制的。节目制作人也没有联系我获得许可，本着良好的合作精神，我决定以自己的方式向他们传递信息。2015 年，当我受邀在维也纳进行生物艺术的 TED 演讲时，我在演讲中嵌入了一个微表演来回应该剧的编剧和制作人。我精确复制了印有远程机器人的谢尔顿 T 恤，并穿去演讲。演讲是现场直播的，可以在 YouTube 上观看。由于这件 T 恤无法在任何地方购买到，如果他们在 YouTube 上观看我的演讲，就会知道我知道了。这是一个奇思妙想的方式，通过返回信号（在直播中穿的同一件衬衫）打开彼此的沟通渠道，就如同他们给我发来一条信息，而我也通过镜像回馈确认收到了这条信息。作为广泛接触传播媒介的艺术家，上述的异步对话式互动体现了我对非语言交流和转换的兴趣。在《生活大爆炸》中，阿尔巴的虚构相关物只是被提及但未被直观呈现，而在动画连续剧《辛普森一家》（The Simpsons）的第 26 季第 6 集确实出现了发光的小兔子。按照经典动画片标志性的奇幻情节，发光兔子变成了巴特·辛普森（Bart Simpson）生物——可以说是长得像巴特的绿色双足动物。本集与科幻情景剧动画《飞出个未来》（Futurama）有交集，名为《辛普森景象》（Simpsorama，图 120）[①]，最初于 2014 年 11 月 9 日在福克斯电视台播出。如果你从未看过《辛普森一家》或《傻

① 译者注：Futurama 是 Future（未来）和 Panorama（全景）的组合。因此 Simpsorama 可译为《辛普森景象》。

图 120
2014 年播出的《辛普森一家》中的一集《辛普森景象》中的画面,展示了发光的兔子

豆》(*Les Shadoks*),就最好不要寻求对该剧关联和典故的合理解释,而只需享受它的无厘头。在《辛普森一家》的同名游戏(一款免费的 iOS 和安卓手机游戏)中,用户可以创造并维护自己版本的春田镇(Springfield),并可以将变种兔(白色)变成巴特·辛普森生物(绿色)。[5]

夜光兔子在《蓝精灵:失落的村庄》(*Smurfs: The Lost Village*,图 121)中更为引人注目,这是索尼影业公司于 2017 年发行的一部计算机动画电影(Asbury, 2017)。蓝精灵 [Les Schtroumpfs,由比利时漫画家佩约(Peyo)创造]是生活在蓝精灵村的精灵类生物。《蓝精灵:失落的村庄》的情节主要围绕他们要先于格格巫找到神秘村庄的过程展开。他们使用特殊的地图在禁林中寻找道路,同时经历了几次冒险。其中一次冒险是他们在逃出洞穴迷宫时,看到了发光的兔群,并骑着它们一路逃了出去,其中一只荧光兔还陪伴他们走了一段路。用影片导演凯利·阿斯伯里(Kelly Asbury)的话说,"我们的编剧帕姆·里邦(Pam Ribon)想到让蓝精灵遇上发光的兔子。我们就从这里开始。这直接来自她的剧本"。(Lesnick, 2017)早在《蓝精灵:失落的村庄》之前,阿尔巴就已在儿童文学作品中多次出现,如 2007 年托德·斯特拉瑟(Todd Strasser)的《你的枕套里有夜光兔子吗》(*Is That a Glow-In-The-Dark Bunny in Your Pillowcase?*)[6](Strasser, 2007)和盖尔·阿布洛(Gail Ablow)于同年出版的《房子里的马》(*A Horse in the House*)[7](Ablow, 2007)。BBC 没有对蓝铃这一角色进行商业开发,而蓝精灵则催生了一系列以发光兔子为主题的产品,有塑料玩具和毛绒玩具、读本、涂色和活动书籍、视频、储存设备和棋盘游戏等(图 122)。

在 21 世纪的前 20 年中,《荧光绿兔》引发了广泛讨论,并最终被其他创意人士所吸纳后将阿尔巴变形为自身叙事中的元素。2003 年,我制作了纪录短片《荧光绿兔》,并在其中传达了当时争论的基调。[8] 2018 年,我又制作了一

图 121（上）
计算机动画电影《蓝精灵：失落的村庄》中的画面，2017 年，以荧光兔为主角

图 122（下）
蓝精灵的《发光兔》电子游戏截图，2017 年

部更长的视频，名为《荧光绿兔：一只爆红兔子的故事》（GFP Bunny: Tales of a Rabbit Gone Viral）①，重点关注作品的创意性接受的情况，并在我的个展中首映。《……兔子流行了！》（... and the bunny goes POP!）也于同年在伦敦实施。⁹ 这两个影像可被视为本文的视听对应篇，因为它们简述了《荧光绿兔》被接受的历史。上述视频或文字评估也只是一部分，当更新的电影和电视改编作品在全球上映时，它们将继续扩展。玛格丽特·阿特伍德的"疯癫亚当三部曲"将从《羚羊与秧鸡》开始，被派拉蒙改编成电视。电影制作人雷德利·斯科特（代表作《银翼杀手》《异形》）和奥斯卡获奖纪录片导演阿西夫·卡帕迪亚（Asif Kapadia，代表作《艾米》《塞纳》）也将把《人类简史》改编成电影。2002 年，艺术评论家兼策展人朱迪卡尔·拉夫拉多（Judicaël Lavrador）为巴黎杂志《美术》（Beaux Arts）撰文，称"爱德华多·卡茨的荧光兔之于生物艺术，就像玛丽莲·梦露之于流行艺术：是一种图像标志（icon）"。（Lavrador, 2002）。从那时起，阿尔巴就成了集体无意识的一部分，她的替身在读者和观众的心目中占据了一席之地，而这些读者和观众都太年轻了，没有经历过《荧光绿兔》当时受到的冲击。因此，阿尔巴实际上已经从一个图像标志演变为一种原型（archetype）。

① 译者注：go viral 原义为"病毒式传播"，这里可以理解为迅速走红。

注释

1. 2020 年 1 月，INRA（法国国家农业研究院）与 IRSTEA（法国国家环境与农业科学技术研究院）合并，成立 INRAE（法国国家农业、食品与环境研究院）。
2. 实际上，我们从千百年来一直在积极干预自然环境，往往是为了提高作物产量。例如，古罗马从迦太基借鉴农业科学的发展，这体现在迦太基军队将领马戈的 28 卷农业论著的拉丁文译本（罗马摧毁迦太基后不久，约公元前 140 年，现仅存于后世作者留下的引文中）。然而，人们无法将小型家庭农场的干预规模与孟山都（自 2018 年起成为拜耳公司的财产，不再以美国公司的名义运营）等公司的垄断性、毒害性和掠夺性做法相提并论。后者采用的方法超出了"干预自然环境"的概念，构成了对个人和环境的犯罪。针对该公司的无数诉讼就是明证。
3. 见参考文献中的 Reardon (2003, 2)。评论家和学者们纷纷响应，如 Smith (2003) 和 Schmeink (2016, 84)。
4. 迈克尔·克莱顿在博客中澄清了他的小说中哪些部分是事实，哪些部分是虚构的，他写道："发光的转基因兔子，由爱德华多·卡茨创造，与描述相符"。
5. 我们从网站 simpsonstappedout.fandom.com 上了解到该角色的出版历史："变异兔"是高级限时角色，于 2014 年 11 月 5 日在辛普森宣传活动期间发布。它于 2018 年 1 月 23 日在巴特皇家 2018 活动期间回归，可能是末日神秘箱中的奖品。它于 2018 年 8 月 22 日在阿莫方舟 2018 活动期间作为高级角色再次回归。(https://simpsonstappedout.fandom.com/wiki/Mutant_Rabbit)
6. 托德·斯特拉瑟在谈到这本书的创作灵感时说："真正的夜光兔名叫阿尔巴。人们叫她荧光兔。'创造'阿尔巴的人说她是一件艺术作品。"(https://toddstrasser.blogspot.com/2009/02/glow-in-dark-bunnies.html)
7. 凯西·奥斯本绘制的两页插图令人捧腹，画中的阿尔巴发出荧光，双腿直立在艺术馆的基座上，双臂张开，好奇地回头看着观众，而观众也对她表现出好奇。
8. 这段视频收录于参考文献中的 Kac (2017)。
9. 该展览由布罗纳克·费兰（Bronac Ferran）和安德鲁·普雷斯科特（Andrew Prescott）策划，于 2018 年 6 月 2 日至 23 日在伦敦布鲁姆斯伯里的独立艺术机构 Horse Hospital 展出。

参考文献

Ablow, Gail. 2007. *A Horse in the House and Other Strange but True Animal Stories*. Somerville: Candlewick.

Asbury, Kelly (director). 2017. *Smurfs: The Lost Village*. Columbia Pictures, Sony Pictures Animation, and the Kerner Entertainment Company.

Atwood, Margaret. 2003. *Oryx and Crake*. London: Bloomsbury.

Becker, Carol. 2000. "GFP Bunny." *Art Journal* 59(3): 45–47.

Boyce, Nell. 2002. "Pets of the Future. The Kitten-Cloning Success Opens the Possibility of Customizing Animals." *U.S. News and World Report*, March 11: 46–50, 52–53.

Cohen, Jeffrey J. 2007. "Are bioluminescent bunnies queer?", *In the Middle, a medieval studies group blog*, March 08. Available at http://www.inthemedievalmiddle.com. Accessed March 28, 2007. Reproduced in: Cohen, Jeffrey J. 'Afterword: An Unfinished Conversation About Glowing Green Bunnies'. In Noreen Giffney and Myra J. Hird, eds, *Queering the Non/Human*. New York and London: Routlege, 2008, 364.

Cadiot, Olivier. 2001. *Retour définitif et durable de l'êtreaimé*. Paris: P.O.L. [Republished Paris: Gallimard, 2008]

Chalfie, Martin. 2009. "GFP: Lighting Up Life," in *The Nobel Prizes 2008*, 162. Stockholm: Nobel Foundation, 150–69.

Chang, Kenneth. 2008. "Three Chemists Win Nobel Prize." *New York Times*, October 8: A25. Crichton, Michael. 2006. *Next*. New York: HarperCollins.

Gatiss, Mark. 2012. In audio commentary on "The Hounds of Baskerville," on *Sherlock*, Season 2, Episode 2 [DVD]. [Transcription available at https://arianedevere.livejournal.com/37112.html] Harari, Yuval Noel. 2015. *Sapiens: A Brief History of Humankind*. New York: Harper.

Hauser, Jens. 2003. "Gènes, génies, genes." In *L'Art Biotech* [exhibition catalogue] Paris: FiligranesÉditions.

Kac, Eduardo. 1998. "Transgenic Art." *Leonardo Electronic Almanac* 6(11).

Kac, Eduardo. 2005. *Telepresence and Bio Art—Networking Humans, Rabbits and Robots*. Ann Arbor: University of Michigan Press.

Kac, Eduardo. 2017. *Eduardo Kac: Telepresence, Bio Art and Poetry [1980–2010]* [DVD boxed set]. Chicago: Video Data Bank.

Lavrador, Judicaël. 2002. "Bio Art: La GènesGénération." *Beaux Arts* (222): 58–61.

Lesnick, Silas. 2017. "Smurfs Director Kelly Asbury Takes You Inside The Lost Village!" *ComingSoon.net*, February 14. Available at https://www.comingsoon.net/movies/features/813821-smurfs-kelly-asbury. Accessed May25, 2017.

Madoff, Steven Henry. 2002. "The Wonders of Genetics Breed a New Art." *New York Times*, May 26: 1, 30.

Manier, Jeremy. 2000. "Making the Bunny Glow. Is This Genetically Altered Rabbit Art or an Abomination?" *Chicago Tribune*, September 24: 1, 4.

Reardon, Patrick T. 2003. "Diary of a Book Fair." *Chicago Tribune*, June 9: Tempo section.

Schmeink, Lars. 2016. *Biopunk Dystopias: Genetic Engineering, Society and Science Fiction*. Liverpool: Liverpool University Press.

Strasser, Todd. 2007. *Is That a Glow-In-The-Dark Bunny in Your Pillowcase?*. New York: Scholastic.

Smith, Jeremy. 2003. "Oryx and Crake." *Infinity Plus*, October 31. Available at http://www.infinityplus.co.uk/nonfiction/oryxandcrake.htm. Accessed June 30, 2020.

Trussell, Denys. 2001. "Unmoving Pictures." *Ecologist* 31(2): 48–49.